U0212571

高等院校城建类专业通用教材

工 程 测 量

主　编　张建甫
副主编　骆社周　袁则循

中国建材工业出版社

图书在版编目（CIP）数据

工程测量／张建甫主编. —北京：中国建材工业出版社，2012.8

ISBN 978-7-5160-0156-1

Ⅰ.①工… Ⅱ.①张… Ⅲ.①工程测量—高等职业教育—教材 Ⅳ.①TB22

中国版本图书馆 CIP 数据核字（2012）第 160896 号

内 容 简 介

本教材内容包括：绪论、水准测量、角度测量、距离测量与直线定向、测量误差基础知识、小地区控制测量、地形图的测绘、地形图的应用、房产测绘、测设的基本工作、建筑施工测量、园林工程测量、管道工程测量、全站仪及其使用、全球定位系统。本书在编写内容上主要突出基础性和实用性，详略得当，概念准确，重视基本操作，强调测量的方法和精度。章末加习题及实训，以提高实践操作能力。

本书可作为土木工程、园林绿化工程、房地产工程、城市规划、给水排水工程、土地资源管理、资源环境与城乡规划管理等应用型本科专业教学使用，也可作为高等职业教育和成人高等教育类相关专业的参考使用。

工程测量

主　编　张建甫

副主编　骆社周　袁则循

出版发行：中国建材工业出版社

地　　址：北京市西城区车公庄大街 6 号

邮　　编：100044

经　　销：全国各地新华书店

印　　刷：北京雁林吉兆印刷有限公司

开　　本：787mm×1092mm　1/16

印　　张：18

字　　数：448 千字

版　　次：2012 年 8 月第 1 版

印　　次：2012 年 8 月第 1 次

定　　价：40.00 元

本社网址：www.jccbs.com.cn

本书如出现印装质量问题，由我社发行部负责调换。联系电话：(010)88386906

前　言

　　工程测量是研究空间点位的定位技术,是一门应用较为广泛的工程技术。随着测绘科技的飞速发展,工程测量技术发生了巨大的变化。城市建设规模不断扩大,各种大型建筑物、园林绿化工程以及特种精密建设工程的不断增多,使工程测量的使用范围不断拓宽,同时对工程测量技术提出了新的任务及要求。更多的新技术、新规范、新标准、新法规也不断发布,进一步加快了工程测量的发展。本教材参照应用型本科高等职业院校土木工程专业、园林工程专业、城市规划专业等测量课程的基本要求,依据国家最新的测量规范、标准进行编写。

　　本书由北京城市学院张建甫主编。全书包括十五章,第一章绪论由张建甫编写,介绍了测量的基本概念及测量工作概述;第二章、第三章、第四章和第十四章由北京城市学院骆社周编写,介绍了水准仪、经纬仪和全站仪的使用和校正;第五章由北京城市学院崔宏伟和张建甫编写,介绍了误差的概念、来源及处理;第六章由张建甫编写,介绍了小地区控制测量的设计及方法;第七章、第八章由北京建筑设计研究院张玉辉编写,介绍了地形图中地物、地貌的表示方法,地形图测绘方法与应用;第九章由北京城市学院雷志轶和张玉辉编写,介绍了界址点、地籍图、宗地图、房产分幅图的测绘和房产面积测算;第十章和第十一章由北京城市学院袁则循编写,介绍了距离、角度、高程、坡度线和点平面位置的测设,施工场地、民用建筑施工、高层建筑施工、工业厂房施工的测量和竣工总平面图的测绘;第十二章园林工程测量由张建甫编写,主要介绍了园路、假山、湖泊和园林植物的测设;第十三章管道工程测量由北京城市学院袁则循编写,介绍了管道中线、管道纵横截面、管道施工的测量;第十五章由张建甫编写,介绍了卫星定位技术原理、控制测量技术设计、实施与数据处理。本书在编写特色上主要突出基础性和实用性,详略得当,概念准确,着重基本操作,强调测量的方法和精度。每章末附有习题及实训,以提高实践操作能力。

　　本书在编写过程中还得到高艳玲教授、李文利教授、张旭红副教授、郝峻弘副教授、董晓丽副教授的大力指导和帮助;北京城市学院沈然做了大量的文字校对工作,在此谨致感谢。

　　本书可作为土木工程、园林绿化工程、房地产工程、城市规划、给水排水工程、土地资源管理、资源环境与城乡规划管理等专业本科教学使用,也可作为高等职业教育和成人高等教育类相关专业的参考使用。

　　由于编者水平有限,书中错误及不当之处在所难免,敬请广大读者和同行给予批评指正。

编者

2012.07

发展出版传媒　　服务经济建设

传播科技进步　　满足社会需求

我们提供

图书出版、图书广告宣传、企业定制出版、团体用书、
会议培训、其他深度合作等优质、高效服务。

编辑部　　　　**图书广告**　　　　**出版咨询**　　　　**图书销售**
010-68342167　　010-68361706　　010-68343948　　010-68001605

jccbs@hotmail.com　　　www.jccbs.com.cn

中国建材工业出版社
China Building Materials Press

目 录

第一章 绪 论

第一节 测量学的定义、任务及作用

一、测量学的定义

测量学是一门获取反映地球形状、地球重力场、地球上自然和社会要素的位置、形状、空间关系、区域空间结构的数据的学科。根据研究范围、对象和手段不同，形成了许多分支学科：

（1）研究地球形状、大小和重力场及其变化，通过建立区域和全球三维控制网、重力网以及利用卫星测量，甚长基线干涉测量等方法测定地球各种动态的理论和技术的大地测量学。

（2）研究地球表面较小区域内测量工作的基本理论和方法的普通测量学。

（3）研究利用光学摄影像片或电磁波传感器获取目标物的几何和物理信息，用以测定目标物的形状、大小、空间位置，判释其性质及相互关系，并用图形、图像和数字形式表达的理论和技术的摄影测量学。

（4）研究工程建设和自然资源开发中各个阶段进行的控制测量、地形测绘、施工放样、变形监测及建立相应信息系统的理论和技术的工程测量学。

工程测量是一门结合工程建设，研究测定地面（包括空中、地下）点位理论和方法的学科，它包括在工程建设勘测、设计、施工和管理阶段所进行的各种测量工作。它是直接为建设项目的勘测、设计、施工、安装、竣工、监测以及运营管理等一系列工程工序服务的。可以说没有测量工作为工程建设提供可靠的数据、资料，并及时与之密切配合，任何工程建设都无法顺利进行。

二、测量的任务

1. 测定

测定也叫测绘，是指使用测量仪器和工具，通过测量和计算得到地面的点位数据，或把地球表面的地形绘制成地形图。在勘测设计阶段，例如城镇规划、厂址选择、管道和交通线路选线以及建（构）筑物的总平面设计和竖向设计等方面都需要以地形资料为基础，因此需要测绘各种比例尺的地形图。工程竣工后，为了验收工程和以后的维修管理，还需要测绘竣工图。

2. 测设

测设也叫放样，是把图纸上设计好的建（构）筑物的位置，用测量仪器和一定的方法在实地标定出来，作为施工的依据。在施工阶段，需要将设计的建（构）筑物的平面位置和高程，按设计要求以一定的精度测设于实地，便于进行后续施工，并在施工过程中进行一系列的测量工作,以衔接和指导各工序间的施工。

3. 变形观测

变形观测是利用专用的仪器和方法对变形体的变形现象进行持续观测、对变形体变形形态进行分析和变形体变形的发展态势进行预测等各项工作。对于大坝、桥梁、高层建筑物、边坡、隧道和地铁等一些有特殊要求的大型建(构)筑物,为了监测它们受各种应力作用下施工和运营的安全稳定性,以及检验其设计理论和施工质量,需要进行变形观测。

三、测量在工程中的作用

测量工作对于国家的经济建设和国防建设具有非常重要的作用,在土木工程中有着广泛的应用。土木工程的规划、勘测、设计、施工、竣工及养护维修的各个阶段都离不开测量技术。主要表现在:

(1)测量是土木工程规划选线的重要依据。例如规划一个地区的交通网络、确定一条交通路线走向,必须有测量提供的地形图和有关地理信息参数才能实现。

(2)测量是土木工程勘察设计阶段的重要基础工作。只有经过详细实地测量,掌握大量地面基础信息,才能比较确定出具有一定技术标准、经济合理的设计方案。

(3)测量是土木工程顺利施工的重要保证。道路的中心线、建筑物的实际位置等都需要按规定的精度准确无误地测设于实际地面。施工过程中,还要经常通过各种测量来检查工程的进度和质量。

(4)在工程结束后,要用测量来检查竣工情况,即进行竣工验收,并通过必要的测量来编制竣工图,以满足工程的验收、维护、加固以及扩建的需要。

(5)在投入使用后的营运阶段,要应用测量进行一些常规检查和定期进行变形观测,进行必要的养护和维修,以确保道路、桥梁、隧道和建筑物的安全使用。

第二节 测量工作的基准线与基准面

一、基准线

地球上的任何物体都受到地球自转产生的离心力和地心吸引力的作用,这两个力的合力称为重力。重力的作用线常称为铅垂线。铅垂线是测量工作的基准线。如图1-1所示。

二、基准面

测量工作是在地球表面进行的,用作测量的基准面应满足形状和大小既和地球比较吻合,又便于研究的要求。

地球的自然表面既有高山、丘陵,又有盆地、平原和海洋等,高低起伏,很不规则。最高的珠穆朗玛峰高出海水面 8844.43m,最低的马里亚纳海沟低于海水面 11034m,但是这样的起伏相对于平均半径 6371km 的地球

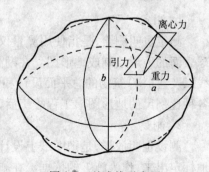

图1-1 基准线示意图

而言还是微不足道的。而且,地球表面约71%是海洋,因此,人们把处于静止状态的平均海水面延伸穿过陆地、岛屿所包围的形体假想为地球的形状。

水在静止时的表面称为水准面。地球上任一质点都受到地球自转的离心力和地球引力的作用,这两个力的合力称为重力,重力方向线称为铅垂线,它是测量工作的基准线。水准面同样受到地球重力的作用,是一个处处与重力方向垂直的连续曲面,并且是一个重力等位面,即物体沿该面运动时,重力不做功(如水在这个面上是不会流动的)。而水平面则是与水准面相切的平面。由于水面高低时刻在发生变化,因此水准面有无数多个。其中由静止的平均海水面并向大陆、岛屿延伸所形成的封闭曲面称为大地水准面。大地水准面是测量工作的基准面。由大地水准面所包围的地球形体称为大地体。

大地体与地球的自然形体是比较接近的,但是由于地球内部质量分布不均匀,致使铅垂线方向产生不规则变化,因此,大地水准面也是一个复杂的曲面,在这样一个复杂的曲面上进行数据处理是不可能的。为了研究方便,通常用一个非常接近大地体,并且可以用数学式表示的几何体来代替地球的形体,即地球椭球。地球椭球是一个椭圆绕其短轴旋转而形成的椭球体,因此地球椭球又称为旋转椭球。

第三节　地面点位的确定

一、空间点位的表示方法

在测量工作中,地面点的空间位置需要用三个量来表示,即将地面点沿铅垂线方向投影到地球椭球面(或水平面)上,用地面点投影位置在地球椭球面上的坐标(两个量)和地面点到大地水准面的铅垂距离(高程)来表示地面点的空间位置。

1. 常见坐标系

(1)大地坐标系。用大地经度 L、大地纬度 B 和大地高程 H 来表示空间点位。

1)经度 L:过地面任一点 P 的子午面与起始子午面间的夹角。L 的取值范围:$0° \sim \pm180°$,由起始子午面起,向东为正,称为东经,向西为负,称为西经。

2)纬度 B:过地面任一点 P 的法线与赤道面的夹角。B 的取值范围:$0° \sim \pm90°$,由赤道面起算,向北为正,称为北纬,向南为负,称为南纬。

3)大地高 H:P 点沿法线到椭球面的距离 PP'。由椭球面起算,向外大地高为正,向内为负。

我国的疆域位于赤道以北的东半球,所以各地的大地经度 L 和大地纬度 B 都是正值。

空间点位 P 的坐标如图1-2所示,其中:

X——表示 P 点 N(北)方向的坐标;

Y——表示 P 点 E(东)方向的坐标;

H——表示 P 点的高程。

(2)平面直角坐标。在小区域内进行测量工作,通常采用平面直角坐标。

1)平面直角坐标系:在没有国家控制点或不便于与国家控制点联测的小地区测量中,允许暂时建立独立坐标系以保证测绘工作的顺利开展。

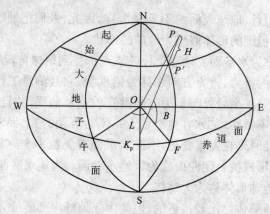

图 1-2　空间点位 P 的确定

2）测量坐标系与数学坐标系：测量工作中所采用的平面直角坐标系与数学中所介绍的相似，只是坐标轴互易。

（3）高斯-平面直角坐标系。如果测区范围较大，就不能再将地球表面当作平面看，但人们在规划、设计和施工中又习惯使用半面图来反映地面形态，而且在平面上进行计算和绘图要比在球面上方便。这样就产生了如何将球面上的物体转换到平面上的投影变换问题。在测量工作中，常采用高斯投影的方法来解决问题。

1）高斯投影的概念：在工程测量中，常将椭球坐标系按一定的数学法则，投影到平面上，成为平面直角坐标系。为满足工程测量及其他工程的应用，我国采用高斯－克吕格投影，简称高斯投影。

2）高斯投影分带：高斯投影保持了投影前后图形的等角条件，但除中央子午线投影后为一直线，且长度不变外，其他长度都产生变形，且离中央子午线愈远，变形愈大。必须对长度变形加以限制，限制的方法就是采用分带投影法，如图 1-3 所示。

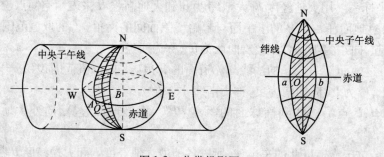

图 1-3　分带投影图

① 6°带：将地球分为 60 个带，带宽 6°，编号为 1～60；自起始子午面（格林尼治）起，自西向东每隔经差 6°划分一带，则每带中央子午线的经度 L_0 依次为 3°，9°，15°，…，357°。带号 n 与中央子午线经度的关系为 $L_0 = 6n - 3$。

② 3°带：自东经 1°30′ 开始每隔经差 3°划分一带，将地球共分为 120 个带，带宽为 3°，编号为 1～120；各带的中央子午线的经度 L_0 依次为 3°，6°，9°，…，360°，带号 k 与中央子午线经度的关系为 $L_0 = 3k$，如图 1-4 所示。

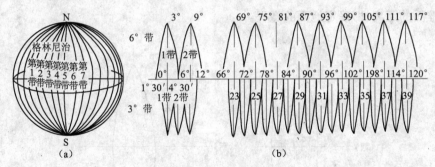

图1-4　高斯分带图

我国经度:75°~135°,6°带带号:13~23带;3°带带号:25~45带。两者之间无重叠带号。不难看出3°带的中央子午线经度有一半与6°带中央子午线经度相同,另一半是6°带子午线的经度。

3)高斯投影特性。高斯投影特性如下:

① 投影后角度大小保持不变。

② 投影后长度变形只与点的位置有关,而与方向无关。

③ 中央子午线投影后为一直线,且长度不变。

4)高斯平面直角坐标系:一带一个直角坐标系。中央子午线与赤道投影后为两条正交的直线,相交于 O 点,称为坐标原点,以每一带的中央子午线为纵坐标轴,用 x 表示,赤道以北为正,赤道以南为负;以赤道为横坐标轴,用 y 表示,中央子午线以东为正,以西为负。这样,各带就构成了独立的平面直角坐标系,称为高斯－克吕格平面直角坐标系,如图1-5所示。

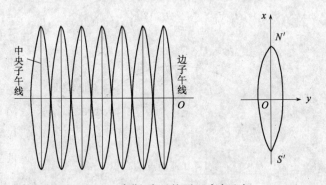

图1-5　高斯-克吕格平面直角坐标

我国位于北半球,纵坐标均为正值,而横坐标则有正有负。

如图1-6所示,A 和 B 位于3°带的第38带内,横坐标的自然值分别为:

$y'_A = +36210.140$m,$y'_B = 41613.070$m,为了避免横坐标出现负值和表明坐标系所处的带号,规定将坐标中所有点的横坐标值加上 500km,并在前面冠以带号,则通用坐标值为:$y_A = 38536210.140$m;$y_B = 38458386.930$m。

2. 高程系

为了确定地面点的空间位置,除了要确定其在基准面上的投影位置外,还应确定其沿投影方向到基准面的距离,即确定地面的高程。

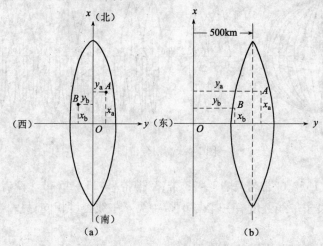

图 1-6 A、B 两点的坐标

1953～1979 年国家根据观测资料重新计算了黄海平均海水面,国家水准原点的高程为 72.2604m,这是目前我国采用的高程基准。

地面点沿铅垂线到大地水准面的距离,称为该点的绝对高程或海拔、标高,简称高程,以 H 表示,如图 1-7 所示。

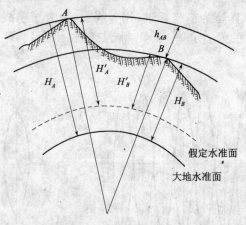

图 1-7 地面点的高程

如果基准面不是大地水准面,而是任意假定水准面时,则点到假定水准面的距离称为相对高程或假定高程,用 H 表示。

高程值有正有负,在基准面以上的点,其高程值为正,反之为负。

相邻两点的高程之差称为高差,用 h 表示。图 1-7 中 A 点到 B 点的高差为:

$$h_{AB} = H_B - H_A = H'_B - H'_A$$

高差有正负之分,它反映相邻两点间的地面是上坡还是下坡,如果 h 为正,是上坡;h 为负,是下坡。

二、确定地面点位的三要素

地面点的位置通常是用平面坐标和高程表示的,那么,要确定地面点的位置需要测量三个要素。

如图 1-8 所示,A、B 为两地面点,D_{OA}、D_{AB} 分别为 OA 和 AB 的水平距离;α 为直线 OA 与坐标纵轴北方向所夹的水平角(直线 OA 的方向即坐标方位角);β 为直线 OA 与直线 AB 所夹的水平角。根据三角函数关系可得出 A、B 的直角坐标为:

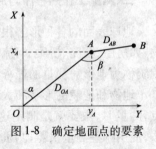

图 1-8　确定地面点的要素

$$X_A = D_{OA}\cos\alpha$$

$$Y_A = D_{OA}\sin\alpha$$

根据 A 点的平面位置和直线 AO 的方向,也可以用测定的水平角 β 和水平距离 D_{AB},来表示 B 点相对于 A 点的平面位置。

当然,B 点的直角坐标也可以通过测定 D_{AB} 和 β,根据 A 点的直角坐标求得。

根据式(1-5)可知:

$$H_B = H_A + h_{AB}$$

地面点的高程则可通过测定该点与另一已知高程的地面点的高差求得。

由此可见,距离、水平角(方向)和高差是确定地面点位置的三个基本要素。

第四节　测量工作概述

一、测量工作的基本内容

测量工作有外业与内业之分。在野外利用测量仪器和工具测定地面上两点的水平距离、角度、高差,称为测量的外业工作;在室内将外业的测量成果进行数据处理、计算和绘图,称为测量的内业工作。

点与点之间的相对位置可以根据水平距离、角度和高差来确定,而水平距离、角度和高差也正是常规测量仪器的观测量,这些量被称为测量的基本内容,又称测量工作三要素。

1. 距离

如图 1-9 所示,水平距离为位于同一水平面内两点之间的距离,如 AB、AD;倾斜距离为不位于同一水平面内两点之间的距离,如 AC'、AB'。

2. 角度

如图 1-9 所示,水平角口为水平面内两条直线间的夹角,如 $\angle BAC$;竖直角 α 为位于同一竖直面内水平线与倾斜线之间的夹角,如 $\angle BAB'$。

3. 高差

两点间的垂直距离构成高差,如图 1-9 中的 AA'、CC'。

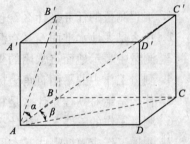

图 1-9　三个基本观测量

二、测量工作的程序与原则

地球表面的各种形态很复杂,可以分为地物和地貌两大类,地球表面的固定性物体称为地物,如房屋、公路、桥梁、河流等,地面上的高低起伏形态称为地貌,如山岭、谷地等。地物与地貌统称为地形。测量的任务就是要测定地形的位置并把它测绘在图纸上。

地物和地貌的形状和大小都是由一些特征点的位置所决定的。这些特征点又称为碎部点,测量时,主要就是测定这些碎部点的平面位置和高程,当进行测量工作时,不论用哪些方法,使用哪些测量仪器,测量成果都会有误差。为了防止测量误差的积累,提高测量精度,在测量工作中,必须遵循由"先控制后碎部、从整体到局部,从高级到低级"测量原则。

如图 1-10 所示,先在测区内选择若干个具有控制意义的点 A、B、C、D、E 等作为控制点,用全站仪和正确的测量方法测定其位置,作为碎部测量的依据。这些控制点所组成的图形称为控制网,进行这部分测量的工作称为控制测量。然后,再根据这些控制点测定碎部点的位置。例如在控制点 A 附近测定其周围的房子 1、2、3 各点,在控制点 B 附近测定房子 4、5、6 各点,用同样的方法可以测定其他碎部的各点,因此这个地区的地物的形状和大小情况就可以表示出来了。

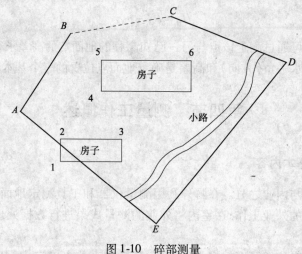

图 1-10　碎部测量

【本章习题】

1. 工程测量的任务是什么?包括哪些内容?
2. 什么是大地水准面?其在测量工作中有哪些作用?
3. 测量中表示地面点常用的坐标系有哪些?
4. 测量工作中的平面直角坐标系如何建立?
5. 什么是绝对高程?什么是相对高程?两点间的高差值如何计算?
6. 测量工作的三要素包括什么?
7. 测量工作应遵循哪些基本原则?

第二章 水 准 测 量

第一节 水准测量原理

水准测量的原理主要是利用水准仪提供的水平视线,读取竖立在两个点上的水准尺的读数,通过计算求出地面上两点间的高差,随后根据已知点的高程计算出待定点的高程。

如图 2-1 所示,已知 A 点高程 H_A,欲测定 B 点的高程 H_B,那么可在 A、B 两点的中间安置一台水准仪,同时分别在 A、B 两点上各竖立一根水准尺,通过水准仪的望远镜分别读取水平视线在 A、B 两点上的水准尺读数。若前进方向是由 A 点到 B 点,那么规定 A 为后视点,其水准尺读数 a 称为后视读数;B 为前视点,其水准尺读数 b 称为前视读数。根据几何学中平行线的性质可知,A 点到 B 点的高差或 B 点相对于 A 点的高差为:

$$h = a - b \tag{2-1}$$

由式(2-1)可知,地面上两点之间的高差等于后视读数减去前视读数。若后视读数 a 大于前视读数 b 时,h_{AB} 值为正,说明 B 点高于 A 点;反之,则 A 点高于 B 点,h_{AB} 为负值。

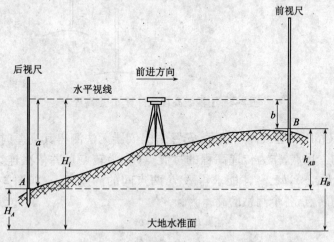

图 2-1 水准测量原理

待定点 B 的高程为:

$$H_B = H_A + h_{AB} \tag{2-2}$$

由视线高计算 B 点高程的方法,在各种工程测量中已被广泛应用。由图 2-1 可知,A 点的

高程加上后视读数等于水准仪的视线高程,简称视线高,设为 H_i,即:

$$H_i = H_A + a \tag{2-3}$$

则 B 点的高程等于视线高减去前视读数,即:

$$H_B = H_i - B = (H_A + a) - b \tag{2-4}$$

式(2-4)尤其适用于根据一个后视点的高程同时测定多个前视点的高程的工作。如图2-2 所示,当架设一次水准仪要测量多个前视点 $B_1,B_2,\cdots,B_n$ 点的高程时,那么将水准仪架设在适当的位置,对准后视点 A,读取中丝读数 a,按式(2-3)计算出视线高 $H_i = H_A + a$,之后用水准仪照准竖立在 $B_1,B_2,\cdots,B_n$ 点上的水准尺,同时分别读取中丝读数为 $b_1,b_2,\cdots,b_n$,那么可按式(2-4)分别计算 $B_1,B_2,\cdots,B_n$ 点的高程。

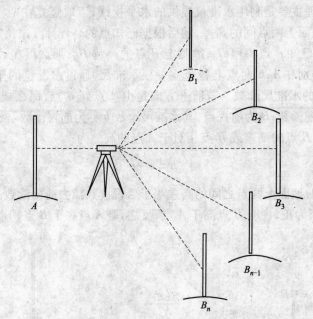

图 2-2 用视线高程法计算 B_i 点高程

如果 A、B 两点相距较远或高差较大,安置一次仪器无法测得其高差时,就需要在两点间加设若干个临时的立尺点,作为传递高程的过渡点(称为转点),并依次连续地测出各相邻点间的高差 $h_{A1},h_{12},h_{23},\cdots,h_{n-1,B}$ 才能求得 A、B 两点间的高差 h_{AB}。如图2-3 所示,$\mathrm{ZD_1},\mathrm{ZD_2}$,$\mathrm{ZD_3},\cdots,\mathrm{ZD}_{n-1}$ 点为转点,各个测站的高差为:

$$h_{A1} = a_1 - b_1$$
$$h_{12} = a_2 - b_2$$
$$h_{23} = a_3 - b_3$$
$$\vdots$$
$$h_{n-1,B} = a_n - b_n$$

将以上各站高差相加,则得 A、B 两点间的高差

$$h_{AB} = h_{A1} + h_{12} + h_{23} + \cdots + h_{n-1,B} = \sum h = \sum a - \sum b \tag{2-5}$$

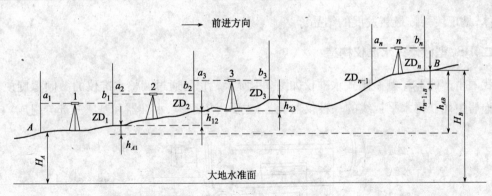

图 2-3　水准测量

式(2-5)表明,起点到终点的高差,等于中间各段高差的代数和,也等于各测站后视读数总和减去前视读数总和。在实际作业中,可先算出各测站的高差,然后取它们的总和得到 h_{AB}。再用后视读数之和减去前视读数之和计算出高差 h_{AB},据此检核计算是否正确。

第二节　水准仪的分类及构造

一、水准仪分类

我国按精度指标将水准仪分为 DS_{05}、DS_1、DS_3 等型号,D 和 S 分别是"大地测量"和"水准仪"汉语拼音的首字母,字母后的数字 05、1、3 等指用该类型水准仪进行水准测量时平均每 1km 往、返测高差中数的偶然中误差值,分别不超过 ±0.5mm、±1.0mm、±3.0mm。其中 DS_{05}、DS_1 为精密水准仪,主要用于国家一、二等精密水准测量和精密工程测量;DS_3 主要用于国家三、四等水准测量和常规工程测量。

水准仪按结构分为微倾水准仪、自动安平水准仪、激光水准仪和数字水准仪(又称电子水准仪)。按精度分为精密水准仪和普通水准仪。

1. 微倾水准仪

微倾水准仪借助微倾螺旋获得水平视线。其管水准器分划值小、灵敏度高。望远镜与管水准器联结成一体。凭借微倾螺旋使管水准器在竖直面内微作俯仰,符合水准器居中,视线水平。

2. 自动安平水准仪

自动安平水准仪借助自动安平补偿器获得水平视线。当望远镜视线有微量倾斜时,补偿器在重力作用下对望远镜作相对移动,从而迅速获得视线水平时的水准尺读数。这种仪器较微倾水准仪工效高、精度稳定。

3. 激光水准仪

激光水准仪利用激光束代替人工读数。将激光器发出的激光束导入望远镜筒内使其沿视准轴方向射出水平激光束。在水准尺上配备能自动跟踪的光电接收靶,即可进行水准测量。

4. 数字水准仪

数字水准仪是 20 世纪 90 年代新发展的水准仪,集光机电、计算机和图像处理等高新技术为一体,是现代科技最新发展的结晶。

二、DS₃ 型微倾式水准仪构造

我国生产的 DS₃ 型微倾式水准仪如图 2-4 所示。它是通过调整水准仪的微倾螺旋使管水准气泡居中而获得水平视线的一种仪器设备,主要由望远镜、水准器和基座三部分组成。

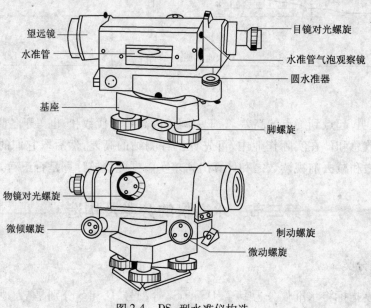

图 2-4　DS₃ 型水准仪构造

1. 望远镜

望远镜由物镜、物镜调焦透镜、十字丝分划板、目镜等组成,是构成水平视线、瞄准目标,同时对水准尺进行读数的主要部件。根据在目镜端观察物体时的成像情况,望远镜可以分为正像望远镜和倒像望远镜。倒像望远镜的构造图如图 2-5 所示。

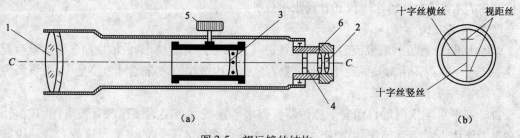

图 2-5　望远镜的结构
(a)望远镜构造图;(b)十字丝
1—物镜;2—目镜;3—物镜调焦透镜;
4—十字丝分划板;5—物镜调焦螺旋;6—目镜调焦螺旋

2. 水准器

水准器是一种整平装置,是测量仪器上的重要部件。水准器分为管水准器和圆水准器两种。

(1)管水准器。管水准器又称水准管,是内装液体并留有气泡的密封的玻璃管。首先把管的内壁纵向磨成圆弧形,然后在管内灌装酒精或乙醚的混合液体,最后加热融封形成气泡(图2-6)。管的内壁圆弧上分划的对称中点为水准管的零点,对称于中心点的两侧刻有若干间隔为2mm的分划线。通过水准管零点所作水准管圆弧的纵切线称水准管轴。当气泡的中心点与零点重合时,称气泡居中,水准管轴此时处于水平状态。若气泡不居中,则水准管轴处于倾斜位置。

水准管上相邻两个间隔线间的弧长所对应的圆心角称为水准管的分划值τ,即:

$$\tau = \frac{2}{R}\rho''$$ (2-6)

式中 τ——分划值($''$);

ρ''——弧度的秒值,206265$''$;

R——水准管圆弧半径(mm)。

根据几何关系可以看出,分划值是气泡移动一格水准管轴所变动的角值(图2-7)。

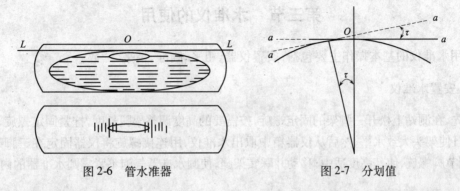

图 2-6 管水准器   图 2-7 分划值

水准管的分划值与水准管的半径成反比例关系,分划值愈小,视线置平的精度就愈高,DS₃型水准仪的分划值约为$20''/2mm$。另外,水准管的置平精度还与水准管的研磨质量、液体性质及气泡的长度有关。受这些因素的综合影响,水准管轴将发生移动。移动水准管气泡0.1格时,相应的水准管轴所变动的角值称为水准管的灵敏度。气泡移动所导致的水准管轴变动的角值愈小,水准管的灵敏度就愈高。

为了提高气泡居中的精度和速度,在水准管的上面安装符合棱镜系统,通过棱镜的折光作用,将气泡两端各半个的影像反射到一起且反映在仪器的显微窗口中。若两端气泡的影像符合,表示气泡居中。因此这种水准器称为符合水准器,是微倾式水准仪上普遍采用的水准器。图2-8(a)表明气泡不居中,需要转动微倾螺旋使符合气泡居中。图2-8(b)表明气泡已经居中,不需要转动微倾螺旋。

(2)圆水准器。顶面内壁被磨成球面,刻有圆分划圈,通过圆圈中心作球面的法线。容器内盛装乙醚类液体,且形成圆气泡(图2-9)。容器顶盖中央刻有小圈,小圈的中心是圆水准器的零点。通过零点的球面法线是圆水准器轴,当圆水准器气泡居中时,圆水准器轴处于铅垂位置。圆水准器的分划值,是顶盖球面上2mm弧长所对应的圆心角值,水准仪上圆水准器的圆心角值约为$8'$。

3. 基座

基座由轴座、底板、三角压板以及三个脚螺旋组成,起支撑仪器和连接仪器与三脚架的作用。转动三个脚螺旋可使水准器气泡居中。

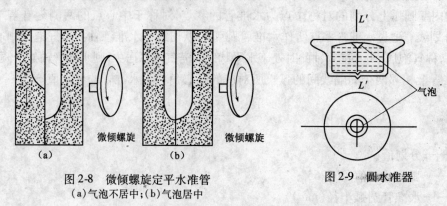

图 2-8 微倾螺旋定平水准管
(a)气泡不居中;(b)气泡居中

图 2-9 圆水准器

第三节 水准仪的使用

使用水准仪的基本操作主要包括:安置仪器、粗平、瞄准、精平、读数。

一、安置水准仪

首先,在测站上松开三脚架的固定螺旋,按需要的高度调整架腿长度,拧紧固定螺旋,再张开三脚架且使架头大致水平,然后从仪器箱中取出水准仪,用连接螺旋将仪器固定在三脚架头上。检查、调节脚螺旋,使其高度适中;移动并踩实架腿,使圆水准器气泡不紧靠圆水准器的内壁。

二、粗平

粗平是调整圆水准器,使其气泡居中,以便达到仪器竖轴铅直,这时称仪器粗略水平。具体操作是要转动脚螺旋使气泡居中,如图 2-10 所示。图 2-10(a)气泡未居中,而位于 a 处;第 1 步,按图上箭头所指方向,两手相对转动脚螺①、②,使气泡移到通过水准器零点作①、②脚螺旋连线的垂线上,如图中垂直的虚线位置。第 2 步,用左手转动脚螺旋③,使气泡居中。掌握规律:左手大拇指移动方向与气泡移动方向一致。

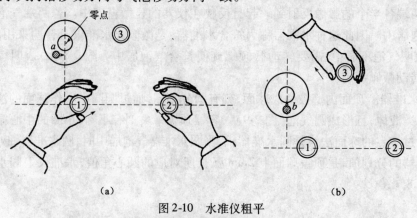

图 2-10 水准仪粗平
(a)粗平第 1 步;(b)粗平第 2 步

三、瞄准水准尺

首先进行目镜对光,把望远镜对准明亮的背景,转动目镜对光螺旋,使十字丝清晰。再松开望远镜制动螺旋,转动望远镜,用望远镜上的照门与准星粗略瞄准水准尺,固紧制动螺旋,用微动螺旋精确瞄准。如果目标不清晰,应转动对光螺旋,使目标清晰。

当眼睛在目镜端上下移动时,如果发现目标的像与十字丝有相对移动的现象,如图 2-11 (a)、(b)所示,这种现象称视差(视差现象)。产生视差的原因是因为目标像平面与十字丝平面不重合。由于视差的存在,不能获得正确读数,如图 2-11(a)、(b)所示,当人眼位于目镜端中间时,十字丝交点读得读数为 a;当眼略向上移动读得读数为 b;当眼略向下移动读得读数为 c。只有在图 2-11(c)的情况,眼睛上下移动读得读数均为 a。因此,瞄准目标时存在的视差必须加以消除。

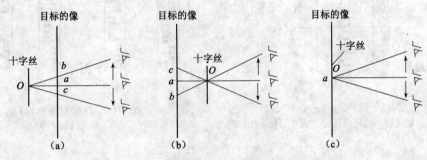

图 2-11　视差现象
(a)存在视差(目标像在后);(b)存在视差(目标像在前);
(c)目标像与十字丝重合

消除视差的方法:首先把目镜对光螺旋调好,然后瞄准目标反复调节对光螺旋,同时眼睛上下移动观察,直至读数不发生变化时为止。此时目标像与十字丝在同一平面,这时读取的读数才是无视差的正确读数。如果换另一人观测,由于各人眼睛的明视距离不同,可能需要重新再调一下目镜对光螺旋,一般情况是目镜对光螺旋调好后就不必在消除视差时反复调节。

四、精平

精平即精确整平,就是旋转微倾螺旋使水准管气泡居中。精平的操作方法是:眼睛观察气泡观察窗内的管水准气泡影像,右手转动微倾螺旋,使气泡两端的影像完全吻合。两侧气泡影像的移动方向与微倾螺旋的转动方向的关系,如图 2-12 所示。

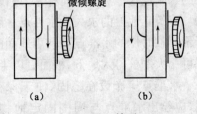

图 2-12　精平

五、读数

水准管气泡居中后,用十字丝的横丝在水准尺上读数。记住读数总是从小到大读取。如图 2-13(a)所示,系正像望远镜中的尺像,从小到大应读 1.334m,数字上的红点数(实际为红色,图中为黑色)表示米数,毫米数估读得到。

如图 2-13(b)所示,系倒像望远镜中的尺像,从小到大应读 1.560m。

图 2-14 为双面水准尺,图 2-14(a)水准尺零点为 4.687m,图 2-14(b)水准尺零点为 4.787m。图 2-14(a)读数应为 4.983m,图 2-14(b)读数应为 5.101m。

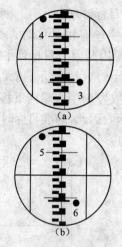

图 2-13　塔尺在望远镜中尺像
(a)正像望远镜中的尺像;(b)倒像望远镜中的尺像

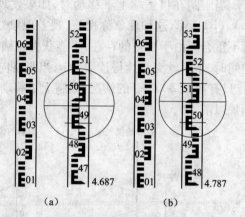

图 2-14　红黑双面水准尺
(a)1 号尺;(b)2 号尺

第四节　水准测量的外业与内业计算

一、水准测量的外业施测

1. 确定水准点和水准路线

(1)确定水准点。采用水准测量方法,测定的高程达到一定精度的高程控制点,称为水准点(通常简记为 BM)。已具有确切可靠高程值的水准点为已知水准点,没有高程值的待测水准点为未知水准点。水准测量通常是从某一已知水准点开始,按一定水准路线,引测其他点的高程。

水准点有永久性和临时性两类。永久性水准点一般用混凝土或石料制成,顶部嵌入半球状金属标志,半球状标志顶点表示水准点的点位,如图 2-15(a)所示,埋深到地面冻结线以下。有的永久性水准点用金属标志,埋设于坚固建筑物的墙上,称为墙上水准点,如图 2-15(b)所示。建筑工地上的永久性水准点一般用混凝土制成,顶部嵌入半球状金属标志,如图 2-15(c)所示。临时性的水准点可利用地面凸起坚硬岩石等处刻画出点位,或用油漆标记在建筑物上,也可用大木桩打入地下,桩面钉以半球状的金属圆帽钉,如图 2-16 所示。

水准点应布设在稳固、便于保存和引测的地方。埋设水准点后,为便于日后寻找与使用,应绘出水准点与周围固定地物的关系略图,称为点之记。点之记略图式样如图 2-17 所示。

(2)确定水准路线。在水准点之间进行水准测量所经过的路线,称为水准路线。相邻两水准点间的水准测量路线,称为一个测段。通常一条水准路线中包含有多个测段,一个测段中包含有多个测站。一个测段中各站高差之和为该测段的起点至终点之高差,各测段高差之和为水准路线的起点至终点之高差。水准仪至水准尺之间的视线长度可通过视距丝读数求得,上丝读数与下丝读数之差再乘以 100 即为视线长度。一个测站的前、后视线长度之和为该站的水准路线长,一个测段中各站水准路线长之和为该测段水准路线的长度,一条水准路线中各测段水准路线长之和为该条水准路线。

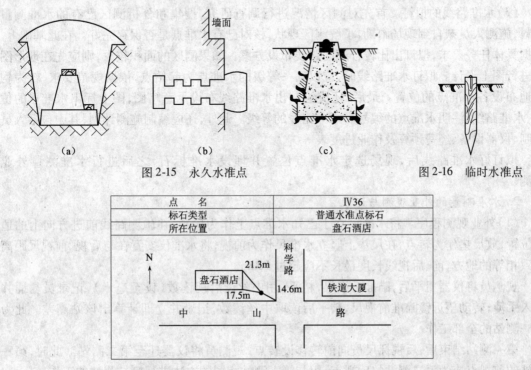

（a）　　　　　　　　　（b）　　　　　　　　（c）

图 2-15　永久水准点　　　　　　　　　　　　图 2-16　临时水准点

点　名	IV36
标石类型	普通水准点标石
所在位置	盘石酒店

图 2-17　水准点点之记

按照已知水准点的分布情况和实际需要,在普通工程测量中,水准路线一般布设为附合水准路线、闭合水准路线和支水准路线,其形式如图 2-18 所示。

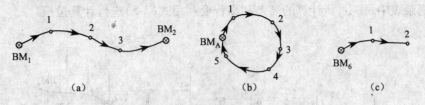

图 2-18　水准路线
（a）附合水准路线;（b）闭合水准路线;（c）支水准路线

从一个已知水准点出发,经过各待测水准点进行水准测量,最后附合到另一已知水准点,所构成的水准路线,称为附合水准路线,如图 2-18（a）所示。理论上,附合水准路线的各点间高差的代数和,应等于两个已知水准点间的高差,即 $\sum h_{理} = H_{终} - H_{始}$。

17

从一个已知水准点出发,经过各待测水准点进行水准测量,最后闭合同原出发点的环形路线,称为闭合水准路线,如图 2-18(b)所示。理论上,闭合水准路线的各点间高差的代数和应等于零,即 $\sum h_{理} = 0$。

从一个已知水准点出发,经过各待测水准点进行水准测量,既不闭合又不附合到已知水准点的路线,称为支水准路线,如图 2-18(c)所示。支水准路线要进行往、返观测,以便检核。理论上,往测高差总和与返测高差总和应大小相等、符号相反,$\sum h_{往} = -\sum h_{返}$。

(3)水准路线的拟订。首先对测区情况进行调查研究,搜集和分析测区已有的水准测量资料,施测人员亲自到现场踏勘,了解测区现状,核对已有水准点是否保存完好。在此基础上,根据具体任务要求,拟订出比较合理的路线布设方案。如果测区的面积较大,则应先在地形图上进行图上设计。拟订水准路线时,应以高一等级的水准点为起始点,依据规范要求,较为均匀地布设各水准点的位置。最后,还应绘制出水准路线布设示意略图,图上标出水准点的位置、水准路线,注明水准点的编号和水准路线的等级。此外,还应编制施测计划,其中包括人员编制、仪器设备、经费预算及作业进度表等。

拟订好水准路线后,现场选定水准点位置并埋设水准标石,之后进行水准测量外业观测。

2. 水准测量的外业观测与记录

(1)外业观测程序。将水准尺立于已知水准点上作为后视,在施测路线前进方向上的适合位置,放尺垫作为转点,在尺垫上竖立水准尺作为前视,将水准仪安置在与后视、前视尺距离大致相等的地方,前、后视线长度最长不应超过100m。

观测员将仪器粗平后,瞄准后视尺,精平,用中丝读后视读数(读至毫米),记录员复诵并记入手簿;转动望远镜瞄准前视尺,精平后读取中丝读数,记录并立即计算出该站高差。此为第一测站的全部工作。

第一测站结束后,后视标尺员向前转移设转点,观测员将仪器迁至第二测站。此时,第一测站的前视点成为第二测站的后视点,用与第一测站相同的方法进行第二测站的工作。

依次沿水准路线方向施测,至全部路线观测完为止。

(2)观测记录与计算。由 BM_A 至 BM_B 测段的水准测量外业观测如图 2-19 所示,BM_A 为已知水准点,其高程为 132.715m,BM_B 为待测水准点,观测的记录和计算见表 2-1。

对于记录表中每一页所计算的高差和高程要利用式(2-5)进行计算检核。

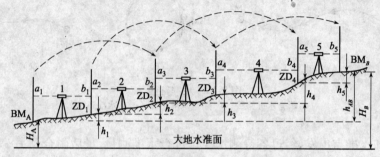

图 2-19　水准测量一个测段的观测

表 2-1　普通水准测量记录表

测站	点号	后视读数（m）	前视读数（m）	高差（m）	高程（m）	备注
1	BM$_A$	1.946		0.964	132.715	
	ZD$_1$	2.034	0.982			
2				0.821		
	ZD$_2$	2.201	1.213			
3				0.325		
	ZD$_3$	1.998	1.876			BM$_A$ 为已知
4				-0.326		水准点
	ZD$_4$	1.327	2.324			
5				-1.279		
	BM$_B$		2.651		133.220	
计算校核	Σ	9.551	9.046	0.505	0.505	
		0.505				

二、水准测量的检核

水准测量外业观测的连续性很强,若在一个测站的观测中存在错误,则整个水准路线的测量成果都会受到影响。为保证观测的精度和计算的准确性,在水准测量过程中必须进行检核。

1. 计算检核

计算检核的目的是及时检核记录手簿中的高差和高程计算是否有错误。式(2-5)可用于观测记录中的计算检核,后视读数总和减去前视读数总和、高差总和、终点高程与起点高程之差值,这三个数字相等,说明计算正确,否则,计算有错误。

2. 测站检核

计算检核只能发现和纠正记录手簿中计算工作的错误,不能发现因观测、读数、记录错误而导致的高差错误。为保证每个测站观测高差的正确性,应进行测站检核。测站检核的方法有双仪器高法和双面尺法。

(1)双仪器高法。在同一个测站上,第一次测定高差后,变动仪器高度大于 0.1m 以上,再重新安置仪器观测一次高差。对于普通水准测量,若两次所测高差之差的绝对值不超过5mm,取两次高差的平均值作为该站的高差,若超过5mm,则需重测。

(2)双面尺法。双面尺法是在一个测站上,仪器高度不变,分别用双面水准尺的黑面和红面两次测定高差。若所测两次高差之差的绝对值不超过5mm(四等水准),则取其平均值作为该站的高差,否则需重测。

3. 成果检核

测站检核只能检核一个测站上是否存在错误或误差超限,不能发现仪器误差、估读误差、转点位置变动、外界条件影响等导致的错误或误差超限。这些误差的影响虽然在一个测站上反映不明显,但随着测站数的增多,就会使误差积累,影响整个路线成果的精度。因此为了正确评定一条水准路线的测量成果精度,应该进行整个水准路线的成果检核。检核的方法是:将路线的观测高差值与路线的理论高差值相比较,用其差值的大小来评定路线成果的精度是否合格。

观测高差值与理论高差值之差,称为高差闭合差,通常用 f_h 表示,即 $f_h = \sum h_测 - \sum h_理$。若高差闭合差值在容许限差之内,表示路线观测结果精度合格,否则应返工重测。

进行成果检核时,高差闭合差的计算因水准路线形式的不同而略有不同。

附合水准路线:

$$f_h = \sum h_测 - \sum h_理 = \sum h_测 - (H_终 - H_始) \tag{2-7}$$

闭合水准路线:

$$f_h = \sum h_测 - \sum h_理 = \sum h_测 - 0 = \sum h_测 \tag{2-8}$$

支水准路线本身没有检核条件,通过往、返测高差来进行路线成果检核,因此

$$f_h = \sum h_往 - \sum h_返 \tag{2-9}$$

工程测量规范中,对不同等级水准测量的高差闭合差都规定了一个限差,用于检核水准路线观测成果的精度,具体要求见表2-2。

表 2-2 水准测量的主要技术要求

等级	每千米高差中误差(mm)	路线长度(km)	水准仪的型号	水准尺	观测次数	高差闭合差(mm)	
						平地	山地
二等	2	—	DS_1	铟瓦	往返各一次	$4\sqrt{L}$	—
三等	6	≤50	DS_1	铟瓦	往一次	$12\sqrt{L}$	$4\sqrt{n}$
			DS_3	双面	往返各一次		
四等	10	≤16	DS_3	双面	往一次	$20\sqrt{L}$	$6\sqrt{n}$
五等	15		DS_3	单面	往一次	$30\sqrt{L}$	
图根	20	≤5	DS_3	单面	往一次	$40\sqrt{L}$	$12\sqrt{n}$

注:L 为水准路线长度,以 km 为单位;n 为测站数,当每1km测站数多于15站时,用山地的公式计算高差闭合差。

三、水准测量内业计算

水准测量外业实测工作结束后,先检查记录手簿,再计算各测段的高差,经检核无误后,绘制观测成果略图,进行水准测量的内业工作。受仪器、观测及外界环境等因素的影响,水准测量的观测总会存在有误差。路线总的误差反映在高差闭合差的值上。水准测量成果计算的目的就是,按照一定的原则,把高差闭合差分配到各测段实测高差中去(在数学意义上消除各段测量误差),得到各段改正后的高差,从而推得未知点的高程。

1. 附合水准路线成果计算

按图根水准测量要求施测某附合水准路线,从水准点 BM_A 开始,经过 1、2、3 待测点之后,附合到另一水准点 BM_B 上,各测段高差、测站数、路线长及 BM_A 和 BM_B 的高程如图2-20所示,图中箭头表示水准测量进行方向。现以该附合水准路线为例,介绍成果计算步骤。

(1)计算高差闭合差及其容许值。根据式(2-7)可得:

$$f_{\mathrm{h}} = \sum h_{测} - (H_{终} - H_{始}) = (h_{A1} + h_{12} + h_{23} + h_{3B}) - (H_B - H_A)$$
$$= 2.151\mathrm{m} - (66.482 - 64.376)\mathrm{m} = +0.045\mathrm{m}$$

因每千米测站数小于 15 站,所以用平地的公式计算高差闭合差的容许值。该水准路线总长为 4km,故:

$$f_{\mathrm{h容}} = \pm 40\sqrt{4.0}\ \mathrm{mm} = \pm 80\mathrm{mm}$$

$|f_{\mathrm{h}}| < |f_{\mathrm{h容}}|$,精度符合要求,可以进行闭合差调整。

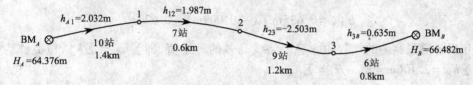

图 2-20　附合水准路线略图

(2)调整高差闭合差。根据误差理论,高差闭合差调整的原则和方法是:将闭合差 f_{h} 以相反的符号,按与测段长度(或测站数)成正比例的原则进行分配,改正到各相应测段的高差上。公式表达为:

按测段长度: $$V_i = \frac{-f_{\mathrm{h}}}{\sum L} \cdot L_i \tag{2-10a}$$

按测站数: $$V_i = \frac{-f_{\mathrm{h}}}{\sum n} \cdot n_i \tag{2-10b}$$

式中　V_i——第 i 测段的高差改正数;

　　$\sum L$——路线总长度;

　　L_i——第 i 测段的长度;

　　$\sum n$——路线总站数;

　　n_i——第 i 测段的测站数。

各测段实测高差加上相应的改正数,得改正后高差,即:

$$h_{i改} = h_{i测} + V_i \tag{2-11}$$

式中　$h_{i改}$——第 i 测段改正后高差;

　　$h_{i测}$——第 i 测段实测高差。

按上述调整原则,各测段的改正数分别为:

$$V_{A1} = \frac{-f_{\mathrm{h}}}{\sum L} \cdot L_{A1} = \frac{-0.045\mathrm{m}}{4.0\mathrm{km}} \times 1.4\mathrm{km} = -0.016\mathrm{m}$$

$$V_{12} = \frac{-f_{\mathrm{h}}}{\sum L} \cdot L_{12} = \frac{-0.045\mathrm{m}}{4.0\mathrm{km}} \times 0.6\mathrm{km} = -0.007\mathrm{m}$$

$$V_{23} = \frac{-f_{\mathrm{h}}}{\sum L} \cdot L_{23} = \frac{-0.045\mathrm{m}}{4.0\mathrm{km}} \times 1.2\mathrm{km} = -0.013\mathrm{m}$$

$$V_{3B} = \frac{-f_{\mathrm{h}}}{\sum L} \cdot L_{3B} = \frac{-0.045\mathrm{m}}{4.0\mathrm{km}} \times 0.8\mathrm{km} = -0.009\mathrm{m}$$

水准路线各测段的改正数之和应与高差闭合差大小相等、符号相反,计算出改正数后还应进行检核: $\sum V_i = -f_h$。本例中 $\sum V_i = -0.045\text{m} = -f_h$。

各测段改正后高差为:

$$h_{A1改} = 2.032\text{m} + (-0.016\text{m}) = 2.016\text{m}$$

$$h_{12改} = 1.987\text{m} + (-0.007\text{m}) = 1.980\text{m}$$

$$h_{23改} = -2.503\text{m} + (-0.013\text{m}) = -2.516\text{m}$$

$$h_{3B改} = 0.635\text{m} + (-0.009\text{m}) = 0.626\text{m}$$

改正后各测段高差的代数和应等于路线高差的理论值,即 $\sum h_{改} = \sum h_{理}$,以此作为检核。本例中 $\sum h_{改} = 2.106\text{m} = H_B - H_A = \sum h_{理}$。

(3)计算各待定点高程。根据起始水准点 BM_A 的高程和各段改正后高差,按顺序逐点推算各待定点高程。

$$H_1 = H_A + h_{A1改} = 64.376\text{m} + 2.016\text{m} = 66.392\text{m}$$

$$H_2 = H_1 + h_{12改} = 66.392\text{m} + 1.980\text{m} = 68.372\text{m}$$

$$H_3 = H_2 + h_{23改} = 68.372\text{m} + (-2.516\text{m}) = 65.856\text{m}$$

最后还应推算至终点 BM_B 的高程,进行检核。

$$H_B = H_3 + h_{3B改} = 65.856\text{m} + 0.626\text{m} = 66.482\text{m}$$

推算值与已知值相等,说明计算无误。

上述计算过程最好采用表格形式完成,如表 2-3 所示。

表 2-3　水准测量成果计算表

测段编号	点名	距离(km)	实测高度(m)	改正数(m)	改正后高差(m)	高程(m)	备注
1	BM_A	1.4	2.023	-0.016	2.016	64.376	
2	1	0.6	1.987	-0.007	1.980	66.392	
3	23	1.2	-2.503	-0.013	-2.516	68.372	
4	3	0.8	0.635	-0.009	0.626	65.856	
	BM_B					66.482	
$\sum$		4.0	2.151	-0.045	2.106		
辅助计算	$f_h = \sum h_{测} - (H_B - H_A) = 2.151 - (66.482 - 64.376) = +0.045\text{m}$ $f_{h容} = \pm 40\sqrt{L} = \pm 40\sqrt{4.0} = \pm 80\text{mm}$　$\|f_h\| < \|f_{h容}\|$,精度合格						

首先按顺序将各点号、测段长度(或测站数)、实测高差及水准点的已知高程填入表2-3相应栏内,然后从左到右逐列计算,有关高差闭合差的计算部分填在辅助计算栏。

2. 闭合水准路线成果计算

闭合水准路线成果计算的步骤,与附合水准路线成果计算步骤完全相同。图2-21为按图根水准测量要求施测的一闭合水准路线示意图,其计算结果见表2-4。

表2-4　水准测量成果计算表

测段编号	点名	测站数	实测高度(m)	改正数(m)	改正后高差(m)	高程(m)	备注
1	BM₁	12	−2.437	0.011	−2.426	45.836	
2	A	10	−1.869	0.009	−1.860	43.550	
3	B	15	2.806	0.014	2.820	41.370	
4	C	14	2.754	0.013	2.767	44.370	
5	D	16	−1.315	0.014	−1.301	47.137	
	BM₁					45.836	
Σ		67	−0.061	0.061	0		

辅助计算	$f_h = \sum h_測 - \sum h_理 = \sum h_測 - 0 = \sum h_測 = -0.061\text{m}$ $f_{h容} = \pm 12\sqrt{n} = \pm 12\sqrt{67} = \pm 98\text{mm}$ $\quad \|f_h\| < \|f_{h容}\|$

注:因每1km测站数超过15站,所以用山地的公式计算高差闭合差的容许值,并按式(2-10b)计算改正数。

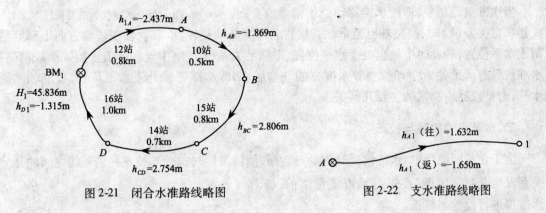

图2-21　闭合水准路线略图　　　　　　图2-22　支水准路线略图

3. 支水准路线成果计算

图2-22为按图根水准测量要求施测的一条支水准路线示意略图,已知水准点 A 的高程为168.412m,往、返测站各为16站,其成果计算步骤为:

(1)计算高差闭合差及其容许值。根据式(2-9)可得:

$$f_h = \sum h_往 + \sum h_返 = 1.632\text{m} + (-1.650\text{m}) = -0.018\text{m}$$

高差闭合差的容许值：

$$f_{h容} = \pm 12\sqrt{16} \ mm = \pm 48mm$$

$|f_h| < |f_{h容}|$，精度合格。

（2）计算改正后高差。支水准路线的往测高差加上 $\dfrac{-f_h}{2}$，为改正后高差，即：

$$H_{A1改} = H_{A1(往)} + \frac{-f_h}{2} = 1.632m + 0.009m = 1.641m$$

（3）计算待定点高程。待定点 1 的高程为：

$$H_1 = H_A + H_{A1改} = 168.412m + 1.641m = 170.053m$$

第五节　水准仪的检验与校正

一、主要轴线及应满足的条件

如图 2-23 所示，DS_3 型微倾式水准仪的主要轴线有：视准轴 CC、水准管轴 LL、竖轴 VV、圆水准器轴 $L'L'$。

根据水准测量原理，水准仪必须提供一条水平视线，才能正确测得两点间的高差。为此，水准仪的主要轴线应满足一定的几何关系。

（1）圆水准器轴 $L'L'$ 平行于竖轴 VV。

（2）十字丝中丝（横丝）垂直于竖轴。

（3）视准轴 CC 平行于水准管轴 LL。

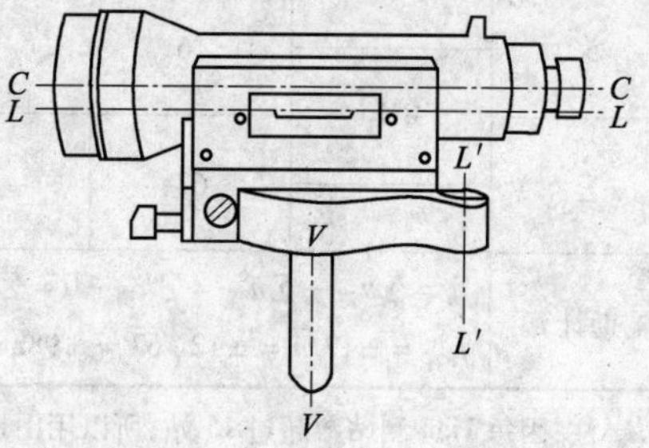

当水准仪已粗平，即圆水准器轴处于铅垂位置，若

图 2-23　水准仪的主要轴线

仪器满足关系（1）时，则竖轴也铅垂。若仪器上部绕竖轴旋转，水准管轴在任何方向上都容易调成水平位置；若此时中丝也处于水平位置，即满足关系（2），则中丝在尺上读数才能较精确。水准仪只有满足关系（3）时，当管水准器的气泡居中，即水准管轴处于水平位置，视准轴才能水平，这是仪器应满足的主要几何关系。

二、水准仪的检验与校正

由于在长期使用中，水准仪受到震动与碰撞，使得出厂时检验与校正好的轴线之间的几何关系发生变化。因此，在进行水准测量之前，应对水准仪进行检验与校正。

1. 圆水准器轴平行于仪器竖轴的检验与校正

（1）检验。安置水准仪后，调节脚螺旋，使圆水准器气泡严格居中，此时圆水准器轴 $L'L'$ 处于竖直位置[图 2-24（a）]。将仪器绕竖轴旋转 180°后，观察气泡的位置，若气泡仍居中，则表明水准仪圆水

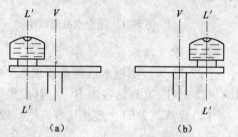

图 2-24　圆水准器轴平行于仪器竖轴

准器轴平行于仪器竖轴[图2-24(b)]；若气泡不居中，则水准仪圆水准器轴与仪器竖轴不平行。一般情况下，若气泡偏出了分划圈，则需要进行校正。

（2）校正。水准仪圆水准器轴与仪器竖轴若不平行，则存在一个夹角Δ[图2-25(a)]，将仪器绕竖轴旋转180°后，圆水准器轴不竖直，偏离竖直位置的角值为2Δ[图2-25(b)]。校正时，先松开圆水准器下方固定螺丝，再用校正针调整三个校正螺丝（图2-26），使气泡退回偏移量的一半，此时，圆水准器轴已平行于竖轴[图2-25(c)]。再调节脚螺旋使圆水准器气泡居中，则圆水准器轴与竖轴同时铅垂[图2-25(d)]。校正后，注意拧紧固定螺丝。

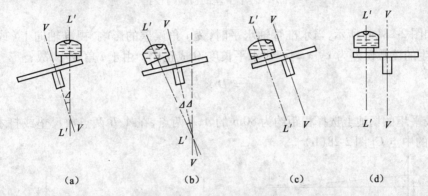

（a）　　　　　　（b）　　　　　　（c）　　　　　　（d）

图 2-25　圆水准器轴的校正

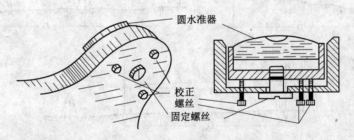

图 2-26　圆水准器的校正螺丝

2. 十字丝中丝（横丝）垂直于仪器竖轴的检验与校正

（1）检验。安置好水准仪，将十字丝中丝的一端瞄准一目标点 M[图2-27(a)、(c)]。然后固定制动螺旋，转动微动螺旋使望远镜在水平方向缓慢移动，同时在望远镜内观察点目标对中丝的相对运动。目标点由中丝一端移动到另一端，如果未偏离中丝[图2-27(b)]，表明仪器满足此几何关系。如果目标逐渐偏离中丝[图2-27(d)]，则水准仪此关系不满足，需要校正。

（2）校正。欲使中丝垂直于竖轴，只需要转动十字丝板的位置，转动量是目标点偏离中丝的距离的二分之一。校正方法因十字丝板装置而异。如图2-27(e)所示的形式，先稍旋松分划板座固定螺丝，再旋转目镜座，使中丝垂直于竖轴，最后旋紧固定螺丝。有的水准仪，需要旋下目镜保护罩，用螺丝刀松开十字丝分划板座的固定螺丝，拨正十字丝分划板座。

3. 视准轴平行于水准管轴的检验与校正

（1）检验。如果视准轴与水准管轴在竖直面内的投影不平行，其夹角用 i 表示，通常称为 i

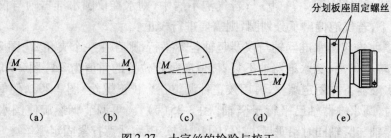

图 2-27　十字丝的检验与校正

角误差。如图 2-28（a）所示，当水准管轴水平时，受 i 角误差的影响，视准轴向上（或向下）倾斜，此时产生的读数误差为 x。x 与视线水平长度 D 成正比。由于 i 角较小，故：

$$x = D \times \frac{i''}{\rho''} \qquad (2\text{-}12)$$

1）在较平坦的场地上选择相距约为 80m 的 A、B 两点，在 A、B 两点放尺垫或打木桩，用皮尺量出 AB 的中点 C［图 2-28（b）］。

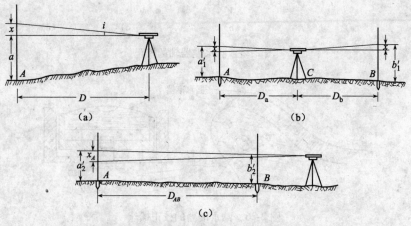

图 2-28　视准轴平行于水准管轴的检验

2）将水准仪安置在 C 点，测量出 A、B 两点的高差 h_{AB}。由于前、后视距相等，因此 i 角对前、后视读数产生的误差 x 相等。因此测量出的高差 h_{AB} 不受 i 角误差影响，即 $h'_{AB} = a'_1 - b'_1 = (a'_1 - x) - (b'_1 - x)$。为了提高高差 h_{AB} 的准确性，采用变动仪器高法或双面法，测量两次 A、B 两点的高差。当两次高差之差不大于 3mm 时，取平均值作为 A、B 两点的正确高差 h_{AB}。

3）将水准仪安置到距一点较近处，如图 2-28（c）所示，仪器与 B 点近尺的视距应稍大于仪器的最短视距。A、B 两尺子读数分别为 a'_2、b'_2，$h'_{AB} = a'_2 - b'_2$。若 $h_{AB} = h'_{AB}$，则视准轴平行于水准管轴。否则存在 i 角误差，其值为：

$$i = \frac{|h_{AB} - h'_{AB}|}{D_{AB}} \rho'' \qquad (2\text{-}13)$$

按照测量规范要求，DS$_3$ 型水准仪 $i > 20''$ 时，必须校正。

（2）校正。如图 2-28（c），由于与近尺点视距很短，i 角误差对读数 b'_2 影响很小，可以忽略，b'_2 可视为视线水平时正确读数。而仪器距 A 点较远，i 角误差对远尺上读数的影响较大。校正时首先计算视线水平时远尺的正确读数 a_2，即 $a_2 = h_{AB} + b'_2$。然后保持望远镜不动，转动微倾螺旋，使仪器在远尺读数为 a_2。此时视准轴处于水平状态，而水准管气泡必然不居中，再用校正针拨动位于目镜端的水准管上、下两个校正螺丝（图 2-29），使气泡的两个半影像闭合。校正时，先松开左、右两

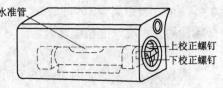

图 2-29　水准管的校正

个螺丝，再松紧上、下螺丝。校正后，必须再进行高差检测，将测得的高差与正确高差比较。

上述每一项检验与校正都要反复进行，直至达到要求为止。

第六节　水准测量误差分析

测量工作中由于仪器、工具、人、外界条件等因素的影响，使得测量成果中都带有误差。为了保证测量成果的精度，在测量过程中应杜绝错误，并且提出水准测量中要注意的一些事项，从而采取一定的措施有效消除和减小误差的影响。

一、仪器误差

1. 仪器验校后的残余误差

仪器误差的主要来源是望远镜的视准轴与水准管轴不平行而产生的 i 角误差。按照规范规定，DS_3 水准仪的 i 角大于 $20''$ 才需要校正，水准仪虽经检验校正，但是不能彻底消除 i 角，若要消除或减弱 i 角对高差的影响，必须在观测时使仪器至前、后视水准尺的距离相等。在水准测量的每一站观测中，前、后视水准尺的距离相等不容易做到，所以规范规定，对于四等水准测量，一站的前、后视距差应不大于 $5m$，前、后视距累积差应不大于 $10m$。

2. 水准尺的误差

由于水准尺本身的原因和使用不当所引起的读数误差称为水准尺误差。水准尺本身的误差包括分划误差、尺面弯曲误差和尺长误差等，相关规范规定，对于区格式木制水准尺，米间隔平均真长与名义长之差不应大于 $0.5mm$，所以在使用前必须对水准尺进行检验，符合要求方可使用。

由于使用、磨损等原因，水准尺的底面与其分划零点不完全一致，其差值称为水准尺零点差。对于一个测段的测站数为偶数段的水准路线，水准尺零点差的影响可自行抵消；若为奇数站，所测高差中将含有该误差的影响。

二、观测误差

1. 整平误差

水准测量是利用水平视线测定高差的，若仪器没有精确整平，那么倾斜的视线将使水准尺读数产生误差。

$$\Delta = \frac{i}{\rho} D \tag{2-14}$$

由图 2-30 知,设水准管的分划值为 20″,若气泡偏离半格(即 $i = 10″$),则当距离为 50m 时,$\Delta = 2.4mm$;当距离为 100m 时,$\Delta = 4.8mm$;误差随距离的增大而相应增大。所以,在读数前,必须使附合水准气泡精确吻合。

2. 读数误差

读数误差产生的原因包括以下两个:十字丝视差;估读毫米数不准确(估读误差)。

十字丝视差可通过重新调节目镜和物镜调焦螺旋加以消除;估读误差与望远镜的放大率和视距长度有关,所以各等级水准测量所用仪器的望远镜放大率和最大视距都有相应规定,视距愈长,读数误差愈大,普通水准测量中,要求望远镜放大率在 20 倍以上,视线长不超过 150m。

3. 水准尺倾斜误差

如图 2-31 所示,在水准测量过程中,若水准尺前、后倾斜,从水准仪的望远镜视场中不会察觉。在倾斜水准尺上的读数总是比正确的水准尺读数大,而且视线高度愈大,误差就愈大。为减少水准尺竖立不直产生的读数误差,即可使用安装有圆水准器的水准尺,同时注意在测量工作中认真扶尺,使水准尺竖直。

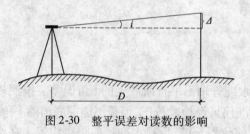

图 2-30　整平误差对读数的影响　　　图 2-31　水准尺倾斜对读数的影响

三、外界环境影响带来的误差

1. 仪器和水准尺升沉误差

如图 2-32 所示,在水准测量时,仪器、水准尺的重量和土壤的弹性会使仪器以及尺垫下沉或上升,因而导致读数减小或增大而引起观测误差。

(1)仪器下沉(或上升)的速度与时间成正比。如图 2-32(a)所示,从读取后视读数 a_1 到读取前视读数 b_1 时,仪器下沉了 Δ,则有:

$$h_1 = a_1 - (b_1 + \Delta) \tag{2-15}$$

为了减弱此项误差产生的影响,可在同一测站进行第二次观测,并且第二次观测应先读前视读数 b_2,然后再读后视读数 a_2。则:

$$h_2 = (a_2 + \Delta) - b_2 \tag{2-16}$$

取两次高差的平均值,即:

$$h = \frac{h_1 + h_2}{2} = \frac{(a_1 - b_1) + (a_2 + b_2)}{2} \tag{2-17}$$

可消减仪器下沉对高差的影响。通常称上述操作为"后、前、前、后"的观测程序。

（2）水准尺下沉（或上升）引起的误差。如图 2-32（b）所示，若往测与返测水准尺下沉量是相同的，那么由于误差符号相同，而往测与返测高差符号相反，所以，取往测和返测高差的平均值即可消除其影响。

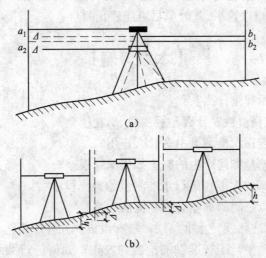

图 2-32　仪器和水准尺升沉误差的影响
（a）仪器下沉；（b）尺子下沉

2. 地球曲率和大气折光的影响

在水准测量时，用水平面代替大地水准面在水准尺上读数而产生误差，也就是地球曲率对测量高差产生的影响，常用 c 表示，可按式（2-18）计算：

$$c = \frac{D^2}{2R} \tag{2-18}$$

式中　D——水准仪到水准尺的距离；

　　　R——地球的近似半径，其值为 6371km。

由于地面大气密度的不均匀，视线通过不同密度的大气时会产生折射，使得水准仪本应水平的视线成为一条曲线，对测量高差产生影响，常用 γ 表示，可按式（2-19）计算：

$$\gamma = -\frac{1}{7} \times \frac{D^2}{2R} \tag{2-19}$$

地球曲率和大气折光对测量高差的综合影响为：

$$f = c + \gamma \tag{2-20}$$

即　　　　　　　$$f = c + \gamma = \frac{D^2}{2R} - \frac{1}{7} \times \frac{D^2}{2R} = 0.43 \times \frac{D^2}{R}$$

在测量时，采用前、后视距离相等的方法，通过高差计算可消除或减弱二者的综合影响。

3. 大气温度和风力的影响

温度的变化不仅引起大气折光的变化,而且当烈日照射水准管时,由于受热不匀,气泡会向温度高的方向移动。因此,在进行水准测量时要撑伞遮阳,以免阳光直射。另外,大风可使水准尺竖立不稳,水准仪难以置平,此时应尽可能停止测量。

【本章习题】

1. 水准测量的基本原理是什么?

2. 什么是前视点、前视读数?什么是后视点、后视读数?

3. 什么是转点?转点在水准测量中有什么作用?

4. 什么是视差?视差是如何产生的?应如何消除视差?

5. 试叙述 DS_3 型微倾式水准仪进行水准测量的操作程序。

6. 测定地面上某两点之间的高差有哪些方法?

7. 什么是水准点、水准路线?水准路线一般布设成哪几种形式?

8. 如何进行水准管轴平行于视准轴的检验与校正?如何进行圆水准器轴平行于仪器的竖轴的检验与校正?

9. 如图 2-33 所示,为一附合水准路线的观测成果,已知水准点 BM_A 和 BM_B 的高程分别为 42.594m 和 42.784m,求 1、2、3 各点的高程。

10. 如图 2-34 所示,为一闭合水准路线的观测成果,已知水准点 BM_A 的高程为 42.384m,求 1、2、3 各点的高程。

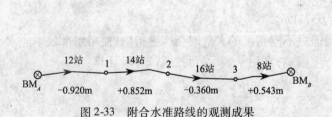

图 2-33　附合水准路线的观测成果

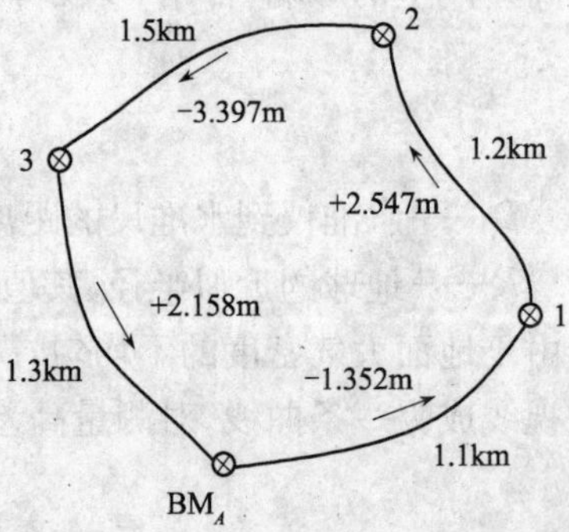

图 2-34　闭合水准路线的观测成果

【本章实训】

实训一　水准仪的认识与使用

一、实训目的

(1)了解 DS_3 型微倾式水准仪的构造,认识水准仪各主要部件的名称和作用。

(2)初步掌握水准仪的粗平、瞄准、精平与水准尺读数的方法。

（3）测定地面两点间高差。

二、实训仪器和工具

DS_3 型微倾式水准仪 1 台,三脚架 1 个,水准尺 2 支,记录板 1 块,伞 1 把,自备铅笔、计算器。

三、实训步骤

1. DS_3 水准仪的认识与使用

（1）安置水准仪。在测站上松开架腿的蝶形螺旋,按需要调整架腿的长度,将螺旋拧紧。将三脚架张开,使架头大致水平,并将架脚的脚尖踩入土中。然后把水准仪从箱中取出,将其固连在三脚架上。

（2）认识水准仪。指出仪器各部件的名称,了解其作用并熟悉其使用方法;同时弄清水准尺的分划与注记。

（3）粗略整平水准仪。按"左手拇指规则",先用双手同时反向旋转一对脚螺旋,使圆水准器气泡移至中间,再转动另一只脚螺旋使气泡居中。通常需反复进行。

（4）瞄准水准尺。瞄准水准尺的步骤是:转动目镜对光螺旋,使十字丝清晰;松开水平制动螺旋,转动望远镜,通过望远镜上的缺口和准星初步瞄准水准尺,固定水平制动螺旋;转动物镜对光螺旋,使水准尺分划清晰;旋转水平微动螺旋,使水准尺影像的一侧靠近于十字丝竖丝（便于检查水准尺是否竖直）;眼睛略作上下移动,检查十字丝与水准尺分划像之间是否有相对移动（视差）;如果存在视差,则重新进行目镜与物镜对光,消除视差。

（5）精确整平水准仪。转动微倾螺旋,使符合水准器气泡两端的像吻合。注意微倾螺旋转动方向与符合水准管左侧气泡移动方向的一致性。

（6）读数。用十字丝中丝在水准尺上读取 4 位读数。读数时,先估读毫米数,然后按米、分米、厘米及毫米一次读出。

2. 测定地面两点间高差

（1）在地面上选择 A、B 两点。

（2）在 A、B 两点之间安置水准仪,使水准仪到 A、B 两点的距离大致相等,并粗略整平。

（3）在 A、B 两点上各竖立一根水准尺,先瞄准 A 点上的水准尺,精确整平后读数,此为后视读数,记入表中。

（4）然后瞄准 B 点上的水准尺,精确整平后读数,此为前视读数,将读数记入表中。

（5）计算 A、B 两点的高差:

$$h_{AB} = 后视读数 - 前视读数$$

四、注意事项

（1）仪器安放到三脚架头上,最后必须旋紧连接螺旋,使其连接牢固。

（2）水准仪在读数前,必须使长水准管气泡严格居中。

（3）瞄准目标必须消除视差。

五、提交成果

（1）普通水准测量记录手册（表2-5）。

表 2-5　普通水准测量记录手册

观测日期：_____　　仪器：_____　班组：_____　　记录者：_____

观测时间：自_____至_____　　天气：_____　观测者：_____　　校核者：_____

测站	点号	后视计数（m）	前视计数（m）	高差（m）	高程（m）	备注

（2）实训小结。

实训二　普通水准测量

一、实训目的

（1）掌握普通水准测量的观测、记录、计算和校核方法。

（2）熟悉水准路线的布设形式。

二、实训仪器和工具

DS_3 型微倾式水准仪 1 台，三脚架 1 个，水准尺 1 对，尺垫 2 个，测伞 1 把，铅笔，计算器，记录板 1 块。

三、实训步骤

（1）从实验场的某一水准点出发，选定一条闭合水准路线，路线长度以设置 4～8 个测站、视线长度 20～30m 为宜。立尺点可以选择有凸出点的固定地物或安放尺垫。

（2）在起始点与第一个立尺点中间（目估使前后视距大致相等）安置水准仪，观测者按下列顺序观测：

1）后视立于起始点上的水准尺，瞄准、精平、读数。

2）前视立于第一点上的水准尺，瞄准、精平、读数。

（3）观测者的每次读数，记录者应当场记下；后视、前视读完后，应当场计算高差，记于记录表格相应栏内，并作测站检核。

（4）依次设站，用相同的方法进行观测，直至回到起始的水准点。

（5）全路线施测完毕后作路线检核，计算高差之和 $\sum h_{测}$，闭合路线的闭合差 $f_h = \sum h_{测}$。判断 f_h 是否小于 $f_{h容} = 12\sqrt{n}$ mm，若不满足要求，需要重测。

（6）计算前视读数之和 $\sum a_i$ 与后视读数之和 $\sum b_i$ 的差值，即计算（$\sum a_i - \sum b_i$）是否等于 $\sum h_{测}$。

四、注意事项

(1)每次读数前水准管气泡要严格居中。

(2)注意用中丝读数,不要读成上丝或下丝的读数,读数前要消除视差。

(3)后视尺垫在水准仪搬动之前不得移动。仪器迁站时,前视尺垫不能移动。在已知高程点上和待定高程点上不得放尺垫。

(4)水准尺必须扶直,不得前后、左右倾斜。

(5)路线长度不超过100m,前、后视距应大致相等。

(6)闭合路线的高差闭合差不应大于 $\pm 40\sqrt{L}$ mm 或 $\pm 12\sqrt{n}$ mm,其中 L 为水准路线长度(km);n 为测站数。

五、提交成果

(1)实训结束后,应当场上交普通水准测量记录表(表2-6)。

表2-6 普通水准测量记录表

观测日期:＿＿＿＿＿＿＿＿ 仪器:＿＿＿＿ 班 组:＿＿＿＿ 记录者:＿＿＿＿＿

观测时间:自＿＿＿＿ 至＿＿＿＿ 天气:＿＿＿＿ 观测者:＿＿＿＿ 校核者:＿＿＿＿

测站	测点	水准尺读数		高差 h	高程 H	备注
		后视	前视			
Σ		Σ后 =	Σ前 =	Σh =		

Σ后 $-$ Σ前 =

(2)实训小结。

实训三 微倾式水准仪的检校

一、实训目的

(1)了解微倾式水准仪各轴线应满足的条件。

(2)掌握水准仪检验和校正的方法。

(3)要求校正后,i 角值不超过20″,其他条件校正到无明显偏差为止。

二、实训仪器和工具

DS$_3$型微倾式水准仪1台,三脚架1个,水准尺2支,尺垫2个,钢尺1把,校正针1根,小螺丝旋具1个,记录板1块。

三、实训步骤

1. 圆水准器轴平行于仪器竖轴的检验与校正

（1）检验。转动脚螺旋，使圆水准器气泡居中，将仪器绕竖轴旋转180°。如果气泡仍居中，则条件满足；如果气泡偏出分划圈外，则需校正。

（2）校正。先转动脚螺旋，使气泡移动偏歪值的一半，然后稍旋松圆水准器底部中央固定螺钉，用校正针拨动圆水准器校正螺钉，使气泡居中。如此反复检校，直到圆水准器转到任何位置时，气泡都在分划圈内为止。最后旋紧固定螺钉。

2. 十字丝中丝垂直于仪器竖轴的检验与校正

（1）检验。严格置平水准仪，用十字丝交点瞄准一明显的点状目标 M，旋紧水平制动螺旋，转动水平微动螺旋。如果该点始终在中丝上移动，说明此条件满足；如果该点离开中丝，则需校正。

（2）校正。卸下目镜处外罩，松开四个固定螺钉，稍微转动十字丝环，使目标点 M 与中丝重合。反复检验与校正，直到满足条件为止。再旋紧四个固定螺钉。

3. 水准管轴平行于视准轴的检验与校正

（1）检验。在地面上选择 A、B 两点，其长度约为 $60 \sim 80m$。在 A、B 两点放置尺垫，先将水准仪置于 AB 的中点 C，读立于 A、B 尺垫上的水准尺，得读数为 a_1 和 b_1，则高差 $h_1 = a_1 - b_1$，改变仪器高度，又读得 a'_1 和 b'_1 得高差 $h'_1 = a'_1 - b'_1$。若 $h_1 - h'_1 \leqslant \pm 3mm$，则取两次高差的平均值，作为正确高差 h_{AB}。然后将仪器搬至 B 点附近（距 B 点 $2 \sim 3m$），瞄准 B 点水准尺，精平后读取 B 点水准尺读数 b'_2，再根据 A、B 两点间的高差 h_{AB}，可计算出 A 点水准尺的视线水平时的读数 $a'_2 = b'_2 + h_{AB}$，瞄准 A 点上的水准尺，精平后读取 A 点上水准尺读数 a_2，根据 a'_2 与 a_2 的差值计算 i 角值：

$$i = \frac{|\, a_2 - a'_2\,|}{D_{AB}} \rho''$$

如果 i 角值 $< \pm 20''$，说明此条件满足，如果 i 角值 $\geqslant \pm 20''$，则需校正。

（2）校正。转动微倾螺旋，使中丝对准 a'_2，此时水准管气泡必然不居中，用校正针先稍微松左、右校正螺钉，再拨动上、下校正螺钉，使水准管气泡居中。重复检查，i 角值 $< \pm 20''$ 为止。最后旋紧左、右校正螺钉。

四、注意事项

（1）检校水准仪时，必须按上述的规定顺序进行，不能颠倒。

（2）拨动校正螺钉时，一律要先松后紧，一松一紧，用力不宜过大，校正完毕时，校正螺钉不能松动，应处于稍紧状态。

五、提交成果

1. 圆水准器的检验

圆水准器气泡居中，将望远镜旋转180°后，气泡＿＿＿（填"居中"或"不居中"）。

2. 十字丝横丝检验

在墙上找一点，使其恰好位于水准仪望远镜十字丝左端的横丝上，旋转水平微动螺旋，用望远镜右端对准该点,观察该点____(填"是"或"否")仍位于十字丝右端的横丝上。

3. 水准管平行于视准轴(i角)的检验(表2-7)

表2-7 水准仪读数记录表

观测日期:_____   仪器:_____ 班 组:_____   记录者:_____

观测时间:自_____至_____   天气:_____ 观测者:_____   校核者:_____

位置	立尺点		水准尺读数(m)	高差(m)	平均高差(m)	是否要校正
仪器在A,B点中间位置	A					
	B					
	变更仪器高后	A				
		B				
仪器在离B点较近的位置	A					
	B					
	变更仪器高后	A、				
		B				

$i = $ _____

(2)实训小结。

第三章　角度测量

第一节　经纬仪角度测量原理

一、水平角测量原理

水平角是指地面上一点到两个目标点的方向线垂直投影到水平面上的夹角。如图 3-1 所示，设 A、B、C 是三个位于地面上不同高程的任意点，B_1A_1、B_1C_1 为空间直线 BA、BC 在水平面上的投影，B_1A_1 与 B_1C_1 的夹角 β 即为地面点 B 上由 BA、BC 两方向线所构成的水平角。

为了测量水平角 β，可以先设想在过 B 点的上方水平地安置一个带有顺时针刻画、标注的圆盘，称为水平度盘，并使其圆心 O 在过 B 点的铅垂线上，直线 BA、BC 在水平度盘上的投影为 O_m、O_n；这时，若能读出 O_m、O_n 在水平度盘上的读数 m 和 n，水平角 β 就等于 m 减 n，可用公式表示为：

$$\beta = 右侧目标读数 \ m - 左侧目标读数 \ n \qquad (3\text{-}1)$$

综上所述，用于测量水平角的仪器，必须有一个能安置水平、同时能使其中心处于过测站点铅垂线上的水平度盘；此外，必须有一套能精确读取度盘读数的读数装置；还应该有一套不仅能上下转动成竖直面，还能绕铅垂线水平转动的望远镜，以便精确照准方向、高度、远近不同的目标。

水平角的取值范围为 $0° \sim 360°$。

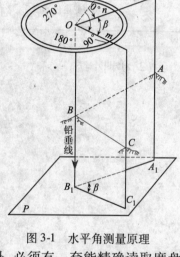

图 3-1　水平角测量原理

二、竖直角测量原理

在同一竖直面内，测站点到目标点的视线与水平线之间的夹角称为竖直角。如图 3-2 所示，视线 AB 与水平线 AB' 的夹角 α 为 AB 方向线的竖直角。其角值从水平线算起，向上为正，称为仰角；向下为负，称为俯角。其范围为 $0° \sim \pm 90°$。

视线与测站点天顶方向之间的夹角称为天顶距。图 3-2 中以 Z 表示，其数值为 $0° \sim 180°$，均为正值。

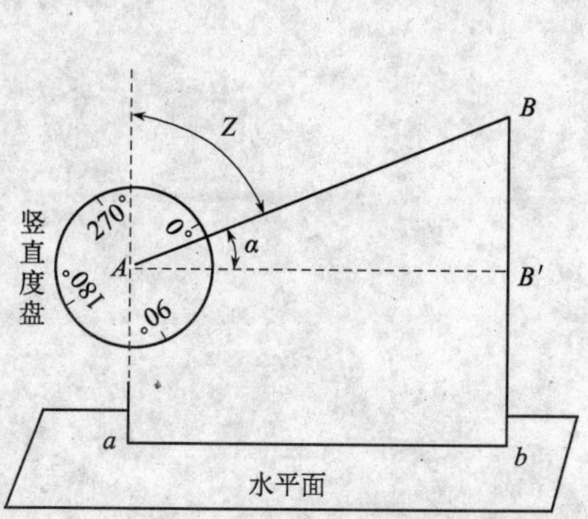

图 3-2　竖直角的测量原理

很显然,同一目标的竖直角 α 和天顶距 Z 之间的关系如下:

$$\alpha = 90° - Z$$

为了观测天顶距或竖直角,在经纬仪上必须装置一个带有刻画和注记的竖直圆盘,即竖直度盘,该度盘中心安装在望远镜的旋转轴上,同时随望远镜一起上下转动;竖直度盘的读数指标线与竖盘指标水准管相连,若该水准管气泡居中时,指标线处于某一固定位置。显然,照准轴水平时的度盘读数与照准目标时度盘读数之差,即是所求的竖直角 α。

光学经纬仪是根据上述测角原理设计并且制造的一种测角仪器。

第二节　光学经纬仪的构造与功能

经纬仪是测量角度的仪器,同时兼有其他测量功能。根据测角精度的不同,我国的光学经纬仪系列可分为 DJ_{07}、DJ_1、DJ_2、DJ_6、DJ_{20}、DJ_{30} 等几个等级。D 和 J 分别为"大地测量"和"经纬仪"两个汉语拼音的首字母,角标的数字代表仪器的精度指标,即:测回水平方向的观测中误差,单位为秒。

一、DJ_6 光学经纬仪

DJ_6 光学经纬仪主要是由照准部、水平度盘、基座三大部分组成,如图 3-3 所示。全部构造如图 3-4 所示。

1. 照准部

照准部分由望远镜、读数显微镜、横轴、竖直度盘、竖盘指标水准管、U 形支架、照准部水准管、光学对中器、光路系统及竖轴等组成。照准部分可在水平面内转动,并由水平动螺旋和水平微动螺旋控制。

(1)望远镜。望远镜的作用是瞄准目标。经纬仪的望远镜和横轴固连在一起,安置在 U 形支架上。横轴可在 U 形支架上转动,同时望远镜也随之上下转动。控制望远镜上下转动的是望远镜制动螺旋和微动螺旋。

有的经纬仪从望远镜内看到的是倒像,有的是正像,使用时要加以区别。

(2)读数显微镜。读数显微镜与望远镜并列在一起,用于精确读出水平度盘和竖直度盘的读数。

(3)竖直度盘。竖直度盘的作用是测竖直角,它是用光学玻璃制成的圆盘,边缘有精密的刻划和注记。竖直度盘装在横轴的一端,与横轴固连,并随望远镜一起上下转动。

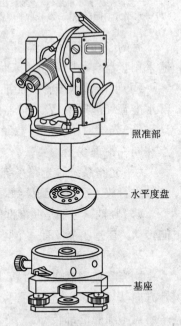

照准部

水平度盘

基座

图 3-3　DJ_6 光学经纬仪构造

(4)竖盘指标水准管。在竖直度盘同侧的支架上设有竖盘指标水准管,用以指示竖盘指标的正确位置。支架上还设有竖盘指标水准管微动螺旋,以调节水准管气泡居中。在竖盘指标水准管上方,还装有竖盘指标水准管反光镜,以方便观察水准管气泡的居中情况。

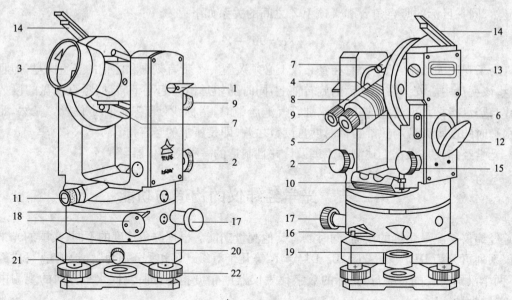

图 3-4 DJ₆ 光学经纬仪

1—望远镜制动螺旋;2—望远镜微动螺旋;3—物镜;4—物镜调焦螺旋;5—目镜;6—目镜调焦螺旋;7—光学瞄准器;
8—度盘读数显微镜;9—度盘读数显微镜调焦螺旋;10—照准部管水准器;11—光学对中器;12—度盘照明反光镜;
13—竖盘指标管水准器;14—竖盘指标管水准器观察反射镜;15—竖盘指标水准器微动螺旋;16—水平方向制动螺旋;
17—水平方向微动螺旋;18—水平度盘变换螺旋与保护卡;19—基座圆水准器;20—基座;21—轴套固定螺旋;22—脚螺旋

有的经纬仪不设竖盘指标水准管,而是设有竖盘指标自动补偿装置。目前,光学经纬仪普遍采用竖盘自动归零装置来代替竖盘指标水准管。

(5)照准部水准管。照准部水准管用以指示水平度盘是否水平。转动脚螺旋,可使照准部水准管气泡居中,表示仪器已整平,水平度盘处于水平位置。

(6)光学对中器。多数经纬仪都设有光学对中器,用于精确对中,使水平度盘中心与测站点在同一铅垂线上。

(7)光路系统。光路系统由一系列棱镜和透镜组成,其作用是将水平度盘和竖直度盘的读数进行放大后反映到读数显微镜内。

(8)竖轴。竖轴是照准部的旋转轴,插在水平度盘及基座上的轴套内,可使照准部在水平方向转动。在基座上设有一个竖轴固紧螺旋,使用仪器时切勿松动该螺旋,以防仪器分离坠落。

2. 水平度盘

用光学玻璃制成的圆盘,用来测量水平角。间隔1°(有的仪器间隔30′)刻有分划线,顺时针方向从0°~359°进行注记。水平度盘圆心与经纬仪中心(竖轴)重合。在测量水平角时,水平度盘不随照准部转动。

经纬仪上通常设有复测系统,常用的有拨盘手轮和复测扳手两种。拨动拨盘手轮,可以在照准部不动的情况下,拨动水平度盘,将某一方向设置成一固定的水平度盘读数。采用复测扳手的经纬仪,当复测扳手扳上时,水平度盘与照准部分离,照准部转动而水平度盘不动;当复测扳手扳下时,水平度盘与照准部结合在一起,水平度盘随照准部同步转动,水平度盘读数始终不变。

3. 基座

用来支撑整个仪器,并借助中心螺旋使经纬仪与三角脚架结合。基座上有三个脚螺旋和一个圆水准器,用来粗略整平仪器。经纬仪照准部通过竖轴内轴与基座连接,当轴座固定螺丝旋紧时,照准部被固定在基座上,同时可绕竖轴转动。

二、DJ₂ 光学经纬仪

DJ_2 级光学经纬仪与 DJ_6 级构造基本相同,如图 3-5 所示。由于 DJ_2 光学经纬仪望远镜的放大倍数较大,照准部水准管的灵敏度较高,度盘格值较小,较 DJ_6 级经纬仪在测量上更精确一些。常用于三、四等三角测量、精密导线测量以及精密工程测量中。DJ_2 级与 DJ_6 级光学经纬仪的主要区别在于读数设备和读数方法。

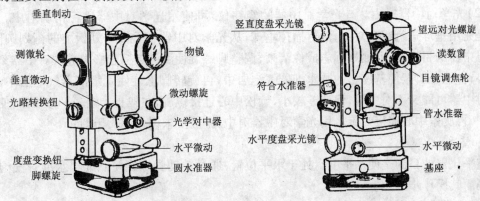

垂直制动　测微轮　垂直微动　光路转换钮　度盘变换钮　脚螺旋　物镜　微动螺旋　光学对中器　水平微动　圆水准器

竖直度盘采光镜　符合水准器　水平度盘采光镜　望远对光螺旋　读数窗　目镜调焦轮　管水准器　水平微动　基座

图 3-5　DJ₂ 型光学经纬仪

DJ_2 光学经纬仪的读数装置主要由双光楔光学测微器和双板玻璃测微器两种,读数方法都是符合读数法。此处主要介绍双光楔光学测微器。

双光楔光学测微器读数设备包括度盘、光学测微器和读数显微镜三部分。这种读数装置通过一系列的光学部件的作用,将度盘直径两端分划线的影像同时反映到读数显微镜内。其中正字注记为正像,倒字注记为倒像,度盘分划值为 $20'$,如图 3-6 所示。度盘影像左侧小窗中间的横线为测微尺影像,中间的横线为测微尺读数指标线,测微尺左侧注记数字单位为分,右侧注记数字为整 $10''$,最小为 $1''$。与 DJ_6 级经纬仪不同的是,DJ_2 在读数显微镜中不能同时看到水平度盘和垂直度盘的影像,也不共用同一个显示窗,要用换像手轮和各自的反光镜进行度盘影像的转换。

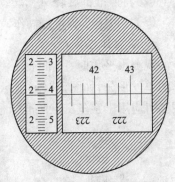

图 3-6　DJ₂ 级光学经纬仪读数窗

第三节　光学经纬仪读数方法

一、DJ₆ 光学经纬仪操作步骤

使用经纬仪时,先在测站点上打开三脚架,调节三脚架的高度,使其与观测者身高相适宜,目估使三脚架头大致水平,再将经纬仪安放在架头上,用中心连接螺旋连紧。三脚架的架腿与地面约成 75°角,并要踩实,以防仪器处于不稳定状态。

1. 对中

对中的目的是使水平度盘中心与测站点标志中心位于同一铅垂线上。对中的方法有垂球对中和光学对中器对中。

(1)垂球对中。在中心连接螺旋底端挂上垂球,调整垂球线长度,使垂球尖略高于测站点。若垂球尖偏离测站点较远,则需平移三脚架,当垂球尖偏离测站点较近时,可稍微松开中心连接螺旋,在架头上轻轻平移经纬仪,直至垂球尖准确对准测站点,然后旋紧连接螺旋。垂球对中的误差一般要求不超过 3mm。

(2)光学对中器对中。有光学对中器的经纬仪,可使用光学对中器进行精确对中。一般方法是先用垂球进行粗略对中,然后撤掉垂球;从光学对中器中看清分划板上的刻划圆圈,再拉伸对中器的目镜筒,使测站标志成像清晰;调整脚螺旋使测站点标志影像进入对中器刻划圆圈中心;伸缩三脚架使基座上的圆水准器气泡居中,再旋转脚螺旋使管水准器气泡居中;这时光学对中器可能又不对中了,但偏差较小,旋松中心连接螺旋,在架头上轻轻平移仪器,使之精确对中,再旋紧中心连接螺旋。用光学对中器对中,一般要求误差不大于 1mm。

2. 整平

整平仪器的目的是使水平度盘处于水平位置,通过转动脚螺旋使照准部水准管气泡居中来实现。其操作步骤如下:

(1)如图 3-7(a)所示,旋转照准部,使水准管平行于任意两个脚螺旋 1、2 的连线,两手以相反方向同时旋转这两个脚螺旋,使水准管气泡居中。要注意气泡移动的方向与左手大拇指移动方向一致。

(2)将照准部旋转 90°,转动脚螺旋 3,使水准管气泡居中,如图 3-7(b)所示。

(3)按以上步骤重复操作,直至水准管在任何位置,气泡偏离中央都不超过一格。

3. 瞄准目标

观测水平角时,照准标志一般是标杆或测钎,应尽量照准标志的基部。标志较粗时用十字丝的单丝平分,如图 3-8(a)所示;标志较细时用十字丝的双丝夹住,如图 3-8(b)所示。竖直角观测时应用十字丝交点照准标志的顶端或某一指定部位。瞄准的步骤如下。

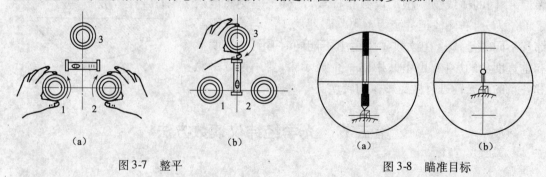

| (a) | (b) | (a) | (b) |

图 3-7　整平　　　　　　　　　　　　　图 3-8　瞄准目标

(1)目镜对光。松开照准部制动螺旋与望远镜制动螺旋,将望远镜对向明亮背景,转动目镜,使十字丝成像清晰。

(2)粗略瞄准。在水平方向上转动照准部,在竖直方向上转动望远镜,通过望远镜上方的粗瞄器(缺口、准星等)大致对准目标,然后旋紧各制动螺旋。

(3)物镜对光。转动物镜对光螺旋,使目标成像清晰,并消除视差。

(4)精确瞄准。转动照准部微动螺旋和望远镜微动螺旋,使十字丝精确对准目标。

4. 读数

读数前应了解所用仪器采用的是哪种读数方法。打开照明反光镜,转动读数显微镜目镜,使读数窗成像清晰,然后按相应的读数方法进行读数。观测水平角时要读取水平度盘的读数,观测竖直角时要读取竖直度盘的读数。用分微尺测微器读数时,估读至0.1′,用单平板玻璃测微器读数时,可估读至5″。

5. 置数

在水平角观测施工放样中,常需要把某一方向的水平度盘的读数设为一预定数值。照准某一方向后,把水平度盘的读数设置为某一预定值的工作称为置数。置数是用度盘变位手轮或复测扳钮来实现的。

(1)用度盘变位手轮置数。先精确照准某一方向上的目标,并旋紧照准部及望远镜制动螺旋,然后打开度盘变位手轮的护罩,转动手轮,水平度盘随之转动,从读数显微镜内会看到水平度盘的读数发生变化。当水平度盘读数转到预定值时,停止转动,再用度盘变位手轮的护罩把手轮遮住,以免无意间再触动手轮,至此置数便完成。这种方法是"先瞄准,后置数"。

(2)用复测扳钮置数。先将复测扳钮扳上,使水平度盘与照准部分离,转动照准部,这时从读数显微镜内会看到水平度盘的读数发生变化,当水平度盘读数转到预定值时,扳下复测扳钮,使水平度盘与照准部联合,然后转动照准部,准确瞄准某一方向上的目标,旋紧照准部及望远镜制动螺旋,至此置数完成。这种方法是"先置数,后瞄准"。

当照准部转向另一方向时,一定要先扳上复测扳钮,使水平度盘与照准部分离后,再松开照准部制动螺旋,转动照准部。在一测回的观测过程中,严禁再扳下复测扳钮。

二、DJ₆ 光学经纬仪读数方法

DJ₆级光学经纬仪水平度盘和竖直度盘的分划线通过一系列的棱镜和透镜作用,成像于望远镜旁的读数显微镜内,观测者通过读数显微镜读取读数。由于测微器装置不同,DJ₆级光学经纬仪的读数方法可分为下列两种类型。

1. 分微尺测微器读数方法

图3-9 是从读数显微镜内看到的度盘分划线和分微尺的影像,上部是水平度盘读数窗,下部是竖直度盘读数窗。度盘分划线从0°～360°每度一格,并注有数字。度盘上1°的间隔放大在分微尺上分为60小格,每小格为1′,不足1′的小数可估读;每10小格加以注记,注记数值为0、1、2、…、6,显然,分微尺上注记的数值为10的倍数。

读数时,先调节度盘照明反光镜的开张角度,使读数显微镜视场内亮度适中,再转动读数显微镜目镜,使度盘和分微尺的分划线清晰,然后读出位于分微尺0～6之间的度盘分划线的注记度数;再以该分划线为指标,按从小到大的顺序读出该分划线在分微尺上的分数(估读至0.1′),两者相加即得度盘读数。如图3-9 所示,图中水平度盘读数为144°03.5′,即144°03′30″;竖盘读数为271°51.6′,即271°51′36″。

2. 单平板玻璃测微器读数法

单平板玻璃测微器主要由平板玻璃、测微尺、连接机构和测微盘组成。转动测微轮时，使平行玻璃板倾斜和测微尺移动，借助其对光线的折射作用，使度盘影像相对于指标线产生移动，所移角值的大小反映在测微尺上。如图 3-10(a)所示，当平板玻璃底面垂直于度盘影像入射方向时，测微尺上单指标线在 15′处。度盘上的双指标线在 $106° + a$ 的位置，度盘读数应为 $106° + a + 15′$。转动测微轮，带动平板玻璃倾斜，度盘影像产生平移，当度盘影像平移量为 a 时，则 106°分划线恰好被夹在双指标线中间，如图 3-10(b)所示。由于测微尺和平板玻璃同步转动，a 的大小反映在测微尺上，测微尺上单指标线所指读数即为 $15′ + a$。

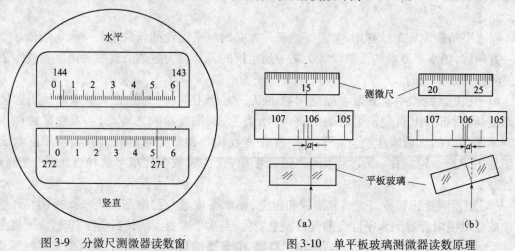

图 3-9　分微尺测微器读数窗　　　　图 3-10　单平板玻璃测微器读数原理

测微尺和平板玻璃同步转动，单平板玻璃测微器读数窗可以形成如图 3-11 所示的影像。下面的窗格为水平度盘影像；中间的窗格为竖直度盘影像；上面较小的窗格为测微尺影像。

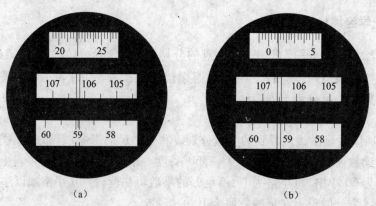

图 3-11　单平板玻璃测微器读数窗

测微尺的全长等于度盘的最小分划。度盘分划值为 30′，测微尺的量程也为 30′，将其分为 90 格，即测微尺最小分划值为 20″，当度盘分划影像移动一个分划值（30′）时，测微尺也正好转动 30′。

读数时,转动测微轮,使度盘某一分划线夹在双指标线中央,先读出该度盘分划线的读数,再在测微尺上,依据指标线读出不足一格分划值的余数,两者相加即为读数结果。如图 3-11(a)中,水平度盘读数为 $59° + 22'10'' = 59°22'10''$;图 3-11(b)中,竖盘读数为 $106°30' + 1'05'' = 106°31'05''$。

应该注意的是,度盘的最小分划为 30′,测微器最小分划值为 20″,一般能估读到四分之一格,最后读数可估读到 5″。

三、DJ₂ 光学经纬仪读数方法

如图 3-6 所示的读数窗,具体读数方法如下:

(1)转动测微手轮,使度盘对径影像相对移动,直至正、倒像分划线精密重合。

(2)按正像在左、倒像在右且相距最近的一对注有度数的对径分划进行,正像分划所注度数 42° 即为要读的度数。

(3)正像 42° 分划线与倒像 222° 分划线之间的格数再乘以 10′,就是整十分的数值,即 20′。

(4)在旁边小窗口中读出小于 10′ 的分、秒数。左侧数字为 2,即 2′;右侧数字 4,为秒的十位数,即 40″,加上秒的个位和不足 1 秒估读数,为 41″.8。

将以上数值相加就可以得到整个读数 $42°22'41''.8$。

第四节 水平角的测量方法

观测水平角的方法,应根据测量工作要求的精度、使用的仪器、观测目标的多少而定。其主要包括测回法和方向观测法。

一、测回法

测回法适用于观测只有两个方向的单角。如图 3-12 所示,预测 OA、OB 两方向之间的水平角,在角顶 O 安放仪器,在 A, B 处分别设立观测标志,可依照下列步骤观测。

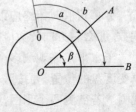

图 3-12 测回法基本原理

1. 上半测回(盘左)

(1)在 O 点处将仪器对中整平后,首先以盘左使用望远镜上的粗瞄器,粗略照准左方目标 A;旋紧照准部以及望远镜的制动螺旋,然后用照准部以及望远镜的微动螺旋精确照准目标 A,并且需要注意消除视差和尽可能照准目标的底部;利用水平度盘变换手轮将水平度盘读数置于稍大于 0°处,同时读取该方向上的水平读数 $a_左(0°12'00'')$,记入表 3-1 中。

(2)松开照准部以及望远镜的制动螺旋,依照顺时针方向转动照准部,粗略照准右方目标 B,然后旋紧两制动螺旋,用两微动螺旋精确照准目标 B,同时读取该方向上的水平度盘读数 $b_左(91°45'00'')$,记入表 3-1 中。盘左所得角值 $\beta_左 = b_左 - a_左$。

2. 下半测回(盘右)

(1)先将望远镜纵转 180°,改为盘右。重新照准右方目标 B,同时读取水平度盘读数 $b_右(271°45'06'')$,记入表 3-1 中。

表 3-1　测回法观测手簿

测站	测点	盘位	水平度盘读数 (° ′ ″)	半测回平角值 (° ′ ″)	一测回角值 (° ′ ″)	各测回平均角值 (° ′ ″)	备注
1	2	3	4	5	6		7
O	A	左	0　12　00	91　33　00	91　33　08	91　33　06	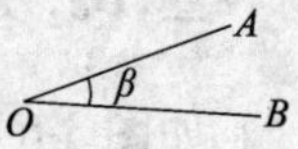
	B		91　45　00				
	B	右	271　45　06	91　33　16			
	A		180　11　50				
	A	左	90　06　12	91　33　06	91　33　03		
	B		181　39　18				
	B	右	1　39　06	91　33　00			
	A		270　06　06				

（2）再按照顺时针或逆时针方向转动照准部，照准左方目标 A，读取水平度盘读数 $a_右$（180°11′50″），那么盘右所得角值 $\beta_右 = b_右 - a_右$。

两个半测回角值之差不超过规定限值时，取盘左盘右所得角的平均值 $\beta_右 = (\beta_左 - \beta_右)/2$，即为一测回的角值。根据测角精度的要求，可以测多个测回然后取其平均值，作为最后成果。观测结果应及时记入手簿，同时进行计算。手簿的格式见表 3-1。

上、下半测回合称为一个测回。上、下两个半测回所得角值差，要满足有关测量规范规定的限差，对于 DJ$_6$ 级经纬仪，限差一般为 40″。假若超限，那么必须重测，若重测的两半测回角值之差仍然超限，但是两次的平均角值十分接近，那么说明这是由于仪器误差造成的。取盘左、盘右角值的平均值时，仪器误差可以得到抵消，所以，各测回所得的平均角值是正确的。

计算角值时始终应以右边方向的读数减去左边方向的读数：假若右方向读数小于左方向读数，那么右方向读数应先加 360°然后再减左方向读数。

当水平角需观测多个测回时，为了减少度盘刻度不均匀的误差，每个测回的起始方向都要改变度盘的位置，要按照其测回数 n 将水平度盘读数改变 $180°/n$，然后再开始下一个测回的观测。若欲测两个测回，第一个测回时，水平度盘起始读数配置在稍大于 0°处，第二个测回开始时配置读数在应稍大于 90°处。

二、方向观测法

方向观测法又称全圆测回法，当在一个测站上需观测三个或三个以上方向时，通常采用方向观测法（两个方向也可采用）。它的直接观测结果是各个方向相对于起始方向的水平角值，又称方向值。相邻方向的方向值之差，就是各相邻方向间的水平角值。

如图 3-13 所示，设在 O 点有 OA, OB, OC, OD 四个方向，具体操作步骤如下：

1. 上半测回

（1）在 O 点安置好仪器，先盘左瞄准起始方向 A 点，设置水平度盘读数，稍大于 0°，读数并且记入表 3-2 中。

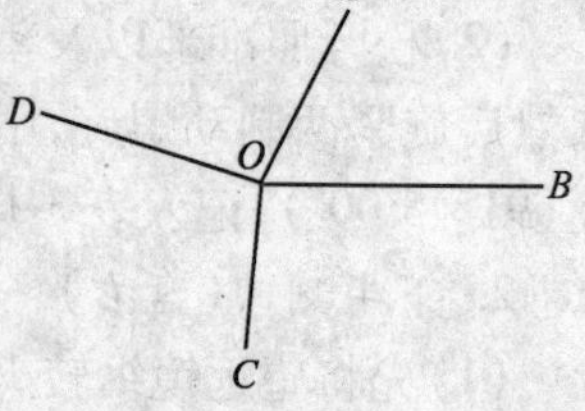

图 3-13　方向观测法基本原理

表 3-2　方向法观测手簿

测站	测点	水平盘读数		2c ("")	平均读数 (° ′ ″)	归零后方向值 (° ′ ″)	各测回归零方向值的平均值 (° ′ ″)	备注
		盘左 (° ′ ″)	盘右 (° ′ ″)					
1	2	3	4	5	6	7	8	9
O	A	00 15 00	180 15 12	−12	(00 15 03) 00 15 06	0 00 03		
	B	41 54 54	221 52 00	−6	41 51 57	41 36 54		
	C	111 43 18	291 43 30	−12	111 43 24	111 28 21		
	D	253 36 06	73 36 12	−6	253 36 09	253 21 06		
	A	00 14 54	180 15 06	−12	00 15 00		0 00 01 41 36 51 111 28 15 253 21 03	
	A	90 03 30	270 03 36	−6	(90 03 33) 90 03 33	0 00 00		
	B	131 40 18	311 40 24	−6	131 40 21	41 36 48		
	C	201 31 36	21 21 48	−12	201 31 42	111 28 09		
	D	343 24 30	163 24 36	−6	343 24 33	253 21 00		
	A	90 03 30	270 03 36	−6	90 03 33			

（2）按照顺时针方向依次瞄准 B,C,D 各点，分别读取各读数，最后再瞄准 A 读数，称为归零。以上读数均记入表 3-2 第 3 栏，两次瞄准起始方向 A 的读数差称为归零差。

2. 下半测回

（1）倒转望远镜改为盘右，瞄准起始方向 A 点，读取水平度盘读数，记入表 3-2 中。

（2）按照逆时针方向依次照准 D,C,B,A，分别读取水平度盘读数记入表中，下半测回各读数记入表 3-2 第 4 栏。

以上分别为上、下半测回，构成一个测回。

3. 测站计算

（1）半测回归零差计算。计算表 3-2 第 3 栏和第 4 栏中起始方向 A 的两次读数之差，即半测回归零差，查看其是否符合规范规定要求。

（2）两倍视准差 $2c$。同一方向上盘左、盘右读数之差 $2c =$ 盘左读数 −（盘右读数 ±180°）。

（3）计算各方向平均读数，将计算结果填入下表 3-2 第 6 栏。

$$平均读数 = \frac{1}{2}\left[盘左读数 +（盘右读数 ±180°）\right]$$

（4）计算归零后的方向值。各方向的平均读数减去括号内起始方向的平均读数后得各方向归零后方向值，并且填入表 3-2 第 7 栏。

（5）计算各测回归零后方向值的平均值。各测回归零后同一方向值之差符合规范要求之后，取其平均值作为该方向最后结果，填入表 3-2 第 8 栏。

（6）计算各方向之间的水平角值。将表 3-2 第 8 栏中相邻两方向值相减即得水平角值。

为了有效避免错误以及保证测角的精度，对以上各部分的计算的限差，规范规定见表 3-3。

表3-3　方向观测法技术要求

等级	仪器精度等级	光学测微器两次重合读数之差(″)	半测回归零差(″)	一测回内2C互差(″)	同一方向值各测回较差(″)
四等及以上	1″级仪器	1	6	9	6
	2″级仪器	3	8	13	9
一级及以下	2″级仪器	—	12	18	12
	6″级仪器	—	18	—	24

第五节　竖直角的测量方法

竖直角与水平角一样,其角值也是度盘上两个方向的读数差,所不同的是两个方向中有一个方向是水平方向。由于经纬仪构造设定,当视线水平时,其竖盘读数均为一个固定的值,0°,90°,180°,270°四个数值中的一个。所以,在观测竖角时,只需观测目标点一个方向,同时读取竖盘读数变可算得目标的竖直角度。

一、经纬仪的竖直度盘系统

光学经纬仪的竖直度盘由光学玻璃刻画而成,安装在望远镜水平轴的一端,随同望远镜一同做竖直方向的旋转。度盘的刻画从0°~360°,标注则有按顺时针和逆时针刻画的两种形式。如图3-14所示,为按逆时针注记的一种竖直度盘。

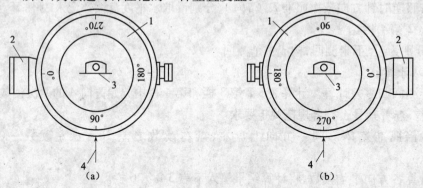

图3-14　经纬仪竖直度盘的刻度
(a)取盘左位置;(b)取盘右位置

竖直度盘指标水准管与指标相连,望远镜转动,指标不动。若调节竖直度盘指标水准管微动螺旋,水准管的气泡居中,指标也随之移动而居正确位置。若望远镜视准轴水平并且取盘左位置时,竖直度盘指标指示的读数为90°,如图3-14(a)所示;若望远镜视准轴水平并且取盘右位置时,竖直度盘指标指示的读数为270°,如图3-14(b)所示。

二、竖直角的计算公式

现以全圆顺时针类型的经纬仪为例,如图3-15所示。设 α_L 为盘左时观测的竖直角,α_R

为盘右时观测的竖直角，L 为盘左时观测点的竖盘读数，R 为盘右时观测点的竖盘读数。

1. 盘左

把望远镜大致置水平位置，这时竖盘读数值约为 $90°$，这个读数称为始读数。慢慢仰起望远镜物镜，如图 3-15 所示，观测竖盘读数随之减小，竖直角为仰角，角值应为正值。竖直角计算公式为：

$$\alpha_L = 90° - L \qquad (3-2)$$

同样，当视线逐渐下俯时，竖盘读数随之增加，竖直角为俯角，角值为负数，竖直角计算公式仍为上式。

2. 盘右

如上图 3-15 所示，视线逐渐抬高，竖盘读数增大，竖直角为正值。竖直角的计算公式为：

$$\alpha_R = R - 270° \qquad (3-3)$$

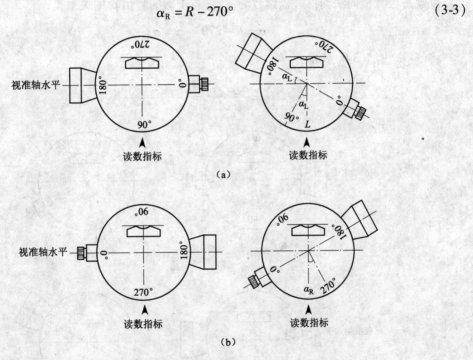

图 3-15　竖盘读数与竖直角计算
(a) 盘左；(b) 盘右

视线为俯角时，随着视线逐渐下俯，竖盘读数减小，竖直角为负值。竖直角计算公式仍为上式。

若仪器处于盘左状态，抬高望远镜的物镜时，竖盘读数 L 增大，说明竖盘按全圆逆时针注记。此时竖直角计算公式为：

$$\left. \begin{array}{l} \alpha_L = 90° - L \\ \alpha_R = R - 270° \end{array} \right\} \qquad (3-4)$$

三、竖盘指标差

上述竖直角的计算公式是竖盘指标线处在正确位置时导出的。即当视线水平,竖盘指标水准管气泡居中时,竖盘指标线所指读数应为90°或270°。但当指标偏离正确位置时,这个指标线所指的读数就不是正好指在90°或270°,而是增大或减少一个 x 角值,此 x 角值称为竖盘指标差,也就是竖盘指标位置不正确所引起的读数误差。当竖盘指标线的偏移方向与竖盘注记增加方向一致时,x 为正值,反之 x 为负值。

以顺时针注记为例,由于指标差的存在,如图 3-16 所示,以盘左位置瞄准目标,转动竖盘指标水准管微动螺旋使水准管气泡居中,测得竖盘读数为 L,它与正确的竖直角 α 的关系是:

$$\alpha = 90° - L + x = \alpha_L + x \tag{3-5}$$

以盘右位置按同法测得竖盘读数为 R,它与正确的竖角 α 的关系是:

$$\alpha = R - 270° - x = \alpha_R - x \tag{3-6}$$

将(3-5)式加(3-6)式得:

$$\alpha = \frac{\alpha_L + \alpha_R}{2} = \frac{R - L - 180°}{2} \tag{3-7}$$

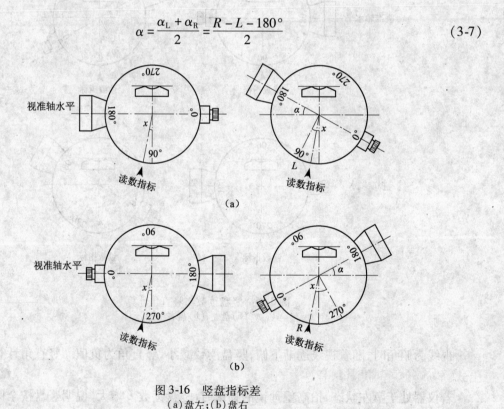

图 3-16　竖盘指标差
(a)盘左;(b)盘右

由此可知,在测量竖角时,用盘左、盘右两个位置观测取其平均值作为最后结果,可以消除竖盘指标差的影响。

若将(3-5)式减(3-6)式即得指标差计算公式:

$$x = \frac{\alpha_L - \alpha_R}{2} = \frac{R + L - 360°}{2} \tag{3-8}$$

四、竖直角观测方法

在测站上安置仪器,按下述步骤测定竖直角:

(1)盘左位置:瞄准目标后,用十字丝横丝切准目标的固定位置,旋转竖盘指标水准管微动螺旋,使水准管气泡居中或使气泡影像符合(自动归零型仪器无需此项操作,但有补偿器开关的仪器必须打开补偿器的开关)。读取竖盘读数 L,并记入竖直角观测记录表中,见表3-4。利用竖角计算公式,计算出盘左时的竖直角,上述观测称为上半测回观测。

表3-4 竖直角观测记录表

测站	目标	盘位	竖盘读数 (° ′ ″)	半测回竖直角 (° ′ ″)	指标差 (″)	一测回竖直角 (° ′ ″)	备 注
O	M	左	93 22 06	− 3 22 06	−21	− 3 22 27	270 180 ⊙ 0 90 盘左
		右	266 37 12	− 3 22 48			
	N	左	79 12 36	+ 10 47 24	−18	+ 10 47 06	
		右	280 46 48	+ 10 46 48			

(2)盘右位置:仍照准原目标,调节竖盘指标水准管微动螺旋,使水准管气泡居中(自动归零型仪器无须此项操作,但有补偿器开关的仪器必须打开补偿器的开关)。读取竖盘读数值 R,并记入记录表中。利用竖角计算公式,计算出盘右时的竖角,称为下半测回观测。

上、下半测回合称一测回。为了消除仪器的误差,提高测量的精度,应取盘左、盘右结果的平均值作为竖直角值。

竖盘指标差属于仪器本身的误差,一般情况下,竖盘指标差的变化很小,可视为定值,如果观测各目标时计算的竖盘指标差变动较大,说明观测质量较差。通常规定 DJ$_6$ 级经纬仪竖盘指标差的变动范围应不超过 ±25″,DJ$_2$ 级经纬仪竖盘指标差的变动范围应不超过 ±15″。超过该值则应检查测量是否错误或仪器是否需要校正。

第六节 经纬仪的检验与校正

测量规范要求,在正式作业之前,要首先对经纬仪进行检验与校正,使其满足作业要求。在经纬仪进行检验校正前,要先进行一般的检视。

一、照准部水准管轴垂直于竖轴

1. 检验

先将仪器粗略整平后,使水准管平行于其中的两个脚螺旋,同时采用两个脚螺旋使水准管气泡精确居中,这时水准管轴 LL 已居于水平位置,若两者不相垂直,则竖轴 VV 不在铅垂位置。然后将照准部旋转180°,因为它是绕竖轴旋转的,竖轴位置不动,则水准管轴偏移水平位置,气泡也不再居中,则此条件不满足。若照准部旋转180°后,气泡仍然居中,那么两者相互垂直

49

条件满足。

2. 校正

检验后若气泡偏离超过一格,要即时进行校正。在校正时,用脚螺旋使气泡退回原偏移量的一半位置,再用校正针调节水准管一端的校正螺钉,升高或降低这一端,使气泡居中。水准管校正装置的构造如图 3-17 所示。调节校正螺钉时要注意先松后紧,以此避免对螺钉造成破坏。该项工作需要反复进行,直至满足条件为止。

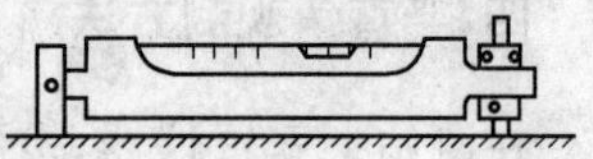

图 3-17　水准管校正装置

二、圆水准器轴平行于竖轴

1. 检验

照准部水准管气泡居中后,仪器整平,此时竖轴已居铅垂位置,若圆水准器平行于竖轴条件满足,那么气泡应该居中,否则应该校正。

2. 校正

在圆水准器装置的底部有三个校正螺钉,如图 3-18 所示。根据气泡偏移的方向进行调节,直至圆气泡居中,校正好后,将螺钉旋紧。

图 3-18　圆水准器底部结构

三、十字丝竖丝垂直于横轴

1. 检验

整平仪器后,用十字丝竖丝的一端照准一个小而清晰的目标点,拧紧水平制动螺旋和望远镜制动螺旋,然后使用望远镜的微动螺旋使目标点移动到竖丝的另一端,如图 3-19 所示。若目标点此时仍位于竖丝上,那么此条件满足,否则需要校正。或者在墙壁上挂一细垂线,用望远镜竖丝瞄准垂线,若竖丝与垂线重合,那么符合条件,否则需要校正。

2. 校正

校正十字丝分划板位于望远镜的目镜端。将护罩打开后,有四个固定分划扳的螺旋,如图 3-20 所示。稍微拧松这四个螺旋,慢慢转动分划板,在条件满足后旋紧固定螺旋,并且将护罩盖好。

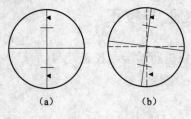

（a）　　　　　（b）

图 3-19　十字丝检验
（a）符合条件；（b）需要校正

图 3-20　十字丝固定螺旋

四、视准轴垂直于横轴

1. 检验

如图 3-21 所示,选一长约 100m 的平坦地面,在一条直线上确定 A、O、B 三点（OB 长度大于 10m），将仪器安置于 O 点。A 点设一照准目标，B 点横放一有 mm 分划的小尺。先以盘左位置照准 A 点目标，固定照准部，将望远镜倒转，在 B 点小尺上读数得 B_1 点。随后用同样方法以盘右照准 A 点，固定照准部，再倒转望远镜后，在 B 点小尺上读数得 B_2 点，若 B_1 和 B_2 重合则条件满足，若不重合则此条件不满足，需要进行校正。

视准轴不垂直于横轴，相差一个 c 角（视准误差），那么盘左照准 A 时倒转后照准 B_1 点，所得 B_1B 长为 $2c$ 的反映，盘右照准 A 时倒转后照准 B_2 点，所得 B_2B 长也为 $2c$ 的反映，因此 B_1B_2 长为 $4c$ 的反映。

$$视准误差\ c = \frac{1}{4} \times \frac{B_1B_2}{OB}\rho \tag{3-9}$$

2. 校正

图 3-21 中，若视线与横轴不相垂直，那么存在视准误差 c，$\angle B_1OB_2 = 4c$，在校正时只需校正一个 c 角。取 B_1B_2 的 1/4 处并且靠近 B_2 点的 P 点，认为 $\angle POB_2 = c$ 在照准部不动的条件下，在图 3-21 中，校正分划板校正螺旋，使十字丝交点左右移动，同时使其对准 B 点，则此条件即可满足。

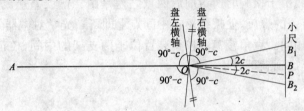

图 3-21　视准轴的检验与校正

此外，也可采用水平度盘读数法进行检验，方法是分别用盘左和盘右照准同一目标，得盘左和盘右读数，两读数应相差 180°，若不相差 180°，则存在视准误差 $c = (a_左 - a_右 \pm 180°)/2$。校正时，盘右位置，配置水平度盘读数为 $a'_右 = a_右 + c$（令盘左时 c 为正），而此刻十字丝交点不再对准目标，利用十字丝校正螺旋校正十字丝分划板位置，使得交点对准目标即可。这种检验方法只对水平度盘无偏心或偏心差影响小于估读误差时有效，当偏心差影响是主要的，此种检验将得不到正确结果。

五、横轴垂直于竖轴

1. 检验

在竖轴铅垂的情况下，若横轴不与竖轴垂直，那么横轴倾斜。若视线已垂直横轴，则绕横轴旋转时构成的是一个倾斜平面。在进行这项检验过程中，应将仪器架设在一个较高壁附近，如图 3-22 所示。当仪器整平以后，以盘左照准墙壁高处一清晰的目标点 P（倾角 >30°），随后将望远镜放平，在视线上标出墙上的一点 P_1，再将望远镜改为盘右，仍然照准 P 点，并且放平视线，在墙上标出一点 P_2，若 P_1 和 P_2 两点相重合，那么此条件满足，否则需要校正。

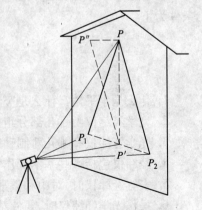

图 3-22　横轴的检验与校正

2. 校正

取 P_1，P_2 的中点 P'，则 P、P' 在同一铅垂面内。照准 P' 点，将望远镜抬高，则视线必然偏离 P 点而指向 P'' 点。在校正时保持仪器不动，校正横轴的一端，将横轴支架的护罩打开，松开偏心轴承的三个固定螺旋，轴承可作微小转动，使横轴端点上下移动，使视线落在 P 上。校正完成后，旋紧固定螺旋，并且上好护罩。该项校正需打开支架护罩，不适宜在室外进行。

六、光学对中器的视线与竖轴旋转中心线重合

1. 检验

将仪器架好后，在地面上铺一白纸，并且在纸上标出视线的位置点，之后将照准部平转 $180°$，接着再标出视线的位置点，此时若两点重合，那么条件满足，否则需要校正。

2. 校正

不同厂家生产的仪器，校正的部位也不尽相同，有的是校正光学对中器的望远镜分划板，有的则校正直角棱镜。由于检验时所得前后两点之差是由二倍误差造成的，因此在标出两点的中间位置后，校正有关的螺旋，使视线落在中间点上即可。光学对中器分划板的校正与望远镜分划板的校正方法相同。直角棱镜的校正装置位于两支架的中间，校正直角棱镜的方向和位置需反复进行，直至达到满足为止。

七、竖盘指标差

1. 检验

检验竖盘指标差的方法是用盘左、盘右照准同一目标并且读得其读数 L 和 R 后，按照指标差的计算公式来计算其值，当不符合其限差时则需校正。

2. 校正

保持盘右照准原来的目标不变，此时的正确读数应为 $R-x$。用指标水准管微动螺旋将竖盘读数安置在 $R-x$ 的位置上，这时水准管气泡必不再居中，调节指标水准管校正螺旋，同时使气泡居中即可。有竖盘指标自动补偿器的仪器应校正竖盘自动补偿装置。

上述的每一项校正，通常都应该反复进行几次，直到误差处于容许的范围以内，并且满足条件为止。

【本章习题】

1. 什么是水平角？什么是竖直角？试绘图说明经纬仪测量水平角、竖直角的原理。
2. 光学经纬仪由哪几部分组成？经纬仪与水准仪有哪些区别？
3. 光学经纬仪有哪几对制动螺旋、微动螺旋？分别有哪些作用？
4. 经纬仪包括哪些基本操作？
5. 安置经纬仪时，对中和整平的目的是什么？
6. 操作光学经纬仪时，要使某个方向的水平度盘读数配置为 $0°00'00''$，应如何操作？
7. 测回法的基本操作步骤是什么？

8. 水平角测量中,为什么要配置水平度盘的起始位置? 若测回数为6,各测回的真实读数分别为多少?

9. 什么是竖盘指标差? 如何计算和检验竖盘指标差?

10. 测量角度时,为什么最好采用盘左、盘右进行观测?

【本章实训】

实训四 经纬仪的认识与使用

一、实训目的

(1)了解 DJ$_6$ 经纬仪的构造,主要部件的名称和作用。

(2)练习经纬仪的对中、整平、瞄准和读数的方法。

(3)要求对中误差小于 3mm,整平误差小于一格。

二、实训仪器和工具

DJ$_6$ 光学经纬仪1台,三脚架1个,测钎2只,记录板1块,测伞1把,铅笔,计算器,记录表格。

三、实训步骤

1. 对中

(1)将三脚架安置在测站点上,并使架头大致水平,从架头中心落下一小石子来检查架头中心是否位于测站点的铅垂线上。

(2)将仪器通过中心连接螺旋固定于三脚架头上,调整基座的三个脚螺旋,使光学对中器中心标志对准测站点(不要求气泡居中)。

(3)伸缩三脚架使照准部圆水准器(或管状水准器)气泡居中(不必严格居中)。

2. 整平

(1)转动照准部是照准部水准管轴平行于任意两个脚螺旋的连线,相对或相向转动该两脚螺旋,使水准管气泡严格居中,将照准部旋转90°此时水准管气泡不再居中。

(2)转动第三个脚螺旋使水准管气泡严格居中,在(1)、(2)两个步骤来回数次,直到照准部转到任何位置气泡均居中为止。

(3)若整平后发现对中有偏差(即光学对中器偏离测站点中心位置),若偏离不大,松开中心连接螺旋,在架头上移动仪器再行对中,拧紧中心连接螺旋后重新整平仪器;若偏离过大,需重复(1)、(2)、(3)步骤。

(4)要求对中误差小于3mm,整平误差小于1格。

3. 瞄准目标

(1)转动照准部,转动目镜对光螺旋,使十字丝清晰。

(2)松开照准部制动螺旋,用望远镜上的粗瞄准器对准目标,使其位于视域内,固定望远镜制动螺旋和照准部制动螺旋。

(3)进行物镜调焦,使目标影像清晰。

（4）检查有无视差。转动物镜对光螺旋予以消除视差。

4. 读数

（1）调节反光镜的位置，使读数窗亮度适当。

（2）转动读数显微镜目镜对光螺旋，使度盘分划清晰。

（3）读取位于分微尺中间的度盘刻划线注记度数，从分微尺上读取该刻划线所在位置的分数，估读至 0.1′（即 6″的整倍数）。

盘左位置瞄准目标，读出水平度盘读数，纵转望远镜，盘右位置再瞄准该目标，两次读数之差约为 180°，以此检核瞄准和读数是否正确。

四、注意事项

（1）仪器连接在三脚架上时，一定要确认牢固。

（2）经纬仪安置时，应使三脚架头大致水平，否则会导致仪器整平困难。

（3）经纬仪整平时，应检查各个方向水平度盘水准管气泡是否居中，其偏差应在规定范围内。

（4）用望远镜照准目标时，必须消除视差。

（5）估读至 0.1′（即 06″），务必要准确。

五、提交成果

（1）填写水平度盘读数记录表（表 3-5）。

表 3-5　水平度盘读数记录表

观测日期：_____　　　仪器：_____　班　组：_____　记录者：_____

观测时间：自_____至_____　　天气：_____　观测者：_____　校核者：_____

测站	目标	盘位	水平度盘读数 （° ′ ″）	盘位	水平度盘读数 （° ′ ″）	备注
		L		R		
		L		R		
		L		R		
		L		R		
		L		R		

（2）实训小结。

实训五　方向观测法测量水平角

一、实训目的

（1）练习和熟练经纬仪的使用。

（2）练习方向观测法观测水平角，掌握其观测程序以及记录、计算方法。

二、实训仪器和工具

DJ$_6$ 光学经纬仪（附脚架）1 台，测钎若干，测伞 1 把，铅笔、记录表格、计算器。

三、实训步骤

（1）如图 3-23 所示，经纬仪安置于测站点 D，经过对中整平。顺时针选定 A、B、C、D 四个目标。

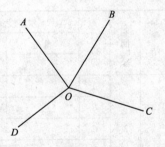

图 3-23　方向观测法测水平角

（2）盘左观测，首先瞄准（用十字丝竖单丝左右切分粗目标或用双丝将细目标夹在中间）起始目标 A，使水平度盘读数稍大于 $0°$，记入记录表相应栏中。然后按顺时针方向转动照准部，依次瞄准目标 B、C、D、A，分别读取水平度盘读数，记入表格，并计算半测回归零差。规范规定半测回归零差不得大于 $18''$，实习可放宽至 $30''$。

（3）盘右，从起始目标 A 开始，按逆时针方向依次瞄准 D、C、B 后归零至起始方向 A，依次读取读数，记入表格，并计算下半测回归零差，规定同上半测回。

（4）计算二倍照准误差 $2c$ 值：$2c =$［盘左读数 $-$（盘右读数 $\pm 180°$）］$/2$

（5）计算各方向的平均读数，记入表格相应栏内。

$$平均读数 =（盘左读数 + 盘右读数 \pm 180°）/2$$

由于起始方向 A 有两个平均读数需再取其平均值，写在第一个平均值得上方，并加括号。

（6）计算归零后的方向值，填入表格相应栏中。

四、注意事项

（1）方向观测法的起始目标应定在远近适当，且成像清晰的位置。

（2）半测回归零差超限，应立即返工重测。

（3）一测回观测完毕应立即计算 $2c$，对于 DJ_6 仪器，规范规定不检查 c 值的变化，但是，$2c$ 变化太大也是不允许的。

五、提交成果

（1）实验数据现场记录、计算，实验结束时上交成果表 3-6。

表 3-6　方向观测法观测水平角记录

观测日期：_____　　仪器：_____　班　组：_____　记录者：_____

观测时间：自_____至_____　天气：_____　观测者：_____　校核者：_____

测站	测回数	目标	水平度盘读数		2c	平均读数	归零后方向值	各测回归零方向值的平均值
			盘左	盘右				
			(° ′ ″)	(° ′ ″)	(° ′ ″)	(° ′ ″)	(° ′ ″)	(° ′ ″)
		A						
		B						
O	1	C						
		D						
		A						

续表

测站	测回数	目标	水平度盘读数		2c	平均读数	归零后方向值	各测回归零方向值的平均值
			盘左	盘右				
			(° ′ ″)	(° ′ ″)	(° ′ ″)	(° ′ ″)	(° ′ ″)	(° ′ ″)
O	2	A						
		B						
		C						
		D						
		A						
	3	A						
		B						
		C						
		D						
		A						

（2）实训小结。

实训六　竖直角观测

一、实训目的

（1）掌握根据光学经纬仪判断竖直角计算公式的方法。

（2）掌握测回法观测竖直角的观测、记录和计算方法。

二、实训仪器和工具

DJ$_6$ 光学经纬仪 1 台，三脚架 1 个，记录板 1 块。自备铅笔。

三、实训步骤

在实习场地任选一点作为测站点，在测站点周围任选一高目标点和一低目标点作为观测点。

1. 经纬仪的安置

将经纬仪在测站点上对中、整平。对中误差应小于 1mm，整平误差应小于 1/2 格。

2. 判断竖直角计算公式

转动望远镜，观察竖盘读数的变化规律，写出所用仪器的竖直角计算公式。当竖盘注记为顺时针形式时，其竖直角计算公式为：

$$\alpha_{左} = 90° - L$$
$$\alpha_{右} = R - 270$$

3. 一测回观测

（1）盘左。用十字丝中丝瞄准目标，转动竖盘指标水准管微动螺旋使指标水准管气泡居中(对于装有自动补偿器的竖盘,需旋转竖盘补偿器开关,使补偿器处于工作状态),读取竖盘读数 L 并记录,计算竖直角 $\alpha_{左}$。

(2)盘右。同法观测并读取竖盘读数 R 并记录,计算竖直角值 $\alpha_{右}$。

计算一测回竖直角值和竖盘指标差。

竖直角公式:

$$\alpha = \frac{1}{2}(\alpha_{左} + \alpha_{右})$$

竖盘指标差公式:

$$x = \frac{1}{2}(L + R - 360°)$$

四、注意事项

(1)仪器安置时要严格对中、整平。

(2)照准目标时,用十字丝中丝的单丝精确切准目标位置。

(3)每次读数前应使竖盘指标水准管气泡居中(或使补偿器开关旋在"ON"位置)。

(4)计算竖直角和指标差时,应注意正、负号。

(5)对于 DJ$_6$ 型光学经纬仪,同一测站上不同目标的指标差互差或同方向各测回指标差互差不应超过25″。

(6)实训中各环节轮流操作,每个人应独立观测、记录及计算。

五、提交成果

(1)竖直角测量记录表(表3-7)。

表 3-7　竖直角测量记录表

观测日期:＿＿＿＿＿　　　仪器:＿＿＿　班　组:＿＿＿　记录者:＿＿＿

观测时间:自＿＿＿至＿＿＿　天气:＿＿＿　观测者:＿＿＿　校核者:＿＿＿

测站	目标	盘位	竖盘读数 (° ′ ″)	半测回角值 (° ′ ″)	指标差 (″)	一测回角值 (° ′ ″)	备　注
		L					
		R					
		L					
		R					
		L					
		R					
		L					
		R					

(2)实训小结。

第四章　距离测量与直线定向

距离测量是确定地面点位之间的水平距离的测量,是测量的基本工作之一。常用的称量方法有卷尺测距、视距测量和电磁波测距等。确定一条直线与基本方向之间的夹角关系称为直线定向。

第一节　距离测量的工具

一、皮尺

皮尺由麻线和金属丝织成,其形如带,所以又称"带尺"。其按长度分为 20m、30m 和 50m 几种。宽 10～15mm,卷入皮盒中,如图 4-1 所示。皮尺最小刻划到厘米,在分米和米的刻划处均注有数字。皮尺使用时尺长容易伸缩,因此只在量距精度要求较低时使用。

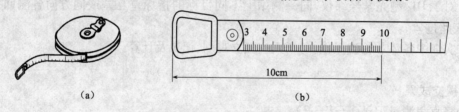

图 4-1　皮尺及其分划

二、钢尺

钢尺用钢制成,形状与皮尺类似,卷入圆形金属盒内,所以又称"钢卷尺",如图 4-2 所示。其尺长包括 20m、30m 和 50m 几种,厚度约为 0.4mm,最小刻划到毫米(有的只在尺的端部一分米内,刻划到毫米,其余尺段则刻划到厘米),在分米和米的分划处,标有数字。钢尺抗拉强度高,因此使用时不易伸缩,所以量距精度要求较高时,需用钢尺丈量。

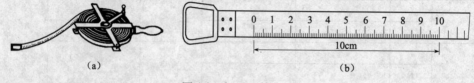

图 4-2　钢尺及其分划

通常钢尺在受水浸湿后,极易生锈、腐蚀。现上海田岛工具有限公司生产的一种防水、防锈工程用钢卷尺,首先在钢制芯材两面进行处理,然后加白色聚酯涂层,印刷刻度,最后用透明树脂涂料,称为"白色聚酯涂层钢卷尺";另有一种为钢制芯材处理后,加特殊树脂涂料,印刷刻度,再作透明尼龙仿反射压花处理,称为"尼龙涂层钢卷尺"。这两种新型钢尺,都具有较好的防水性,同时耐高温,适合在一些恶劣环境中作量距使用。

无论是皮尺还是钢尺,尺的零点位置有两种:一种是在尺的端部刻有零点分划线,称为"刻线尺";另一种是以尺端金属环的最外端为零点,称为"端点尺"。在使用时,首先要弄清尺的零点位置和尺的刻划与注记,以免丈量结果出现错误。

三、标杆

标杆又称花杆,多由直径 3 ~ 4cm 的木杆或铝合金制成,一般为 2 ~ 4m,杆身涂有红白相间的 20cm 色段,以便于远处清晰可见;杆底部装有铁脚,以便插在地面上或对准点位,用以标定直线点位或作为照准标志,如图 4-3 所示。

四、测钎

测钎是由铁条制成,长 30 ~ 40cm,直径 3 ~ 6mm,每 6 根或 11 根用铁环穿起作为一组,便于携带和防止丢失。一端磨尖,以便插入土中,用以标志量距的点位,并计算已量过的整尺段数。因其形如尖针,所以又称"测针",如图 4-4 所示。

五、垂球

垂球是用钢或铁制成的金属锤,上大下尖,呈倒圆锥形,一般重为 0.05 ~ 0.5 kg 不等,上端系有细绳,常悬于由标杆组成的垂球架上,悬吊后,垂球尖与细绳在同一垂线上。它是测量工作中投影对点或检验物体是否铅垂的器具,也常用于在斜坡上丈量水平距离,如图 4-5 所示。

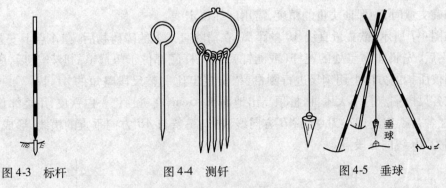

图 4-3　标杆　　　　　图 4-4　测钎　　　　　图 4-5　垂球

第二节　钢尺量距

钢尺量距方法是直接利用具有标准长度的钢尺测量地面两点间的距离,又称为距离丈量。钢尺量距方法虽然简单,但是易受地形限制,通常较适合于平坦地区进行短距离量距,距离较长时其测量工作繁重。

一、直线定线

在距离丈量工作中,当地面上两点之间距离较远,不能用一尺段量完,这时,就需要在两点所确定的直线方向上标定若干中间点,并使这些中间点位于同一直线上,这项工作称为直线定线。根据丈量的精度要求可用标杆目测定线和经纬仪定线。

1. 目测定线

如图 4-6 所示,设 A、B 两点互相通视,要在 A、B 两点间的直线上标出 1、2 中间点。先在 A、B 点上竖立花杆,甲站在 A 点花杆后约 1 m 处,目测花杆的同侧,由 A 瞄向 B,构成一视线,并指挥乙在 2 附近左右移动花杆,直到甲从 A 点沿花杆的同一侧看到 A、2、B 三支花杆在同一条直线上为止。同时可以定出直线上的其他点。两点间定线,一般应由远至近进行定线。定线时,所立花杆应竖直。此外,为了不挡住甲的视线,乙持花杆应站立在垂直于直线方向的一侧。

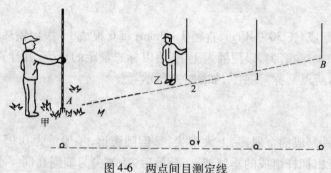

图 4-6　两点间目测定线

2. 经纬仪定线

精确丈量时,为保证丈量的精度,需用经纬仪定线。

如图 4-7 所示,欲丈量直线 AB 的距离,在清除直线上的障碍物后,在 A 点上安置经纬仪对中、整平后,先照准 B 点处的花杆(或测钎),使花杆底部位于望远镜的竖丝上后,固定照准部在经纬仪所指的方向上用钢尺进行测量,依次定出比一整尺段略短的 $A1,12,23,\cdots,5B$ 等尺段。在各尺段端点打下大木桩,桩顶高出地面 $3\sim5cm$,在桩顶钉一白铁皮,用经纬仪进行定线投影,在各自铁皮上用小刀划出 AB 方向线,再划一条与 AB 方向垂直的横线,形成十字,十字中心即为 AB 线的分段点。

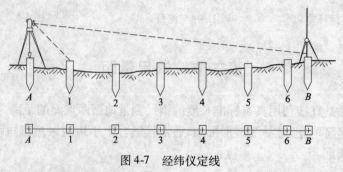

图 4-7　经纬仪定线

二、钢尺的一般量距

1. 在平坦地面上丈量

要丈量平坦地面上 A、B 两点间的距离,其做法是:先在标定好的 A、B 两点立标杆,进行直线定线,如图 4-8 所示,然后进行丈量。丈量时后尺手拿尺的零端,前尺手拿尺的末端,两尺手蹲下,后尺手把零点对准 A 点,喊"预备",前尺手把尺边近靠定线标志钎,两人同时拉紧尺子,当尺拉稳后,后尺手喊"好",前尺手对准尺的终点刻划将一测钎竖直插在地面上,如图 4-8 所示。这样就量完了第一尺段。

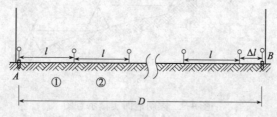

图 4-8　距离丈量示意图

用同样的方法,继续向前量第二、第三……第 N 尺段。量完每一尺段时,后尺手必须将插在地面上的测钎拔出收好,用来计算量过的整尺段数。最后量不足一整尺段的距离,如图 4-8 所示,当丈量到 B 点时,由前尺手用尺上某整刻划线对准终点 B,后尺手在尺的零端读数至 mm,量出零尺段长度 Δl。

上述过程称为往测,往测的距离用下式计算:

$$D = nl + \Delta l \tag{4-1}$$

式中　l——整尺段的长度;

　　n——丈量的整尺段数;

　　Δl——零尺段长度。

接着再调转尺头用以上方法,从 B 至 A 进行返测,直至 A 点为止。然后再依据式(4-1)计算出返测的距离。一般往返各丈量一次称为一测回,在符合精度要求时,取往返距离的平均值作为丈量结果。量距记录表见表 4-1。

表 4-1　一般钢尺量距记录手簿表

测　线		观测值			精度	平均值(m)	备注
		整尺段(m)	非整尺段(m)	总长(m)			
AB	往	3×30	7.309	97.309	1/2500	97.328	
	返	3×30	7.347	97.347			

2. 在倾斜地面上丈量

当地面稍有倾斜时,可把尺一端稍抬高,就能按整尺段依次水平丈量,如图 4-9(a)所示,分段量取水平距离,最后计算总长。若地面倾斜较大,则使尺子一端靠高地点桩顶,对准端点位置,尺子另一端用垂球线紧靠尺子的某分划,将尺拉紧且水平。放开垂球线,使它自由下坠,垂球尖端位置,即为低点桩顶。然后量出两点的水平距离,如图4-9(b)所示。

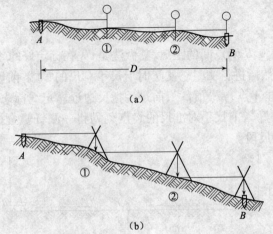

图4-9　倾斜地面丈量示意图
(a)缓坡丈量;(b)陡坡丈量

当倾斜地面坡度均匀时,可以将钢尺贴在地面上量斜距 L。用水准测量方法测出高差 h,再将丈量的斜距换算成平距,称为倾斜量距法。

此时水平距离 D 为:

$$D = \sqrt{L^2 - h^2}$$

或

$$D = L + \Delta D_h$$

式中　ΔD_h——量距的倾斜改正,$\Delta D_h = -\dfrac{h^2}{2L}$。

若测得地面的倾角 α,则:

$$D = L\cos\alpha$$

在倾斜地面上丈量,仍需往返进行,在符合精度要求时,取其平均值作为丈量结果。

三、钢尺的精密量距

用一般方法量距,量距精度只能达到1/1000～1/5000,当量距精度要求更高时,必须采用精密的方法进行丈量。

1. 钢尺的检定及尺长方程式

钢尺由于钢材质量、制造工艺以及丈量时温度和拉力等因素影响,使其实际长度往往不等于它所标称的名义长度。若用其测量距离,将会产生尺长、温度或拉力误差。因此,丈量之前必须对钢尺进行检定,得出钢尺在标准拉力和标准温度下(20℃)的实际长度,通过检定,给出钢尺的尺长方程式:

$$l = l_0 + \Delta l + \alpha \cdot l_0(t - t_0) \tag{4-2}$$

式中 l——钢尺的实际长度(m);

l_0——钢尺的名义长度(m);

Δl——检定时,钢尺实际长度与名义长度之差,即钢尺尺长改正数;

A——钢尺的线膨胀系数,通常取 $\alpha = 1.25 \times 10^{-5}/℃$;

T——钢尺量距时的温度;

t_0——钢尺检定时的标准温度,为 20℃。

2. 精密量距的方法

钢尺精密量距需用经检定的钢尺进行丈量,丈量前应先用经纬仪进行定线,并在各木桩上刻画出垂直于方向线的丈量起止线。用水准仪测出各相邻木桩桩顶之间的高差;用钢尺丈量相邻桩顶距离时,应使用弹簧秤施以与钢尺检定时一致的标准拉力(30m 钢尺,标准拉力值一般为 10kg;50m 钢尺为 15kg);精确记录每一尺段丈量时的环境温度,估读至 0.5℃;读取钢尺读数,先读毫米和厘米数,然后把钢尺松开再读分米和米数,估读至 0.5mm。每尺段要移动钢尺位置丈量三次,三次测得结果的较差一般不应超过 2~3mm,否则需重新测量。如在允许范围内,取三次结果的平均值,作为该尺段的观测结果。

按上述方法,从起点丈量每尺段至终点为往测,往测完毕后立即返测。

3. 水平距离的计算

首先需对每一尺段长度进行尺长改正和温度改正,计算出每尺段的实际倾斜距离;根据各相邻木桩桩顶之间的高差,计算出每尺段的实际水平距离;最后计算全长并评定精度。

(1)尺长改正。在尺长方程式中,钢尺的整个尺长 l_0 的尺长改正数为 Δl(即钢尺实际长度与名义长度的差值),则每量 1m 的尺长改正数为 $\frac{\Delta l}{l_0}$,量取任意长度 z 的尺长改正数 Δl_d 为:

$$\Delta l_d = \frac{\Delta l}{l_0} \times l \tag{4-3}$$

(2)温度改正。由于丈量时的温度 t 与标准温度 t_0 不相同,引起钢尺的缩胀,对量取长度 l 的影响为该段长度的温度改正数 Δl_t:

$$\Delta l_t = \alpha(t - t_0)l \tag{4-4}$$

对每一尺段 l 进行尺长改正和温度改正后,即得到该段的实际倾斜距离 d':

$$d' = l + \Delta l_d + \Delta l_t \tag{4-5}$$

(3)尺段水平距离计算。将实际倾斜距离 d',利用测得的桩顶之间的高差,按式(4-1)计算,得到该尺段的实际水平距离 d 为:

$$d = \sqrt{d'^2 - h^2}$$

(4)总距离计算。总距离等于各尺段实际水平距离之和,即:

$$D = d_1 + d_2 + \cdots + d_n = \sum d_i \tag{4-6}$$

用式(4-7)计算往、返丈量的相对误差,对量距精度进行评定。如果相对误差在限差范围之内,则取往、返丈量实际水平距离的平均值作为最后结果。如超限,必须重测。

$$K = \frac{|\Delta D|}{D_{平均}} = \frac{1}{\dfrac{D_{平均}}{|\Delta D|}} \tag{4-7}$$

四、钢尺量距的误差分析

影响钢尺量距精度的误差很多,主要有以下几个方面。

1. 定线误差

由于直线定线不准,使得钢尺所量各尺段偏离直线方向而形成折线,由此产生的量距误差,称为定线误差。如图 4-10 所示,AB 为直线的正确位置,$A'B'$ 为钢尺位置,致使量距结果偏大。设定线误差为 ε,由此引起的一个尺段 l 的量距误差 $\Delta\varepsilon$ 为:

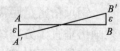

图 4-10　定线误差

$$\Delta\varepsilon = \sqrt{l^2 - (2\varepsilon)^2} - l = -\frac{2\varepsilon^2}{l} \tag{4-8}$$

当 l 为 30m 时,若要求 $\Delta\varepsilon \leqslant \pm 3$mm,则应使定线误差 ε 小于 0.21m,这样采用目估定线是容易达到的。精密量距时必须用经纬仪定线,可使 ε 值和 $\Delta\varepsilon$ 值更小。

2. 尺长误差

钢尺名义长度与实际长度往往不一致,使得丈量结果中必然包含尺长误差。尺长误差具有系统累积性,其与所量距离成正比。因此钢尺必须经过检定以求得尺长误差改正数。精密量距时,钢尺虽经过检定并在丈量结果中加入了尺长改正,但一般钢尺尺长检定方法只能达到 ±0.5mm 左右的精度,因此,尺长误差仍然存在。一般量距时,可不进行尺长改正;当尺长改正数大于尺长 1/10000 时,则应进行尺长改正。

3. 温度误差

根据钢尺的温度改正数公式 $\Delta l_t = \alpha l(t - t_0)$,可以计算出,30m 的钢尺,温度变化 8℃,由此产生的量距误差为 1/10000。在一般量距中,当丈量温度与标准温度之差小于 ±8℃ 时,可不考虑钢尺的温度误差。

使用温度计量测的是空气中温度,而不是尺身温度,尤其是夏天阳光暴晒下,尺身温度和空气中温度相差超过 5℃。为减小这一误差的影响,量距工作宜选择在阴天进行,并设法测定钢尺尺身的温度。

4. 倾斜误差

钢尺一般量距中,由于钢尺不水平所产生的量距误差称为倾斜误差。这一误差会导致量距结果偏大。假设用 30m 钢尺,当目估钢尺水平的误差为 40cm 时,根据式(4-8)可计算出,由此产生的量距误差为 3mm。

对于一般量距可不考虑此影响。精密量距时,根据两点之间的高差,计算水平距离。

5. 拉力误差

钢尺长度随拉力的增大而变长,当量距时施加的拉力与检定时的拉力不相等时,钢尺的长度就会变化,而产生拉力误差。拉力变化所产生的长度误差 Δp 为:

$$\Delta p = \frac{l \cdot \delta p}{E \cdot A} \tag{4-9}$$

式中　l——钢尺长；

Δp——拉力误差；

E——钢的弹性模量，通常取 $2 \times 10^{6} kg/cm^{2}$；

A——钢尺的截面积。

设 30m 的钢尺，截面积为 $0.04cm^{2}$，则可以算出，拉力误差 Δp 为 $0.038\Delta p mm$。欲使 Δp 不大于 $\pm 1mm$，拉力误差则不得超过 2.6kg。在一般量距中，当拉力误差不超过 2.6kg 时，可忽略其影响。精密量距时，使用弹簧秤控制标准拉力，Δp 很小，Δp 则可忽略不计。

6. 钢尺垂曲和反曲误差

钢尺悬空丈量时，中间受重力影响而下垂，称为垂曲；钢尺沿地面丈量时，由于地面凸起使钢尺上凸，称为反曲。钢尺的垂曲和反曲都会产生量距误差，使丈量结果偏大。因此量距时应将钢尺拉平丈量。

7. 丈量误差

钢尺丈量误差包括对点误差、插测钎的误差、读数误差等。这些误差有正有负，在量距成果中可相互抵消一部分，但无法完全消除，仍是量距工作的主要误差来源，丈量时应认真对待，仔细操作，尽量减小丈量本身的误差。

第三节　视距测量

视距测量是利用望远镜中的视距丝装置以及刻有厘米分划的视距标尺，根据光学和三角学原理测定两点间的水平距离和高差的一种方法。该法操作简便、速度快、不受地形的限制，但是测距精度较低，通常相对误差为 1/300 ~ 1/200，高差测量的精度也低于水准测量和三角高程测量，它被广泛应用于量距精度要求不高的碎部测量中。

一、视距测量原理及公式

在经纬仪、水准仪等仪器的望远镜十字丝分划板上，有两条平行于横丝同时与横丝等距的短丝，称为视距丝，又称上下丝，利用视距丝、视距尺和竖盘可以进行视距测量，如图 4-11 所示。

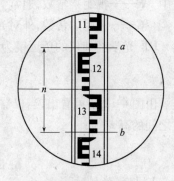

图 4-11　视距丝

1. 视线水平时

如图 4-12 所示，欲测地面 A、B 两点之间的水平距离和高差，可安置经纬仪于 A 点，并在 B 点上竖立视距尺；调整仪器使望远镜视线水平，且瞄准 B 点所立的视距尺，此时水平视线与视距尺垂直。

根据成像原理，从视距丝 m、n 发出的平行于望远镜视准轴的光线，经过 m'、n' 和物镜焦点 F 后，分别截于视距尺上的 M、N 处，M 和 N 间的长度称为尺间隔，用 l 表示。设 P 为两视距丝在分划板上的间距，f 为物镜焦距，Δ 为物镜至仪器旋转中心的距离，那么，A、B 两点之间的水平距离为

$$D = d + \Delta + f$$

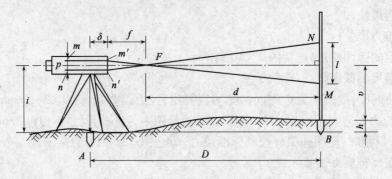

图 4-12 视线水平时视距原理

由图 4-12 可知，$\triangle m'Fn' \sim \triangle MFN$，则：

$$\frac{d}{f} = \frac{MN}{m'n'} = \frac{l}{p}$$

$$d = \frac{f}{p}l$$

故 A、B 之间的水平距离为：

$$D = \frac{f}{p}l + \delta + f$$

令 $K = \frac{f}{p}$，$C = \delta + f$，则

$$D = Kl + C \tag{4-10}$$

式中　K——视距乘常数，通常为 100；

C——视距加常数，外对光望远镜的 C 一般为 0.3m，内对光望远镜 $C \approx 0$。

DJ$_6$ 光学经纬仪的望远镜为内对光式，因此：

$$D = Kl \tag{4-11}$$

由图 4-12 还可看出，当仪器安置高度为 i，望远镜中丝在视距尺上的读数为 v 时，A、B 两点之间的高差为：

$$h = i - v \tag{4-12}$$

2. 视线倾斜时

当地面上 A、B 两点的高差较大时，要使视线倾斜一个竖直角 α，才能在标尺上进行视距读数，此时视线不垂直于视距尺，不能采用上述公式计算水平距离和高差。

如图 4-13 所示，假设将标尺以中丝读数 l 这一点为中心，转动一个 α 角，使标尺仍与视准轴保持垂直，这时上、下视距丝的读数分别为 b' 和 a'，视距间隔 $n' = a' - b'$，则倾斜距离为：

$$D' = Kn' = K(a' - b') \tag{4-13}$$

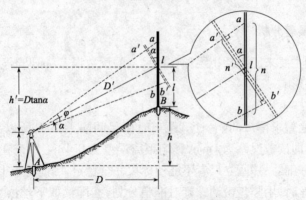

图 4-13 视线倾斜时的视距测量

化为水平距离：

$$D = D'\cos\alpha = Kn'\cos\alpha \tag{4-14}$$

由于通过视距丝两条光线的夹角 φ 很小，因此 $\angle aa'l$ 和 $\angle bb'l$ 可近似看做直角，则有：

$$n' = n\cos\alpha \tag{4-15}$$

将式(4-15)代入式(4-14)，可得视准轴倾斜时水平距离的计算公式，如下：

$$D = Kn\cos^2\alpha \tag{4-16}$$

同理，由图 4-13 可知，A、B 两点之间的高差为：

$$h = h' + i - l = D\tan\alpha + i - l = \frac{1}{2}Kn\sin2\alpha + i - l \tag{4-17}$$

式中　α——垂直角；

　　　i——仪器高；

　　　l——中丝读数。

二、视距测量的观测与计算

(1)如图 4-13 所示，将经纬仪安置于 A 点，量取仪器高 i，并且在 B 点竖立视距尺。

(2)用盘左或盘右，转动照准部瞄准 B 点的视距尺，分别读取上、中、下三丝在标尺上的读数 b、l、a，计算出视距间隔 $n = a - b$。在实际视距测量操作过程中，为了便于计算，在读取视距时，可以使下丝或上丝对准尺上一个整分米处，直接在尺上读出尺间隔 n，或者在瞄准读中丝时，使中丝读数 l 等于仪器高 i。

(3)转动竖盘指标水准管微动螺旋，使竖盘指标水准管气泡居中，读取竖盘读数，并且计算出竖直角 α。

(4)将上述观测得出的数据分别记入视距测量手簿表中相应的栏内。然后根据视距尺间隔 n、竖直角 α、仪器高 i 和中丝读数 l，根据公式(4-16)和式(4-17)计算出水平距离 D 和高差 h。最后根据 A 点高程 H_A 计算出待测点 B 的高程 H_B。

三、视距测量的误差分析

视距测量误差的主要来源包括视距丝在标尺上的读数误差、标尺不竖直的误差、竖角观测误差以及大气折光的影响。

1. 读数误差

由上、下丝读数之差求得尺间隔,计算距离时用尺间隔乘100,所以读数误差将扩大100倍影响所测的距离。即读数误差为1mm,影响距离误差为0.1m。所以在标尺读数时,必须消除视差,读数要十分仔细。另外,立尺者不能使标尺完全稳定,因此要求上、下丝最好能同时读取,为此建议观测上丝时,用竖盘微动螺旋对准整分划,立即读取下丝读数。测量边长不能过长或过远,望远镜内看尺子分划变小,读数误差就会增大。

2. 标尺倾斜的误差

当坡地测量时,标尺向前倾斜时所读尺间隔,比标尺竖直时小,反之,当标尺向后倾斜时所读尺间隔,比标尺竖直时大。但是在平地时,标尺前倾或后倾都使尺间隔读数增大。设标尺竖直时所读尺间隔为 l,标尺倾斜时所读尺间隔为 l',倾斜标尺与竖直标尺夹角为 Δ,推导 l' 与 l 之差 Δl 的公式如下:

$$\Delta l = \pm \frac{l' \cdot \delta}{\rho''} \tan\alpha \qquad (4\text{-}18)$$

从表4-2可以看出:随标尺倾斜 Δ 的增大,尺间隔的误差 Δl 也随着增大;在标尺同一倾斜的情况下,测量竖角增加,间隔的误差 Δl 也迅速增加。所以,在山区进行视距测量时,误差会很大。

表4-2　标尺倾斜在不同竖角下产生尺间隔的误差 Δl

α ╲ l' ╲ Δ	1m				
	1°	2°	3°	4°	5°
5°	2mm	3mm	5mm	6mm	7mm
10°	3mm	6mm	9mm	12mm	15mm
20°	6mm	13mm	19mm	25mm	32mm

3. 竖角测量的误差

(1)竖角测量的误差对水平距的影响。

已知
$$D = Kl\cos^2 \alpha$$

对上式两边取微分
$$\mathrm{d}D = 2Kl\cos\alpha\sin\alpha \frac{\mathrm{d}\alpha}{\rho''}$$

$$\frac{\mathrm{d}D}{D} = 2\tan\alpha \frac{\mathrm{d}\alpha}{\rho''}$$

设 $\mathrm{d}\alpha = \pm 1'$,当山区作业最大 $\alpha = 45°$,则:

$$\frac{\mathrm{d}D}{D} = 2 \times 1 \times \frac{60''}{206265''} = \frac{1}{1719} \tag{4-19}$$

（2）竖角测量的误差对高差的影响。

已知
$$h = D\tan\alpha = \frac{1}{2}Kl\sin2\alpha$$

对上式两边取微分
$$\mathrm{d}h = Kl\cos2\alpha\frac{\mathrm{d}\alpha}{\rho''}$$

当 $\mathrm{d}\alpha = \pm1'$，并以 $\mathrm{d}h$ 最大来考虑，即 $\alpha = 0°$，代入上式得

$$\mathrm{d}h = 100 \times 1 \times \frac{60''}{206265''} = 0.03 \text{ m} \tag{4-20}$$

从式（4-19）与式（4-20）看出：竖角测量的误差对距离影响不大，对高差影响较大，每百米高差误差 3cm。

根据分析和实验数据证明，视距测量的精度通常约 1/300。

4. 大气折光的影响

由于大气折射作用，读数时视线由直线变为曲线，从而使测距产生误差，而且视线越靠近地面，折光的影响越明显。因此，视距测量时应尽可能使视线距离地面 1m 以上。

第四节　电磁波测距

一、电磁波测距的基本原理

如图 4-14 所示，欲测定 A、B 两点间的距离 D，可在 A 点安置能发射和接收光波的电磁波测距仪，在 B 点安置反射棱镜。电磁波测距仪发出的光束由 A 到达 B，经反射棱镜反射后，又返回到测距仪。通过测定光束在 A、B 之间往、返传播的时间 t_{2D} 根据光波在大气中的传播速度 c，距离 D 可由式（4-21）求出：

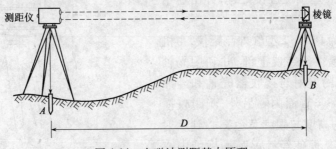

图 4-14　电磁波测距基本原理

$$D = \frac{1}{2}ct_{2D} \tag{4-21}$$

式中　c——光波在大气中的传播速度,$c = \dfrac{c_0}{n}$;

　　　c_0——真空中的光速值,其值为299792458m/s;

　　　n——大气折射率,它与测距仪所用光源的波长,测线上的气温、气压和湿度有关;

　　　t_{2D}——光波在所测距离D间的往、返传播时间。

测定距离D的精度,主要取决于测定时间t_{2D}的精度。根据测定时间t_{2D}的方式不同,电磁波测距仪又可分为脉冲式测距法和相位式测距法两种。

1. **脉冲式测距法**

由测距仪的发射系统发出的光脉冲,经被测目标反射后,再由测距仪的接收系统接收,根据发射和接收光脉冲的时间差,直接测定时间t_{2D},求出距离D的方法,称为脉冲式测距。因激光脉冲发射的瞬时功率很大,所以测程远,但目前由于受激光器脉冲宽度等电子技术的制约,脉冲式测距精度较低,一般只能达到米级,在短距离测距中不被采用。

2. **相位式测距法**

由测距仪的发射系统发射一种连续的调制光波,经安置在被测地点的反射棱镜反射后,再返回到测距仪的接收系统,然后用相位计将发射信号与接收信号进行相位比较,以测定调制光波在待测距离上往、返传播所产生的相位差,间接地测定时间t_{2D},计算出距离D,称为相位式测距。相位式测距的精度高,可以达到毫米级,其应用范围较为广泛。

二、电磁波测距仪

1. **仪器的结构**

电磁波测距仪的型号较多,但其基本结构相似,主要由照准头、微处理系统、电源等组成。照准头一般包括光源系统、发射系统和接收系统,光源系统发出光波,并经过调制变为调制波,由发射系统发射至待测目标后,又被反射回到接收系统;接收系统将收到的信号转换成电信号,最后送到微处理系统进行处理,并由显示器输出测量结果。

图4-15所示为DCH$_3$-1型红外测距仪,主机通过连接装置安置在经纬仪上部,并利用光轴调节螺旋,使主机的发射与接收器光轴和经纬仪视准轴位于同一竖直面内。另外,测距仪横轴到经纬仪横轴的高度与觇牌黄色靶心到反射棱镜的高度一致,从而使经纬仪瞄准觇牌中心的视线与测距仪瞄准反射棱镜中心的视线保持平行。

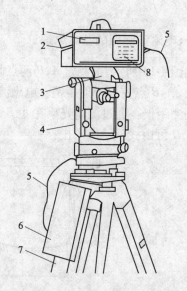

图4-15　DCH$_3$-1型测距仪
1—显示屏;2—测距仪;3—连接装置;4—光学经纬仪;
5—电线;6—电池;7—三脚架;8—键盘

反射棱镜的作用是使由主机发出的测距信号经棱镜反射后回到接收系统;棱镜安置在专用的三脚架上,并由光学对中器和水准管进行对中、整平。根据所测距离的远近,可选用单棱镜或三棱镜。如图 4-16 所示。

2. DCH₃-1 型测距仪主要技术指标及功能

（1）技术指标

1）测程：在标准大气和 −20 ～ +50℃ 温度条件下，利用单棱镜时，最大测程为 1000m；三棱镜时，最大测程为 3000m；最短测程小于等于 0.2m。

2）测距误差：测距误差分为两部分，一部分是与距离成比例的比例误差，即光速值误差、大气折射率误差和测距频率误差；另一部分是与距离无关的固定误差，即测相误差、加常数误差、对中误差。测距中误差的表达式为：

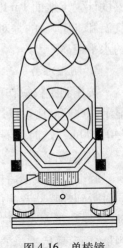

图 4-16　单棱镜

$$m_D = \pm (a + bD) \qquad (4\text{-}22)$$

式中　m_D——测距中误差，mm；

　　　　a——固定误差，mm；

　　　　b——比例误差，$\times 10^{-6}$；

　　　　D——距离，km。

DCH₃-1 型测距仪的测距中误差为 $\pm (3\text{mm} + 2 \times 10^{-6} \times D)$，即当距离为 1km 时，测距精度是 ±5mm。

3）测量时间：单次测量所需时间为 10s，跟踪测量所需时间为 0.5s。

（2）仪器的功能

1）自检功能：仪器启动后自检，测距功能正常、精度符合要求时，显示"⊿0.000m"；否则显示"ERROR"。

2）测距方式选择。共有五种测距方式供选择，即单次测量、跟踪用单棱镜倾斜误差自动修正单次测量（按 SP 键）、平均值测量（按 M 键）、跟踪用单棱镜倾斜误差自动修正平均值测量（按 SM 键）、跟踪测量（按 Tr 键）。

（3）置数功能。可置入和校验各种参数及单位转换。

（4）读数选择。根据测得的斜距和置入的角度值（水平角、竖直角、方位角），按需要取出和显示计算的结果，如斜距值⊿、平距值⊿等。

（5）具有挡光停测、通光续测控制电路。只要通光积累时间达到一次测量所需的时间，便能得到一次完整的正确测量结果，适用于车多人繁的市区作业。

三、电磁波测距的基本操作

1. 安置仪器

在测站上安置经纬仪，用光学对中器对中（误差不大于 1mm）、整平后，再将测距仪主机安装在经纬仪支架上，并用连接装置固定螺丝锁紧，然后将电池挂于三脚架腿上；在目标点安置反射棱镜，对中、整平，并目估使棱镜面朝向主机。

2. 观测竖直角、气温和气压

用经纬仪十字丝横丝照准反射棱镜的黄色靶心，进行竖直角测量，读、记天顶距；同时，将温度计置于地面 1m 以上的通风处,并打开气压表,然后观测和记录温度、气压。观测竖直角、气温和气压,目的是对测距仪测量出的斜距进行倾斜改正、温度改正和气压改正,以得到正确的水平距离。

3. 测距准备

按压测距仪操作面板上的"ON"键开机,仪器主机进行自检,显示"BOLF CHINA",并依次显示"0000000,1111111,…,9999999,0000000";然后,进行内部校验,自检合格后显示"40.000m",这时仪器处于待测状态;若仪器工作不正常,则显示"ERROR"。

4. 距离测量

瞄准反射棱镜后按"SIG"键,有回光信号时,显示屏上出现横道线"－－－－－－",同时听到蜂鸣器音响信号,回光信号越强,出现的横道线越多,蜂鸣器声音越高;按"STA"状态键,选择测距方式;按"SET"置数键,输入天顶距、水平角、温度、气压值等;按"MEAS"键,启动测量,显示最后一瞬的测量结果;按"FUC"功能键,根据测得的斜距和置入的角度,自动计算其结果,显示⊿和高差值、⊿及水平距离值、x 和 x 增量值、y 和 y 增量值。

5. 仪器充电

DCH3-1 型测距仪的功耗为 6W,需要充电时,应将充电器接入 220V 电源,一次给电池充电时间为 10～14h,充满后为 10～11V。

第五节　直线定向

在测量过程中常常需要确定两点平面位置的相对关系,而此时不仅要测得两点间的距离,还需知道这条直线的方向,才能确定两点间的相对位置,在测量过程中,一条直线的方向是根据某一标准方向线确定的,确定直线与标准方向线之间夹角关系的工作称为直线定向。

一、基本方向的种类

如图 4-17 所示,测量工作中常用的标准方向分为以下三类:

1. 真子午线方向

通过地球表面某点,指向地球南、北极的方向线,称为该点的真子午线方向。真子午线方向是用天文测量的方法或用陀螺经纬仪测定的[图 4-17(a)]。

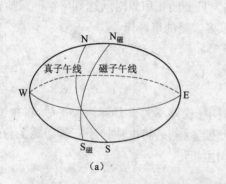

(a)　(b)

图 4-17　标准方向

2. 磁子午线方向

磁针在地面某点自由静止时所指的方向,就是该点的磁子午线方向,磁子午线方向可用罗盘仪测定。由于地球的南、北两磁极与地球南、北极不一致(磁北极约在北极 74°、西经 110°附近;磁南极约在南纬 69°、东经 114°附近),因此,地面上任意点的磁子午线方向与真子午线方向也不一致,两者间的夹角称为磁偏角。地面上点的位置不同,其磁偏角也是不同的。以真子午线为标准,磁子午线北端偏向真子午线以东称为东偏,规定其方向为"＋";反之,若磁子午线北端偏向真子午线以西称为西偏,规定其方向为"－"[图 4-17(a)]。

3. 坐标纵线方向

测量平面直角坐标系中的坐标纵轴(x 轴)方向线,称为该点的坐标纵线方向[图 4-17(b)]。

二、直线方向的表示方法

直线方向经常采用该直线的方位角或象限角来表示。

1. 方位角

如图 4-18 所示,从标准方向的北端起,顺时针方向量到直线的水平角,称为该直线的方位角。在上述定义中,标准方向选的是真子午线方向,则称为真方位角,用 A 表示;标准方向选的是磁子午线方向,则称为磁方位角,用 A_m 表示;标准方向选的是坐标纵轴方向,则称为坐标方位角,用 α 表示;方位角的角值范围是 $0° \sim 360°$。

同一条直线的真方位角与磁方位角之间的关系,如图 4-19 所示,即:

$$A = A_m + \delta \qquad (4\text{-}23)$$

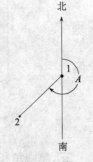

图 4-18　方位角

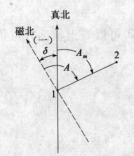

图 4-19　真方位角与磁方位角

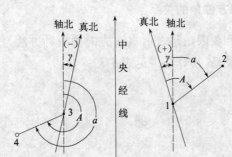

图 4-20　真方位角与坐标方位角

$$A = \alpha + \gamma \qquad (4\text{-}24)$$

真方位角与坐标方位角之间的关系,如图 4-20 所示,即:

由公式(4-23)和式(4-24)可求得坐标方位角与磁方位角之间的关系,即:

$$\alpha = A_m + \Delta - \gamma \qquad (4\text{-}25)$$

式中 γ 为子午线收敛角,以真子午线方向为准,中央子午线偏东为正,偏西为负。

图 4-21 所示,测量前进方向是由 A 到 B,则 α_{AB} 是直线 A 至 B 的正方位角;α_{BA} 是直线 A 至

B 的反方位角,也是直线 B 至 A 的正方位角。同一直线的正、反方位角相差 $180°$ 即:

$$\alpha_{BA} = \alpha_{AB} \pm 180° \tag{4-26}$$

2. 象限角

从标准方向的北端或南端起,顺时针或逆时针方向量算到直线的锐角,称为该直线的象限角,通常用 R 表示,其角值从 $0° \sim 90°$。图 4-22 中直线 OA 象限角 R_{OA},是由标准方向北端起顺时针量算。直线 OB 象限角 R_{OB},是由标准方向南端起逆时针量算。直线 OC 象限角 R_{OC},是由标准方向南端起顺时针量算。直线 OD 象限角 R_{OD},是由标准方向北端起逆时针量算。当用象限角表示直线方向时,除了要写象限的角值之外,还需清楚注明直线所在的象限名称,例如 OA 的象限角 $40°$ 应写成 NE40°,OC 的象限角 $50°$,应写成 SW50°。

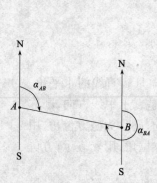

图 4-21　正方位角与反方位角

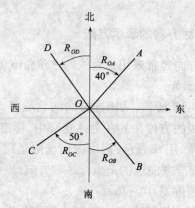

图 4-22　象限角

三、象限角和方位角的关系

坐标方位角和象限角是表示直线方向的两种方法。由图 4-23 可以看出坐标方位角与象限角之间的换算关系,换算结果见表 4-3。

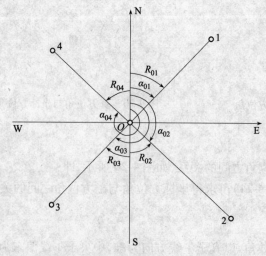

图 4-23　坐标方位角与象限角的关系

表4-3　坐标方位角和象限角间的换算关系表

象限	角度	
	坐标方位角	象限角
第一象限	$\alpha_{01} = R_{01}$	$R_{01} = \alpha_{01}$
第二象限	$\alpha_{02} = 180° - R_{02}$	$R_{02} = 180° - \alpha_{02}$
第三象限	$\alpha_{03} = 180° + R_{03}$	$R_{03} = \alpha_{03} - 180°$
第四象限	$\alpha_{04} = 360° - R_{04}$	$R_{04} = 360° - \alpha_{04}$

四、方位角的推算

在实际工作中并不需要测定每条直线的坐标方位角,而是通过与已知坐标方位角的直线联测后,推算出各直线的坐标方位角。如图4-24所示,已知直线12的坐标方位角 α_{12} ,观测了水平角 β_2 和 β_3 ,要求推算直线23和直线34的坐标方位角。

由图4-24可以看出:

$$\alpha_{23} = \alpha_{21} - \beta_2 = \alpha_{12} + 180° - \beta_2$$
$$\alpha_{34} = \alpha_{32} + \beta_3 = \alpha_{23} + 180° + \beta_3$$

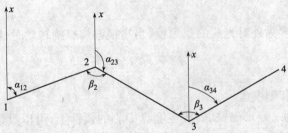

图4-24　坐标方位角的推算

因此,在推算路线前进方向的右侧,该转折角称为右角;如果在左侧,称为左角。从而可归纳出推算坐标方位角的一般公式为:

$$\alpha_{前} = \alpha_{后} + 180° + \beta_{左} \qquad (4-27)$$
$$\alpha_{前} = \alpha_{后} + 180° - \beta_{右} \qquad (4-28)$$

式中　$\alpha_{前}$——前一条边的坐标方位角;

$\alpha_{后}$——后一条边的坐标方位角。

计算中,如果 $\alpha > 360°$,应自动减去 $360°$;如果 $\alpha < 0°$,则自动加上 $360°$。

第六节　罗盘仪及其使用

一、罗盘仪的构造

罗盘仪是利用磁针测定直线磁方位角与磁象限角的仪器。其构造主要由望远镜、罗盘盒和基座三部分组成,如图 4-25 所示。

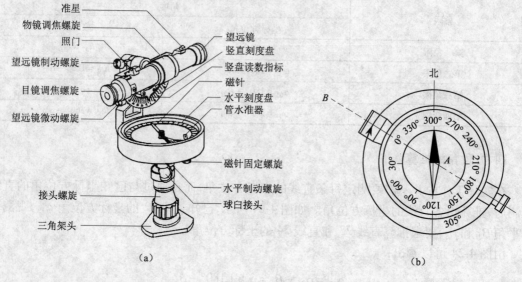

图 4-25　罗盘仪

1. 望远镜

罗盘仪的望远镜多为外对光式的望远镜,当物镜调焦螺旋转动时,物镜筒前后移动以使目标的像落在十字丝面上。

2. 罗盘盒

罗盘盒中有磁针和刻度盘。

(1)磁针。磁针为一菱形磁铁,安放在度盘中心的顶针上,可以灵活转动。为了减少顶针的磨损,在不使用时,可采用固定螺旋使磁针脱离顶针而顶压在度盘的玻璃盖下。为了使磁针平衡,磁针的南端缠有铜丝。

(2)刻度盘。刻度最小分划为 1°或 30′,平均每 10°做一注记,注记的形式包括方位式与象限式两种。方位式度盘从 0°起逆时针方向注记到 360°,可用它直接测定磁方位角,称为方位罗盘仪。象限式度盘从 0°直径两端起,对称地分别向左、向右各注记到 90°,并且注明北(N)、南(S)、东(E)、西(W),可用它直接测定直线的磁象限角,称为象限罗盘仪。

3. 基座

基座是一种球臼结构,松开球臼接头螺旋,摆动罗盘盒使水准器气泡居中,再旋紧球臼连接螺旋,度盘处于水平位置。

二、罗盘仪的使用

1. 操作步骤

用罗盘仪测量直线的磁方位角步骤如下:

(1)对中。把仪器安置在直线的起点,并且对中。挂上垂球,移动脚架对中,对中精度不宜超过 1cm。

(2)整平。左手握住罗盘盒,右手稍松开安平连接定螺旋[如图 4-25(a)],左手握住罗盘盒,稍加摆动罗盘盒,仔细地观察罗盘盒内的两个水准管的气泡,使它们同时居中,右手立即紧固安平连接螺旋。

(3)照准和读数。松开磁针的固定螺旋,用望远镜照准直线的终点,待磁针静止后,读磁针北端的读数,即为该直线的磁方位角。例如图 4-25(b)磁方位角为 305°。为了尽可能提高读数的精度和消除磁针的偏心差,还应读磁针南端读数,磁针南端读数 ± 180° 后,再与北端读数取平均值,即为该直线的磁方位角。

2. 使用注意事项

(1)应避免在会影响磁针的场所使用罗盘仪,如在高压线下,铁路上,铁栅栏、铁丝网旁边,另外,观测者身上携带的手机、小刀,也会对磁针产生一定影响。

(2)罗盘仪刻度盘分划一般为 1°,应估读至 15′。

(3)为了避免磁针偏心差的影响,除了要读磁针北端读数外,还应读磁针南端读数。

(4)由于罗盘仪望远镜视准轴与度盘 0 ~ 180° 直径不能完全在同一竖直面,其夹角称为罗差,每台罗盘仪的罗差通常是不同的,因此,不同罗盘仪所测量的磁方位角结果也不相同。为了统一测量成果,可用下面的方法求得罗盘仪的罗差改正数:

1)使用这几台罗盘仪测量同一条直线,每台罗盘仪测得磁方位角不同,例如,第 1 台罗盘仪测得该直线方位为 α_1,第 2 台测得方位角为 α_2,第 3 台测得方位角为 α_3,……。

2)以其中一台罗盘仪的测得磁方位为标准,例如,假定以第 1 台罗盘仪测得磁方位角 α_1 为标准,则第 2 台罗盘仪所测得方位角应加改正数为 $(\alpha_1 - \alpha_2)$,第 3 台罗盘仪所测得方位角应加改正数为 $(\alpha_1 - \alpha_3)$,其余以此类推。

(5)罗盘仪迁站和使用结束时,一定要把磁针固定好,避免磁针随意摆动而造成磁针与顶针的损坏。

(6)罗盘仪的连接螺旋通常与罗盘仪相连接,在装盒时,应折 90° 装入,切记不可将此连接螺旋卸下或留在三脚架头上。

【本章习题】

1. 什么是水平距离? 什么是直线定线? 直线定线有几种方法?

2. 平坦地面的钢尺量具如何进行?

3. 倾斜地面的钢尺量距有哪些方法? 如何实施?

4. 如何评定水平距离丈量的精度?

5. 什么情况下采用钢尺量距的精密方法? 精密量距方法与一般量距相比,可采用哪些措施提高精度?

6. 钢尺量距的误差有哪些? 如何减小其影响?

7. 什么是视距测量? 适用于什么情况? 有哪些优点?

8. 视距测量的观测与计算如何进行?

9. 电磁波测距有哪些方法?

10. 什么是直线定向? 为什么要直线定向?

11. 坐标方向如何推算?

12. 方位角和象限角如何进行换算？

13. 图 4-26 中,已知五边形各内角为 $\beta_1 = 95°$、$\beta_2 = 130°$、$\beta_3 = 65°$、$\beta_4 = 128°$、$\beta_5 = 122°$。现已知 1-2 边的坐标方位角 $\alpha_{12} = 31°$,试求其他各边的坐标方位角。

14. 某钢尺尺长方程式为 $l = 30m + 0.003m + 1.2 \times 10^{-5} \times 30$ $(t℃ - 20℃)m$,在温度 $-5.5℃$,施加 10kg 拉力的条件下,量得 AB 直线的长度 d 为 29.3475m,用水准仪测得 A、B 两点的高差为 0.32m,求 A、B 间实际水平距离 D_{AB}。

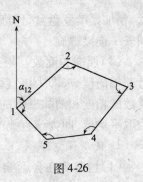

图 4-26

【本章实训】

实训七　钢尺一般量距

一、实训目的

(1)掌握平坦地段钢尺量距的一般方法。

(2)会进行往返测距的精度计算。

二、实训仪器和工具

DJ$_6$ 光学经纬仪 1 台,三脚架 1 个,测钎(或花杆)4 个,钢卷尺 1 把,木桩 2 根,钉子 2 根,记录板 1 个。

三、实训步骤

1. 直线定线

(1)在地面上选定相距 80 ~ 90m 的 A、B 两点,打木桩并在桩的中心钉一根钉子作为标志。

(2)在 A 点安置经纬仪,对中、整平,瞄准 B 点。

(3)固定照准部,纵向旋转望远镜指挥定点员分别在 AB 线内 AB 距离的约 1/3 和 2/3 处左右移动测钎,直至测钎成像的几何中心与纵丝所在几何中心重合。测钎处的点即为与两端点位于同一直线上的点,如图 4-27 所示。

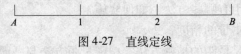

图 4-27　直线定线

2. 钢尺量距

(1)往测。后尺手执钢尺零点端对准 A 点,前尺手持尺向 AB 方向前进,至第一根测钎时停下。前、后尺手水平拉紧钢尺,由前尺手喊"预备",后尺手对准零点后喊"好",前尺手读出测钎对应的钢尺读数(读至 mm),记录者将读数记录在实习记录上。前、后尺手共同举尺前进,同法丈量第二段距离。如此继续下去,直至完成所有测段。

(2)返测。由 B 点向 A 点用同样方法丈量。

四、注意事项

(1)丈量时边定线边丈量,注意前、后尺手的配合,记录员注意传递点位。

(2)返测时尺子要调头,尺头在后,尺身在前。定线要独立。

(3)使用钢尺时,注意不要在地面上拖拉、不要扭折打卷、不要碾压钢尺。

(4)为了避免将钢尺拉出盒(脱盒),实训时建议只使用钢尺的部分长度。比如50m的钢尺只使用40m或45m。

(5)钢尺用完后应擦拭干净以防生锈。

五、提交成果

(1)普通钢尺量距记录手簿(表4-4)。

表4-4 普通钢尺量距记录手簿

观测日期:＿＿＿＿＿＿＿＿ 仪器:＿＿＿＿ 班 组:＿＿＿＿ 记录者:＿＿＿＿

观测时间:自＿＿＿＿至＿＿＿＿ 天气:＿＿＿＿ 观测者:＿＿＿＿ 校核者:＿＿＿＿

尺段 \ 直线	往测	返测	往测	返测	往测	返测
1						
2						
3						
4						
5						
6						
Σ						
较差						
平均值						
相对误差						

(2)实训小结。

实训八 视距测量

一、实训目的

(1)进一步了解视距测量的原理。

(2)练习用视距测量的方法测定地面两点间的水平距离和高差。

(3)掌握用计算器进行视距测量计算的方法。

二、实训仪器和工具

经纬仪1台,三脚架1个,记录板1块,视距尺4把,自备铅笔、计算器。

三、实训步骤

(1)选一公共场地,一端架经纬仪,另一端固定远、近、高、低4把视距尺。

(2)量取仪器高 i。

(3)水平视线时,观测 $1\sim2$ 把视距尺,读上丝、下丝(得视距间隔 L)和中丝 v,计算水平距离 D 和高差 h。公式为:

$$D = KL$$
$$h = i - v$$

(4)倾斜视线时,观测 $1\sim2$ 把水准尺,读上丝、下丝(得视距间隔 L)、中丝 v 和竖盘读数(得竖直角 α),计算水平距离 D 和高差 h。公式为:

$$D = Kl\cos^2\alpha$$
$$h = D\tan\alpha + i - v$$

四、注意事项

(1)视距尺读数要仔细、准确,精确到毫米。

(2)读取竖盘读数时,应打开竖盘自动归零装置。视距尺应立直。

(3)轮流操作,每个人应独立观测、记录及计算。

五、提交成果

(1)提交视距测量记录手册(表4-5)。

表4-5 视距测量记录手册

观测日期:＿＿＿＿＿＿　仪器:＿＿＿＿　班　组:＿＿＿＿　记录者:＿＿＿＿

观测时间:自＿＿＿至＿＿＿　天气:＿＿＿　观测者:＿＿＿＿　校核者:＿＿＿＿

测站	测点	视距读数(m)		视距 KL (m)	竖盘读数 (° ′ ″)	竖直角 α (° ′ ″)	仪高 i(m)	中丝 v (m)	距离 D (m)	高差 h (m)
		上丝	下丝							

(2)实训小结。

第五章 测量误差基础知识

第一节 测量误差概述

一、测量误差的含义

通过一定测量仪器和方法对某一量进行测量所得的原始数据、数值,称其为观测值。对于任何一个观测量而言,客观地说,总存在一个能表示其真实情况的数值,我们将这一数值称为该观测量的真值,用 X 表示。如平面三角形的内角之和为 $180°$、平面多边形的内角之和为 $(n-2) \times 180°$、闭合水准路线高差之和为 0 等。但在实际工作中,大多数观测量的真值是未知的。

由于测量工作中受多种因素的影响,导致观测成果不可避免地会出现观测值与其客观真实值之间的差异,这种观测值与其真值之差称为测量误差,也称为真误差。设对某量观测 n 次,其观测值为 $l_1, l_2, \cdots, l_n$,则各次观测的真误差为:

$$\Delta_i = l_i - X \quad (i = 1, 2, \cdots, n) \tag{5-1}$$

测量误差现象是一种客观存在,在测量过程中误差是不可避免的。为了保证测量结果达到一定的使用要求,需要对测量误差进行分析研究,分析误差产生的原因和规律特征,正确处理测量结果并对测量结果进行精度评定。选择合理的测量方法将一些误差加以消除,或者将误差控制在容许的范围之内,以减弱其影响,达到提高观测成果质量,满足使用要求的目的。

二、测量误差的分类

1. 系统误差

在观测条件相同的情况下,对某量进行一系列观测,若误差出现的符号和大小均相同或按一定的规律变化,称这种误差为系统误差。产生系统误差主要是由于测量仪器和工具的构造不完善或校正不准确。例如,一条钢尺名义长度为 $20m$,与标准长度相比较,其实际长度为 $20.003m$,在使用此钢尺进行量距时,那么每量一尺段就会产生 $-0.003m$ 的误差,该误差的大小和符号是固定的,即属于系统误差。

系统误差具有积累性,这对测量结果会造成相当的影响,但是它们的符号和大小有一定的规律。有的误差可以用计算的方法加以改正并消除,例如,尺长误差和温度对尺长的影响;有的误差可以使用一定的观测方法加以消除,例如,在水准测量中,用前后视距相等的方法消除i角影响,在经纬仪测角中,采取盘左、盘右观测值取中数的方法来消除视准差、支架差和竖盘指标差的影响;有的系统误差,例如,经纬仪照准部水准管轴不垂直于竖轴的误差对水平角的影响,那么只能使用一对仪器进行精确校正,同时要在观测中采用仔细整平的方法将其影响减小到被允许的范围之内。

2. 偶然误差

在相同的观测条件下,对某量作一系列观测,误差出现的符号和大小都不确定,表现为偶然性,即从单个误差来看没有什么规律可言,在观测前我们不能事先预知其出现的符号和大小,但是就大量误差总体来看,具有一定的统计规律,这种误差称为偶然误差又称随机误差。例如,用经纬仪测角时的照准误差,水准仪在水准尺上读数时的估读误差等。偶然误差被许多微小的偶然因素综合影响。随着观测次数的逐渐增多,表现得愈为明显。所以,这是偶然误差的统计规律。

偶然误差的产生,是由于人、仪器和许多外界条件因素而引起的,它随着各种偶然因素综合影响而不断产生变化。对于这些在不断变化的条件下引起的大小不等、符号不同,同时又不可避免的小误差,找不到一个能完全消除的方法。所以,可以说在一切测量结果中都不可避免地存在偶然误差。一般来说,在测量过程中,偶然误差和系统误差同时发生,而系统误差在一般情况下应当采取适当的方法加以消除或减弱,使其减弱到低于偶然误差的次要地位。由此可认为在观测成果中主要存在偶然误差。我们在测量学中所讨论的测量误差一般情况下是指偶然误差。

偶然误差随着观测值数量越大,其规律性就越发明显。人们通过反复实践,由大量的观测统计资料总结出偶然误差具备以下统计特性:

(1)有限性。在一定的观测条件下,偶然误差的绝对值具有一定限值,或者是超出该限值的误差出现的概率为零。

(2)集中性。绝对值较小的误差比绝对值较大的误差出现的概率多。

(3)对称性。绝对值相等的正、负误差出现的机会相等。

(4)抵偿性。同一量的等精度观测,其偶然误差的算术平均值随着观测次数 n 的无限增加而逐渐趋于零,即:

$$\lim_{n \to \infty} \frac{[\Delta]}{n} = 0 \tag{5-2}$$

式中　n——观测次数;

$$[\Delta] = \Delta_1 + \Delta_2 + \cdots + \Delta_n$$

在数理统计中,称式(5-2)为偶然误差的数学期望(即理论平均值)等于零。

误差的有限性可以说明误差出现的范围;集中性可以说明误差绝对值大小的规律;对称性则说明误差符号出现的规律;抵偿性可由对称性导出,它说明偶然误差具有抵偿性。

经由实践证明,偶然误差不能用计算改正也不能用一定的观测方法简单地加以消除,而是只能根据偶然误差的特性来改进观测方法并且合理地处理观测数据,以此减少偶然误差对测量成果产生的影响。

学习误差理论知识的目的,是为了让施工测量人员了解偶然误差的规律,正确地处理观测数据,即根据一组带有偶然误差的观测值,求出未知量的最可靠值以及衡量其精度;与此同时,根据偶然误差的理论指导实践,致使测量成果能达到预期的要求。

三、测量误差的来源

测量误差是不可避免的,其产生的原因主要有以下三个方面:

(1)测量工作所使用的仪器,尽管经过了检验校正,但是还会存在残余误差,因此不可避免地会给观测值带来影响。

(2)测量过程中,无论观测人员的操作如何认真仔细,但是由于人的感觉器官鉴别能力的限制,在进行仪器的安置、瞄准、读数等工作时都会产生一定的误差,同时观测者的技术水平、工作态度也会对观测结果产生不同的影响。

(3)由于测量时外界自然条件,例如温度、湿度、风力等的变化,给观测值带来误差。

观测者、观测仪器和观测时的外界条件是引起观测误差的主要因素,通常称为观测条件。观测条件相同的各次观测,称为同精度观测;观测条件不同的各次观测,称为不同精度观测。

四、直接观测值函数的中误差

在测量中不是所有的量都能直接观测的,有些量是要通过直接观测的结果,再经过一定的函数关系计算出来的。函数的形式很多,归纳起来有倍数函数的中误差、和或差函数的中误差、线性函数的中误差和一般函数的中误差。

1. 倍数函数的中误差

设倍数函数的关系如下:

$$z = Kx \tag{5-3}$$

式中　K——常数;

　　　x——未知量的直接观测值;

　　　z——x 的函数。

则
$$m_z = Km_x \tag{5-4}$$

式中　m_z——函数值 z 的中误差;

　　　m_x——观测值戈的中误差。

2. 和或差函数的中误差

设某一量 z 是独立观测值 x 和 y 的和或差,则有以下关系式:

$$z = x \pm y \tag{5-5}$$

及
$$m_z^2 = m_x^2 + m_y^2$$

即
$$m_z = \pm \sqrt{m_x^2 + m_y^2} \tag{5-6}$$

式中　m_x、m_y——独立观测值 x 和 y 的中误差;

　　　m_z——独立观测值 x、y 和或差的函数 z 的中误差。

将公式(5-6)再进一步推广,若 z 为独立观测值 $x_1, x_2, \cdots, x_n$ 的和或差的函数,则 z 的中误差 m_z 为:

$$m_z = \pm \sqrt{m_1^2 + m_2^2 + \cdots + m_n^2} \tag{5-7}$$

3. 线性函数的中误差

设有独立观测值 $x_1, x_2, \cdots, x_n$，它们的中误差分别为 $m_1, m_2, \cdots, m_n$，常数 $K_1, K_2, \cdots, K_n$，函数关系式如下：

$$z = K_1 x_1 \pm K_2 x_2 \pm \cdots \pm K_n x_n \tag{5-8}$$

z 的中误差按照倍数及和与差的中误差的公式可直接写为：

$$m_z = \pm \sqrt{K_1^2 m_1^2 + K_2^2 m_2^2 + \cdots + K_n^2 m_n^2} \tag{5-9}$$

求算术平均值时用下式：

$$x = \frac{[L]}{n} = \frac{L_1}{n} + \frac{L_2}{n} + \cdots + \frac{L_n}{n} \tag{5-10}$$

设 x 的中误差为 M，每次观测值 $L_i (i = 1, 2, \cdots, n)$ 的中误差为 m，则

$$M = \pm \sqrt{\frac{m^2}{n^2} + \frac{m^2}{n^2} + \cdots + \frac{m^2}{n^2}} = \pm \sqrt{\frac{nm^2}{n^2}} = \pm \frac{m}{\sqrt{n}} = \pm \sqrt{\frac{[vv]}{n(n-1)}} \tag{5-11}$$

由上式可知，增加观测次数是可以提高观测值的精度的。但是当观测次数增加到一定程度时，对精度的影响是微小的。所以一般情况下，观测次数应在 10 次以内。若仍达不到所需要的精度，就要选用更精密的仪器工具或是采用更为精确的测量方法。

4: 一般函数的中误差

设有一般函数：

$$z = f(x_1, x_2, \cdots, x_n) \tag{5-12}$$

对式(5-12)进行全微分，得：

$$\mathrm{d}z = \frac{\partial f}{\partial x_1} \mathrm{d}x_1 + \frac{\partial f}{\partial x_2} \mathrm{d}x_2 + \cdots + \frac{\partial f}{\partial x_n} \mathrm{d}x_n \tag{5-13}$$

由此，把一般函数式变为线性的关系，可利用线性关系来求得观测值函数的中误差。若 $x_1, x_2, \cdots, x_n$ 的中误差是 $m_1, m_2, \cdots, m_n$，z 的中误差为 m_z，则：

$$m_z^2 = \left(\frac{\partial f}{\partial x_1}\right)^2 m_1^2 + \left(\frac{\partial f}{\partial x_2}\right)^2 m_2^2 + \cdots + \left(\frac{\partial f}{\partial x_n}\right)^2 m_n^2 \tag{5-14}$$

在使用式(5-12)、式(5-13)和式(5-14)时应注意以下几点：

(1)列函数式时，观测值必须是独立的、最简便的形式。

(2)对函数式进行全微分时，是对每个观测值逐个求偏导数，将其他的观测值认为是常数。

(3)若观测值中有以角度为单位的中误差，则把角度化成弧度。

五、误差处理原则

在测量工作中，由于观测值中的偶然误差不可避免，有了多余观测，观测值之间必然产生误

差(不符值或闭合差)。根据差值的大小,可以评定测量的精度,差值如果大到一定程度,就认为观测值中有错误(不属于偶然误差),称为误差超限,应予重测(返工)。差值如果不超限,则按偶然误差的规律来处理,称为闭合差的调整,以求得最可靠的数值。这项工作称为"测量平差"。

除此之外,在测量工作中还可能发生错误,如瞄错目标、读错读数、记错数据等。错误是由于观测者本身疏忽造成的,通常称为粗差。粗差不属于误差范畴,测量工作中是不允许的,它会影响测量成果的可靠性,测量时必须遵守测量规范,认真操作,随时检查,并进行结果校核。

第二节　衡量精度的标准

精度是指一组误差分布密集或离散的程度。分布愈密集,则表示在该组误差中,绝对值较小的误差所占的相对个数愈大,在这种情况下,该组误差绝对值的平均值,就一定愈小。由此可见,精度虽然不代表个别误差的大小,但是它与这一组误差绝对值的平均大小显然有直接联系的。

测量工作中所使用的仪器,有其所能达到的精度指标。工程规范中,要用精度指标来提出对观测精度的要求;在提交观测成果时,要用精度指标来表明观测成果的可靠程度。因此,需要用一种合理的指标,来评定测量精度。测量中常用的精度指标有中误差、容许误差和相对误差。

一、中误差

1. 真误差

设在相同的观测条件下对某量进行了 n 次观测,得一组观测值 L_1、L_2,$\cdots$,L_n,设其真值为 L,则可计算出真误差 Δ_1,Δ_2,$\cdots$,Δ_n(在实际工作中观测的次数总是有限的)。

$$\Delta_i = L_i - L(i = 1,2,\cdots,n) \tag{5-15}$$

2. 中误差

中误差的定义公式如下:

$$m = \pm \sqrt{\frac{[\Delta\Delta]}{n}} \tag{5-16}$$

式(5-16)中真误差的平方和用 $[\Delta\Delta]$ 表示。从式(5-16)可知,这组观测值中每个观测值都有相同的中误差,因此 m 又称为观测值中误差,以此作为衡量观测值精度的标准,中误差越小,观测值精度越高。

使用中误差评定观测值的精度时,需要注意以下几点:

(1)只有等精度观测值才对应同一个误差分布,也才具有相同的中误差,同时要求观测个数应较多。

(2)用式(5-16)计算的是观测值的中误差。由于是等精度观测,每个观测值的精度相同,中误差相等。

(3)中误差数值前冠以"±"号,一方面表示为方根值,另一方面也体现了中误差所表示的精度实际上是误差的某个区间。

二、容许误差

容许误差又称极限误差,不仅能衡量观测值是否达到精度要求,还能判别观测值是否存在错误。由偶然误差第一特性知,在一定的观测条件下,偶然误差绝对值不会超过一定的限值。数理统计证明:在大量等精度观测的一组误差中,绝对值大于 1 倍中误差的偶然误差,出现的概率为 32%;大于 2 倍中误差的偶然误差,出现的概率只有 5%;大于 3 倍中误差的偶然误差,出现的概率仅占 0.3%。在实际工作中,观测次数是有限的,所以采用 3 倍中误差作为偶然误差的容许误差,即:

$$\Delta_容 = 3m \tag{5-17}$$

式中　m——观测值的中误差。

在测量规范中,对误差的要求更为严格,采用 2 倍中误差作为偶然误差的限差,即:

$$\Delta_容 = 2m \tag{5-18}$$

在测量工作中,如果某观测值的误差超过了容许误差,就认为该观测值存在粗差,应舍去。

三、相对误差

真误差、中误差、容许误差都是表示误差本身的大小,称为绝对误差。对于衡量精度来说,有时用中误差很难判断观测结果的精度。例如,用钢尺丈量了 200m 和 400m 的两条直线,其中误差均为 0.02m,因而用中误差反映不出哪个精度高些,此时,必须采用相对误差才能衡量两者之间精度的差别,计算公式如下:

$$K = \frac{|m|}{D} = \frac{1}{D/|m|} \tag{5-19}$$

例如上述

$$K_1 = \frac{0.02}{200} = \frac{1}{10000}$$

$$K_2 = \frac{0.02}{400} = \frac{1}{20000}$$

用相对误差来衡量二者的精度可以直观地看出,后者比前者的精度高。

相对误差不能用来衡量测角精度,因为测角误差与角度本身大小无关。

第三节　误差传播定律

前面已经介绍了衡量一组等精度观测值的精度指标,指出在测量工作中,通常用中误差作为衡量指标。但是在实际工作中,某些未知量不可能或不方便直接进行观测,而需由另一些量的直接观测值根据一定的函数关系计算出来。例如,欲测定不在同一水平面上两点间的平距 D,可以用光电测距仪测量斜距 S,并且用经纬仪测量竖直角 α,以函数关系 $D = S\cos\alpha$ 来推算。显然,在此情况下,函数 D 的中误差与观测值 S 及 α 的中误差之间,必定有关系。阐述这种关系的定律,称为误差传播定律。

设有一般函数：

$$Z = F(x_1, x_2, \cdots, x_n) \tag{5-20}$$

式中　　$x_1, x_2, \cdots, x_n$——可直接观测的未知量；

Z——不方便直接观测的未知量。

设 $x_i(i = 1, 2, \cdots, n)$ 的观测值为 l_i，其相应的真误差为 Δx_i。由于 Δx_i 的存在，使函数 Z 也产生相应的真误差 ΔZ。将式(5-20)取全微分：

$$\mathrm{d}Z = \frac{\partial F}{\partial x_1}\mathrm{d}x_1 + \frac{\partial F}{\partial x_2}\mathrm{d}x_2 + \cdots + \frac{\partial F}{\partial x_n}\mathrm{d}x_n \tag{5-21}$$

因误差 Δx_i 及 ΔZ 都很小，所以在上式中，可近似用 Δx_i 及 ΔZ 取代 $\mathrm{d}x_i$ 及 $\mathrm{d}Z$，于是有：

$$\Delta Z = \frac{\partial F}{\partial x_1}\Delta x_1 + \frac{\partial F}{\partial x_2}\Delta x_2 + \cdots + \frac{\partial F}{\partial x_n}\Delta x_n \tag{5-22}$$

式中　　$\dfrac{\partial F}{\partial x_i}$——函数 F 对各自变量的偏导数。

将 $x_i = l_i$ 代入各偏导数中，即为确定的常数，设：

$$\left(\frac{\partial F}{\partial x_i}\right)_{x_i = l_i} = f_i \tag{5-23}$$

则式(5-22)可写成：

$$\Delta Z = f_1\Delta x_1 + f_2\Delta x_2 + \cdots + f_n\Delta x_n \tag{5-24}$$

为求得函数和观测值之间的中误差关系式，设想对各 x_i 进行了 K 次观测，则可写出 K 个类似于式(5-24)的关系式：

$$\begin{cases} \Delta Z^{(1)} = f_1\Delta x_1^{(1)} + f_2\Delta x_2^{(1)} + \cdots + f_n\Delta x_n^{(1)} \\ \Delta Z^{(2)} = f_1\Delta x_1^{(2)} + f_2\Delta x_2^{(2)} + \cdots + f_n\Delta x_n^{(2)} \\ \vdots \\ \Delta Z^{(k)} = f_1\Delta x_1^{(k)} + f_2\Delta x_2^{(k)} + \cdots + f_n\Delta x_n^{(k)} \end{cases} \tag{5-25}$$

将以上各式分别取平方后再求和，得：

$$[\Delta Z^2] = f_1^2[\Delta x_1^2] + f_2^2[\Delta x_2^2] + \cdots f_n^2[\Delta x_n^2] + \sum_{\substack{i,i=1 \\ i \neq 1}}^n f_i f_j[\Delta x_i \Delta x_j] \tag{5-26}$$

上式两端各除以 K：

$$\frac{[\Delta Z^2]}{K} = f_1^2\frac{[\Delta x_1^2]}{K} + f_2^2\frac{[\Delta x_2^2]}{K} + \cdots + f_n^2\frac{[\Delta x_n^2]}{K} + \sum_{\substack{i,i=1 \\ i \neq 1}}^n f_i f_j\frac{[\Delta x_i \Delta x_j]}{K} \tag{5-27}$$

设对各 x_i 的观测值 l_i 为彼此独立的观测，则 $\Delta x_i \Delta x_j$ 当 $i \neq j$ 时也为偶然误差。根据偶然误差的抵偿性可知式(5-27)最后项当 $K \to \infty$ 时趋近于零，即

$$\lim \frac{[\Delta x_i \Delta x_j]}{K} = 0 \qquad (5\text{-}28)$$

所以式(5-27)可写为:

$$\lim_{K \to \infty} \frac{[\Delta Z^2]}{K} = \lim_{K \to \infty} \left(f_1^2 \frac{[\Delta x_1^2]}{K} + f_2^2 \frac{[\Delta x_2^2]}{K} + \cdots + f_n^2 \frac{[\Delta x_n^2]}{K} \right) \qquad (5\text{-}29)$$

根据中误差定义,上式可写成:

$$\sigma_Z^2 = f_1^2 \sigma_1^2 + f_2^2 \sigma_2^2 + \cdots + f_n^2 \sigma_n^2 \qquad (5\text{-}30)$$

当 K 为有限值时,可近似表示为:

$$m_Z^2 = f_1^2 m_1^2 + f_2^2 m_2^2 + \cdots + f_n^2 m_n^2 \qquad (5\text{-}31)$$

即:

$$m_Z = \pm \sqrt{\left(\frac{\partial F}{\partial x_1} \right)^2 m_1^2 + \left(\frac{\partial F}{\partial x_2} \right)^2 m_2^2 + \cdots + \left(\frac{\partial F}{\partial x_n} \right)^2 m_n^2} \qquad (5\text{-}32)$$

式(5-32)即为计算函数中误差估值的一般形式。应用式(5-32)时,必须注意:各观测值必须是相互独立的变量。当 l_i 为未知量 x_i 的直接观测值时,可认为各 l_i 之间满足相互独立的条件。

【本章习题】

1. 什么是测量误差? 什么是粗差?
2. 引起测量误差的原因有哪些?
3. 测量误差可分为哪几种? 应如何处理?
4. 系统误差和偶然误差有哪些区别? 偶然误差有哪些特性?
5. 什么是中误差、容许误差和相对误差? 三者的适用范围如何划分?
6. 什么是误差传播定律?
7. 在相同观测条件下,对某水平角观测了 4 个测回,算得算术平均值的中误差为 ±20″。现欲使算术平均值的精度提高一倍,试问至少应观测几个测回?
8. 对某线段丈量六次的结果分别为: 132.992m, 132.988m, 132.990m, 132.995m, 132.999m, 132.995m,试求该线段丈量结果的算术平均值、观测值中误差、算术平均值的中误差及其相对误差。
9. 设在图上量得一圆的半径 $R = 35.4\text{mm}$,其中误差 $m_R = \pm 0.3\text{mm}$,试求圆周长及其中误差。
10. 10 个三角形组成控制网,角度测量工作分别由甲、乙两个小组进行,各组算得各三角形内角和的真误差如下:

甲组: +2″, -3″, +1″, 0, -2″, +3″, -1″, +4″, -2″, +1″。

乙组: +1″, -7″, -2″, -1″, 0, +1″, +2″, +8″, -5″, +6″。

试比较甲组的观测精度、乙组的观测精度。

第六章　小地区控制测量

第一节　控制测量概述

测量工作是首先建立控制网,进行控制测量,然后在控制网的基础上再进行施工测量、碎部测量等工作。控制测量是先布设能控制一个大范围、大区域的高等级控制网,然后由高等级控制网逐级加密,直至最低等级的图根控制网,控制网的范围也会一级一级地减小。

控制测量包括平面控制测量和高程控制测量,平面控制测量用来测定控制点的平面坐标,高程控制测量用来测定控制点的高程。

一、国家基本控制网

在全国范围内建立的高程控制网和平面控制网,称为国家控制网。它是全国各种比例尺测图的基本控制,也为研究地球的形状和大小(提供依据),了解地壳水平形变和垂直形变的大小及趋势,为地震预测提供形变信息等服务。

1. 国家平面控制网

我国的国家平面控制网是采用逐级控制、分级布设的原则,分一、二、三、四等方法建立起来的。主要由三角测量法布设,如图 6-1 所示;在西部困难地区采用精密导线测量法,如图 6-2 所示。目前我国正采用 GPS 控制测量逐步取代三角测量。

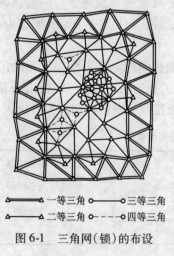

△——————△ 一等三角　○——————○ 三等三角
△·············△ 二等三角　○- - - - -○ 四等三角

图 6-1　三角网(锁)的布设

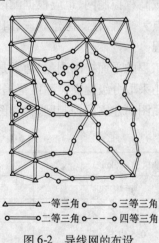

△——————△ 一等三角　○——————○ 三等三角
○——————○ 二等三角　○- - - - -○ 四等三角

图 6-2　导线网的布设

国家平面控制网的常规布设方法有两种:用于三角测量的三角网和用于导线测量的导线网。按其精度分成一、二、三、四等。其中一等网精度最高,逐级降低;而控制点的密度,则是一等网最小,逐级增大。

一等三角网一般称为一等三角锁,它是全国范围内,沿经纬线方向布设的,是国家平面控制网的骨干;它除了用于扩展低级平面控制网的基础之外,还为测量学科研究地球的形状和大小提供精确数据;二等三角网布设于一等三角锁环内,是国家平面控制网的全面基础;三、四等网是二等网的进一步加密,以满足测图和各项工程建设的需要。

2. 国家高程控制测量

在全国领土范围内,由一系列按国家统一规范测定高程的水准点构成的网称为国家水准网。(水准点上设有固定标志,以便长期保存,为国家各项建设和科学研究提供高程资料。)国家水准网按逐级控制、分级布设的原则分为一、二、三、四等,其中一、二等水准测量称为精密水准测量。三、四等水准网是国家高程控制点的进一步加密,主要是为测绘地形图和各种工程建设提供高程起算数据。三、四等水准路线应在高等级水准点之间,并尽可能交叉,构成闭合环。

二、小区域平面控制测量

在小于 $10km^2$ 的范围内建立起来的控制网,称为小区域控制网,在此范围内,水准面可视为水平面,采用平面直角坐标系,不需要将测量成果归算到高斯平面上。小区域平面控制网应尽可能与国家控制网或城市控制网之间联测,将国家或城市高级控制点坐标作为小区域控制网的起算和校核数据。若测区内或测区附近无高级控制点,或联测较为困难,也可建立独立平面控制网。

小区域控制网同样也包括平面控制网和高程控制网两种。平面控制网的建立主要采用导线测量和小三角测量,高程控制网的建立主要采用三、四等水准测量和三角高程测量。

小区域平面控制,应根据测区的大小分级建立测区首级控制网和图根控制网。直接为测图而建立的控制网称为图根控制网,其控制点称为图根点。图根点的密度应根据测图比例尺和地形条件而定。

小区域高程控制网,也应根据测区的大小和工程要求采用分级建立。一般以国家或城市等级水准点为基础,在测区建立三、四等水准路线或水准网,再以三、四等水准点为基础,测定图根点高程。

用于工程的平面控制测量,通常是建立小区域平面控制网。其可根据工程的需要和测区面积的大小采取分级建立。测区范围内建立最高一级的控制网,称为首级控制网;最低一级的即直接为测图而建立的控制网,称为图根控制网。首级控制与图根控制的关系见表6-1。

表6-1 首级控制与图根控制的关系

测区面积(km^2)	首级控制	图根控制
1~10	一级小三角或一级导线	两级图根
0.5~2	二级小三角或二级导线	两级图根
0.5 以下	图根控制	—

公路工程平面控制网,通常采用导线测量的方法,其等级依次为三、四等和一、二、三级导线;其等级的确定应符合表6-2 的规定。

表 6-2 公路工程平面控制测量等级

等级	公路路线控制测量	桥梁桥位控制测量	隧洞洞外控制测量
二等三角	—	>5000m 特大桥	>6000m 特长隧道
三等三角(导线)	—	2000～5000m 特大桥	4000～6000m 特长隧道
四等三角(导线)	—	1000～2000m 特大桥	2000～4000m 特长隧道
一级小三角(导线)	高速公路、一级公路	500～1000m 特大桥	1000～2000m 特长隧道
二级小三角(导线)	二级及二级以下公路	<500m 大中桥	<1000m 特长隧道
三级导线	三级及三级以下公路	—	—

直接用于测图的控制点,称为图根控制点。图根点的密度取决于地形条件和测图比例尺,见表6-3。

表 6-3 图根点的密度

测图比例尺	1：500	1：1000	1：2000	1：5000
图根点密度(点/km²)	150	50	15	5

第二节 导线测量

将测区内的相邻控制点用直线连接,而构成的连续折线,称为导线。这些转折点(控制点)称为导线点,相邻导线点间的距离,称为导线边长。相邻导线边之间的水平角,称为转折角。如图 6-3 所示。A、B、C、E、F 称为导线点;D_{AB}、D_{BC}、D_{CE}、D_{EF} 称为导线边;β_B,β_C,β_E 称为转折角,其中 β_B,β_E 在导线前进方向的左侧叫做左角,β_C 在导线前进方向的右侧叫做右角;α_{AB} 称为起始边 D_{AB} 的坐标方位角。

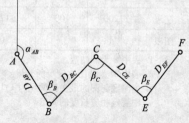

图 6-3 导线

导线测量就是依次量出各边长的长度和各转折角,然后根据起算边的方位角和起算点的坐标,推算各导线点的坐标。

若用经纬仪测量转折角,用钢尺丈量边长,这样的导线称为经纬仪导线。若用测距仪或全站仪测量边长,这样的导线称为电磁波测距导线。

一、导线的布设形式

根据测区情况和要求不同,导线可分为以下三种布设形式:

1. 闭合导线

如图 6-4 所示,从一个已知点出发,经过若干导线点,最后又回到原已知点,这样的导线称为闭合导线。其图形为一闭合多边形,此种导线可以对观测结果进行检核,多用于较宽阔的独立地区作为首级控制。

2. 附合导线

如图 6-5 所示,从一个高级控制点出发,经过若干个导线点,最后附合到另外一个高级控制点上,这样的导线称为附合导线。多用于带状地区作为首级控制,也广泛用于公路、铁路、水利等工程的勘测和施工。

3. 支导线

如图 6-6 所示,从一控制点出发,经过若干导线点后,既不闭合也不附合到另外已知控制点上,这样的导线称为支导线。支导线没有校核条件,差错不易发现,故支导线点的个数不宜多于两个,一般用做加密点用。

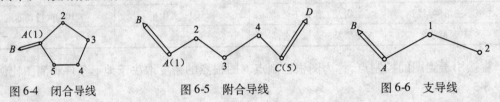

图 6-4　闭合导线　　　　　图 6-5　附合导线　　　　　图 6-6　支导线

各级导线的技术要求见表 6-4。

表 6-4　导线测量主要技术要求

导线等级	导线长度（m）	平均边长（m）	测角中误差（"）	测距中误差（mm）	测距相对中误差	测回数			方位角闭合差（"）	导线全长相对闭合差
						DJ_1	DJ_2	DJ_6		
三等	14000	3000	±1.8	20	1/150000	6	10	—	$3.6\sqrt{n}$	≤1/55000
四等	9000	1500	±2.5	18	1/80000	4	6		$5\sqrt{n}$	≤1/35000
一级	4000	500	±5	15	1/30000	—	2	4	$10\sqrt{n}$	≤1/15000
二级	2400	250	±8	15	1/14000	—	1	3	$16\sqrt{n}$	≤1/1000
三级	1200	100	±12	15	1/7000	—	1	2	$24\sqrt{n}$	1/5000
图根	M	—	±30	—	1/3000	—	—	1	$60\sqrt{n}$	1/2000

注:1. 表中 n 为测站数。
　　2. 表中 M 为测图比例尺的分母。
　　3. 当测区测图的最大比例尺为 1:1000,一、二、三级导线的导线长度、平均边长可适当放长,但最大长度不应大于表中规定相应长度的 2 倍。

二、导线测量的外业工作

导线测量的工作分外业和内业。外业工作一般包括选点、测角和量边;内业工作是根据外业的观测成果经过计算,最后求得各导线点的平面直角坐标。

1. 踏勘选点及建立标志

在踏勘选点之前,应首先调查收集测区已有的地形图和高一级控制点的成果资料,然后再到现场进行踏勘,了解测区的状况和寻找已知点。根据已知控制点的分布、测区地形条件和测图以及工程要求等具体情况,同时在测区原有地形图上拟定导线的布设方案,最后到实地去踏勘、核对和修改,落实点位和建立标志。

在选点时要注意以下几点:

（1）邻点间应保证通视良好,以便于测角和量距。

（2）点位应选择土质坚实,便于安置仪器和保存标志的地方。

（3）视野要开阔,以便于施测碎部。

（4）导线各边的长度应大致相等,除有特殊情况以外,应不大于 350m,同时不宜小于 50m。

（5）导线点应有足够的密度,同时分布均匀,以便控制整个测区。在导线点选定之后,应在点位上埋设标志。根据实地条件,临时性标志可在点位上打一大木桩,并且在桩的四周浇上混凝土,桩顶钉一小钉,如图 6-7 所示;也可在水泥地面上用红漆划一圈,在圈内打一水泥钉或点一小点。若导线点需要长时间保存,应埋设混凝土桩,桩顶嵌入带"十"字的金属标志,作为永久性标志,如图 6-8 所示。导线点应按顺序将其统一编号。为了方便寻找,应量出导线点与其附近固定而明显的地物点的距离,并且绘制草图,标注尺寸,称为"点之记",如图 6-9 所示。

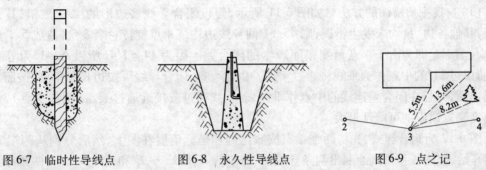

图6-7 临时性导线点 　　　 图6-8 永久性导线点 　　　 图6-9 点之记

2. 量边

导线量边通常用钢尺或高精卷尺直接丈量,条件允许最好用光电测距仪直接测量。

在使用钢尺量距时,应用已检定过的 30m 或 50m 钢尺,对于一、二、三级导线,应该按照钢尺量距的精密方法进行丈量,对于图根导线用一般方法往返丈量或同一方向丈量两次,并且取其平均值。其丈量结果要满足表6-4 的要求。

3. 测角

测角方法主要采用测回法,每个角的观测次数同导线等级、使用的仪器均有关。对于图根导线,一般用 DJ_6 级光学经纬仪观测一个测回。若盘左、盘右所测得的角值较差不超过 40″,则取其平均值。

导线测量可测左角(位于导线前进方向左侧的角)或右角,而在闭合导线中必须测量内角,如图 6-10 所示,图(a)应观测右角;图(b)应观测左角。

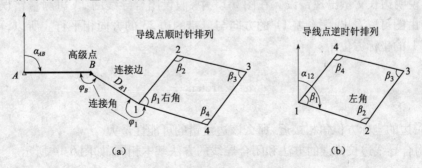

图6-10 闭合导线
(a)闭合导线与高级点连接;(b)独立闭合导线

4. 连测

若测区中有导线边与高级控制点连接时,还应观测连接角和连接边,如图 6-10(a),同时必须观测连接角 φ_B、φ_1 以及连接边 D_{B1},作为传递坐标方位角和坐标之用。若附近没有高级控制点,则应用罗盘仪施测导线起始边的磁方位角或采用建筑物南北轴线作为定向的标准方向,并且假定起始点的坐标作为起算数据。

5. 查找导线测量错误的方法

在导线计算过程中,若发现角度闭合差或导线坐标闭合差大大超过允许值,则说明测量外业或内业计算出现错误。首先应检查内业计算过程,若无错误,则说明测得的角度或边长有错误。具体查找方法如下:

(1)查找测角错误的方法。如图 6-11 所示,假设闭合导线多边形的 ∠4 测错,其错误值为 δ,其他各边、角均未发生错误,则 45、51 两导线边均绕 4 点旋转一个 δ 角,造成 5、1 点移到 5′、1′位置,11′即为由于 4 点角测错而产生的闭合差。因为 14 = 1′4,所以 △141′为等腰三角形,所以过 11′的中点作为垂线将通过 4 点。由此可见,闭合导线可按边长和角度,按照一定比例尺作图,并且在闭合差连线的中点作垂线,若垂线通过或接近通过某点(例如 4 点),那么该点角度测算错误的可能性最大。

图 6-12 为附合导线,先将两个端点按照比例和坐标值展在图上,然后分别从两端 B 点和 C 点开始,按边长和角度绘制出两条导线图,分别为 B,1,2,…,C′和 C,4,…,B′,两条导线的交点 3,其角度测算错误的可能性最大。

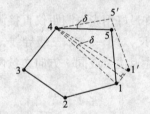

图 6-11　查找闭合导线测角错误

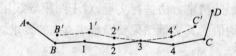

图 6-12　查找附合导线测角错误

若错误较小,采用图解法难以显示角度测算错误的点时,可分别从导线两端点开始,计算各点坐标,若某一点的两个坐标值接近,那么该点角度测算错误的可能性最大。

(2)查找量边错误的方法。当角度闭合差在允许范围之内,而坐标增量闭合差却远远超过限值时,说明边长丈量出现错误。在图 6-13 中,假设闭合导线的 23 边测量错误,其错误大小为 33′。由图可以看出,闭合差 11′的方向与量错的边 23 的方向相平行。所以,可用下式计算闭合差 11′的坐标方位角:

$$\alpha = \arctan \frac{f_y}{f_x} \tag{6-1}$$

若 α 与某一边的坐标方位角相接近,那么该边量错的可能性最大。

查找附合导线边长错误的方法和闭合导线的方法基本相同,如图 6-14 所示。

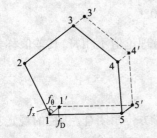
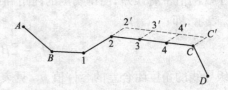

图 6-13 查找闭合导线边长错误   图 6-14 查找附合导线边长错误

三、导线测量的内业计算

导线计算是根据已知方向和观测的连接角与转折角,推算各导线边的坐标方位角,根据起始点的已知坐标及各导线边的方位角和水平距离,依据坐标计算原理推算各导线点坐标的方法。计算过程中涉及到处理测量误差的平差方法。本章仅介绍用近似平差方法进行导线的计算。

导线的内业计算应在规定的表格中进行。计算时,对于图根导线、角度值及坐标方位角值取至秒;边长、坐标增量及坐标计算值通常取至毫米,坐标成果也可取至厘米。

导线坐标计算的一般步骤为:

(1)角度闭合差的计算与调整。

(2)推算导线各边的坐标方位角。

(3)计算导线各边的坐标增量。

(4)坐标增量闭合差的计算与调整。

(5)计算各导线点的坐标。

1. 闭合导线坐标计算

图 6-15 为一闭合导线实测数据,按照下述步骤即可完成其内业计算。

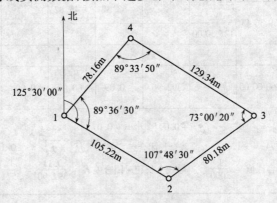

图 6-15 闭合导线举例

(1)将校核过的外业观测数据以及起算数据对应填入"闭合导线坐标计算表"(表 6-5)。

(2)角度闭合差的计算与调整。由平面几何学可知,n 边形闭合导线的内角和的理论值应为:

$$\sum \beta_{理} = (n-2) \times 180°$$

由于观测值带有误差,使得实测的内角和($\sum \beta_{测}$)与理论值不相符,其差值称为角度闭合差,用 f_β 表示,即:

$$f_\beta = \sum \beta_{测} - \sum \beta_{理} \tag{6-2}$$

各级导线的角度闭合差的容许值 $f_{\beta容}$ 见表6-4 中的"方位角闭合差"栏的规定。本例属图根导线,$f_{\beta容} = \pm 60'' \sqrt{n}$。若 f_β 超过容许值范围,则说明所测角度不符合要求,要重新检查角度观测值,若 f_β 确实超限,要重测。若不超限,可将闭合差 f_β 反符号平均分配到各观测角中去做修正,即各角的改正数为:

$$v_\beta = -\frac{f_\beta}{n} \tag{6-3}$$

表6-5　闭合导线坐标计算表

点号	观测角 (左角) (° ′ ″)	改正数 (″)	改正角 (° ′ ″)	坐标方位角 α	距离 D (m)	增量计算表		改正后增量		坐标值	
						Δx (m)	Δy (m)	Δx (m)	Δy (m)	x (m)	y (m)
1	2	3	4 = 2 + 3	5	6	7	8	9	10	11	12
1				125 30 00	105.22	−2 61.10	+2 +85.66	−61.12	+85.68	500.00	500.00
2	107 48 30	+13	107 48 43	53 18 43	80.18	−2 +47.90	+2 +64.30	+47.88	+64.32	438.88	585.68
3	73 00 20	+12	73 00 32	306 19 15	129.34	−3 +76.61	+2 −104.21	+76.58	−104.19	486.76	650.00
4	89 33 50	+12	89 34 02	215 53 17	78.16	−2 −63.32	+1 −45.82	−63.34	45.81	563.34	545.81
1	89 36 30	+13	89 36 43	125 30 00						500.00	500.00
总和	359 59 10	+50	360 00 00		392.90	−0.09	+0.07	0.00	0.00		

参见
图6-15

$$f_\beta = -50'' \qquad f_x = +0.09 \qquad f_y = -0.07$$

$$f_{\beta容} = \pm 60'' \sqrt{n} = \pm 60'' \sqrt{4} = \pm 120'' \qquad 导线全长闭合差 \quad f = \sqrt{f_x^2 + f_y^2} = \pm 0.11\text{m}$$

$$导线全长相对闭合差容许值 = \frac{1}{2000} \qquad 导线全长相对闭合差 K = \frac{0.11}{392.90} = \frac{1}{3571}$$

计算得出各角改正数 v_β 是相等的,但是由于改正数取位至秒,致使 $\sum v_\beta$ 不等于 $-f_\beta$,为此可适当调整秒值,以使计算得 v_β,其总和应等于 $-f_\beta$。改正后的内角和应为 $(n-2) \times 180°$ 进行校核。

(3)导线各边坐标方位角的计算。根据起始边的已知方位角和改正后内角,可依照下列公式推算其他各导线边的坐标方位角。

$$\alpha_{前} = \alpha_{后} + 180° + \beta_{左} \qquad （适用于测左角） \tag{6-4}$$

$$\alpha_{前} = \alpha_{后} + 180° - \beta_{右} \qquad （适用于测右角） \tag{6-5}$$

本例观测左角,按照式(6-4)可推算出导线各边的坐标方位角,列入表6-5的第5栏。在推算过程中应当注意:

1)若 $\alpha_{前} > 360°$,那么应减去 $360°$;若 $\alpha_{前} < 0°$,那么应加上 $360°$。

2)闭合导线各边坐标方位角的推算,最后得出起始边的坐标方位角,应与原有的已知坐标方位角值相等,否则要重新检查计算。

(4)坐标增量的计算及其闭合差的调整。

1)坐标增量的计算:如图6-16所示,设点1的坐标 x_1、y_1 和 $1-2$ 边的坐标方位角 α_{12} 已知,边长 D_{12} 也已测得,根据图示关系,点2与点1的坐标增量有下列计算公式:

$$\Delta x_{12} = D_{12}\cos\alpha_{12} \tag{6-6}$$

$$\Delta y_{12} = D_{12}\sin\alpha_{12} \tag{6-7}$$

式中 Δx_{12}、Δy_{12} 的正、负号,取决于 $\cos\alpha$、$\sin\alpha$ 的正、负号。

按照式(6-6)、式(6-7)算出坐标增量,填入表6-5的第7、8两栏中。

2)坐标增量闭合差的计算和调整:从图6-17可以看出,闭合导线纵、横坐标增量代数和的理论值应为零,即:

$$\sum \Delta x_{理} = 0 \tag{6-8}$$

$$\sum \Delta y_{理} = 0 \tag{6-9}$$

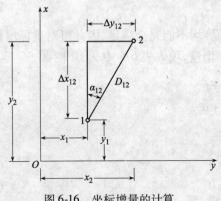

图6-16　坐标增量的计算

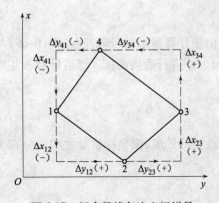

图6-17　闭合导线各边坐标增量

而实际上由于量边的误差和角度闭合差调整后的残余差,使得 $\sum \Delta x_{测}$、$\sum \Delta y_{测}$ 均不为零,因此产生了纵、横坐标增量闭合差 f_x、f_y,即:

$$f_x = \sum \Delta x_{测} \tag{6-10}$$

$$f_y = \sum \Delta y_{测} \tag{6-11}$$

由此表明,实际计算出的闭合导线坐标并不闭合,如图6-18所示,存在一个导线全长闭合差 f,可用下式进行计算:

$$f = \sqrt{f_x^2 + f_y^2} \tag{6-12}$$

97

仅从 f 值的大小还不能直接判断导线测量的精度，而是应将 f 与导线全长 $\sum D$ 相比，即导线全长相对闭合差 K 来衡量导线测量的精度，公式如下：

$$K = \frac{f}{\sum D} = \frac{1}{\dfrac{\sum D}{f}} \qquad (6\text{-}13)$$

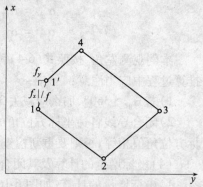

图 6-18　闭合导线闭合差

不同等级的导线全长相对闭合差的容许值 $K_{容}$，见表 6-4。若 K 超过 $K_{容}$，首先应检查内业计算是否有错误，然后检查外业观测成果，有必要时应重新测量。若 K 值在容许值范围之内，将 f_x 与 f_y，分别以相反的符号，按照与边长成正比例分配到各边的纵、横坐标增量中去。第 i 边纵坐标增量的改正数 v_{xi}、横坐标增量的改正数 v_{yi} 分别为：

$$v_{xi} = -\frac{f_x}{\sum D} \times D_i \qquad (6\text{-}14)$$

$$v_{yi} = -\frac{f_y}{\sum D} \times D_i \qquad (6\text{-}15)$$

坐标增量改正数 v_{xi}、v_{yi} 计算后，可以按照下式进行校核：

$$\sum v_{xi} = -f_x \qquad (6\text{-}16)$$
$$\sum v_{yi} = -f_y \qquad (6\text{-}17)$$

由于计算当中的四舍五入，式（6-16）与式（6-17）均不能完全满足，因此可对坐标增量改正数 v_{xi}、v_{yi} 进行适当调整。然后计算改正后的坐标增量，填入表 6-5 中 9、10 栏。

$$\Delta x_{改} = \Delta x + v_x \qquad (6\text{-}18)$$
$$\Delta y_{改} = \Delta y + v_y \qquad (6\text{-}19)$$

改正后的纵、横坐标增量之和应分别为零，即：

$$\sum \Delta x_{改} = 0 \qquad (6\text{-}20)$$
$$\sum \Delta y_{改} = 0 \qquad (6\text{-}21)$$

（5）推算各导线点坐标。根据起始点的坐标和各导线边的改正后坐标增量，逐步推算各导线点的坐标（填入表 6-5 中 11、12 栏），计算公式如下：

$$x_{前} = x_{后} + \Delta x_{改} \qquad (6\text{-}22)$$
$$y_{前} = y_{后} + \Delta x_{改} \qquad (6\text{-}23)$$

2. 附合导线坐标计算

附合导线的坐标计算步骤与闭合导线基本上是相同的，由于附合导线两端与已知点相连接，在角度闭合差以及坐标增量闭合差的计算上略有不同。

（1）角度闭合差的计算与调整。设有附合导线如图 6-19 所示，A、B、C、D 为高级控制点，其坐标已知，AB、CD 两边的坐标方位角 α_{AB}、α_{CD} 已知。现根据已知的坐标方位角 α_{AB} 以及观测右角（包括连接角 β_B、β_C），推算出终边 CD 的坐标方位角 α'_{CD}：

$$\alpha_{B1} = \alpha_{AB} + 180° - \beta_B\ ;\ \alpha_{12} = \alpha_{A1} + 180° - \beta_1$$
$$\alpha_{2C} = \alpha_{12} + 180° - \beta_2\ ;\ \alpha'_{CD} = \alpha_{2C} + 180° - \beta_C$$

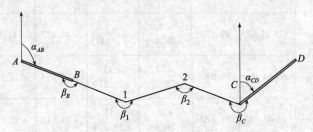

图 6-19　附合导线

即
$$\alpha'_{CD} = \alpha_{AB} + 4 \times 180° - \sum \beta_{测}$$

写成观测右角推算的通用式如下：

$$\alpha'_{终} = \alpha_{始} + n \times 180° - \sum \beta_{右} \tag{6-24}$$

观测左角推算的通用式如下：

$$\alpha'_{终} = \alpha_{始} + n \times 180° + \sum \beta_{左} \tag{6-25}$$

则角度闭合差 f_β 按照下式计算

$$f_\beta = \alpha'_{终} - \alpha_{终} \tag{6-26}$$

上式中的 $\alpha'_{终}$，在本例为 CD 的坐标方位角，即 α'_{CD}。若 f_β 在容许值范围之内，那么进行凋整。具体的调整方法与闭合导线基本上相同，但是必须注意：

在观测左角，用左角推算时，假定 f_β 为正，从式（6-26）可看出 $\alpha'_{终}$ 大，再从式（6-25）可知 $\beta_{左}$ 测大了，因此对左角施加改正数应为负，即与 f_β 符号相反。在观测右角，用右角推算时，右角改正数为正，与 f_β 同号。详见表 6-6 所示计算。

（2）坐标增量闭合差的计算。根据附合导线本身的条件，各边坐标增量代数和的理论值应等于终、始两点的已知坐标值之差，即：

$$\sum \Delta x_{理} = x_{终} - x_{始} \tag{6-27}$$
$$\sum \Delta y_{理} = y_{终} - y_{始} \tag{6-28}$$

但是由于边长与角度观测值均存在误差（此时主要是边长观测误差），所以 $\sum \Delta x_{测}$、$\sum \Delta y_{测}$ 与理论值均不符，因而产生附合导线坐标增量闭合差，其计算公式如下：

$$f_x = \sum x_{测} - (x_{终} - x_{始}) \tag{6-29}$$
$$f_y = \sum y_{测} - (y_{终} - y_{始}) \tag{6-30}$$

坐标增量闭合差的调整方法与闭合导线基本相同。

表 6-6 为附合导线（右角）计算的实例。

表6-6　附合导线坐标计算表

点号	内角观测值 (° ′ ″)	改正后内角 (° ′ ″)	坐标方位角 (° ′ ″)	边长(m)	纵坐标增量 ΔX	横坐标增量 ΔY	改正后坐标增量		坐标	
							ΔX	ΔY	X	Y
A			127 20 30							
B	128 57 32	128 57 38							509.580	675.890
			178 22 52	40.510	+7 -40.494	+7 +1.144	-40.487	+1.151		
1	295 08 00	295 08 06							469.093	677.041
			63 14 46	79.040	+14 +35.581	+15 +70.579	+35.595	+70.594		
2	177 30 58	177 31 04							504.688	747.635
			65 43 42	59.120	+10 +24.302	+11 +53.894	+24.312	+53.905		
C	211 17 36	221 17 42							529.000	801.540
			34 26 00							
D										

$f_\beta = +24''$　　$\sum D = 178.670$　　$f_x = -0.031$　　$f_y = -0.033$　　$f = +0.045$　　$K = 1/3953$

3. 坐标计算的基本公式

（1）坐标正算。根据已知点的坐标、已知边长以及该边坐标方位角，计算出未知点的坐标，即称为坐标正算。如图6-20所示，已知 A 点坐标 x_A、y_A 边的边长 D_{AB} 及其坐标方位角 α_{AB}，那么未知点 B 的坐标为：

$$x_B = x_A + \Delta x_{AB} \tag{6-31}$$

$$y_B = y_A + \Delta y_{AB} \tag{6-32}$$

式中 Δx_{AB}、Δy_{AB} 称为坐标增量，即直线两端点 A、B 的坐标差，从图中可以看出坐标增量的计算公式如下：

$$\Delta x_{AB} = x_B - x_A = D_{AB}\cos\alpha_{AB} \tag{6-33}$$

$$\Delta y_{AB} = y_B - y_A = D_{AB}\sin\alpha_{AB} \tag{6-34}$$

（2）坐标反算。根据两个已知点的坐标，求两点之间的边长及其方位角，称为坐标反算。当导线与高级控制点连测时，可以利用高级控制点的坐标，通过反算求得高级控制点之间的边长及其方位角。如图6-20所示，若 A、B 两点坐标已知，求方位角以及边长公式如下：

$$\tan\alpha_{AB} = \frac{\Delta y_{AB}}{\Delta x_{AB}} = \frac{y_B - y_A}{x_B - x_A}$$

即　　$$\alpha_{AB} = \tan^{-1}\frac{\Delta y_{AB}}{\Delta x_{AB}} = \tan^{-1}\frac{y_B - y_A}{x_B - x_A} \tag{6-35}$$

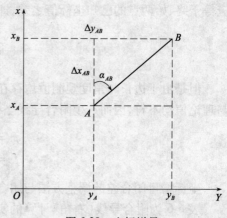

图6-20　坐标增量

$$D_{AB} = \frac{\Delta y_{AB}}{\sin\alpha_{AB}} = \frac{\Delta x_{AB}}{\cos\alpha_{AB}} \qquad (6\text{-}36)$$

或

$$D_{AB} = \sqrt{\Delta x_{AB}^2 + \Delta y_{AB}^2} \qquad (6\text{-}37)$$

还应注意,按照公式(6-35)计算出的是象限角,必须根据坐标增量 Δx、Δy 的正负号,确定 AB 边所在的象限,然后再把象限角换算为 AB 边的坐标方位角。

第三节　控制点加密

一、支导线法加密控制点

支导线法是利用经纬仪测出导线的转折角,并使用钢尺丈量出导线边的水平距离,然后根据已知边的方位角和已知点的坐标计算未知点坐标的方法,如图 6-21 所示。

1. 支导线的外业测量

(1)选定加密点。如图 6-21 所示,C、B 为已知控制点,根据测区的实际情况,并考虑选点的有关问题,选定加密的导线点 1、2。

(2)测量导线边长。在图 6-21 中,用钢尺测量导线边 $B-1$、$1-2$ 的边长。要求采用往、返丈量的方法,当导线边长的精度不低于 1/2000 时,取平均值作为最后结果。

(3)观测转折角。如图 6-21 所示,用经纬仪测回法观测支导线的左角 β_B、β_1,当上、下半测回角度不符值不超过 ±40″时,求其平均值。在园林测量中,通常还应用同样的方法观测出支导线的右角,如图 6-21 中的 β'_B、β'_1,当左角、右角之和与 360°之差不超过 ±40″时,用左角作为所测转折角的结果。

2. 支导线的内业计算

如图 6-21 所示,支导线测量的内业无需进行角度闭合差及坐标增量闭合差的调整,内业计算步骤如下。

(1)根据已知点 C、B 的坐标,反算出已知边的方位角 α_{CB}。

(2)根据观测的转折角(左角)β_B、β_1,推算导线边 $B-1$、$1-2$ 的方位角 α_{B1} 和 α_{12}。

(3)根据导线边的方位角 α_{B1}、α_{12} 和边长 D_{B1}、D_{12},计算坐标增量。

(4)根据起点的已知坐标和导线边的坐标增量,计算未知点 1、2 的坐标。

二、前方交会法加密控制点

如图 6-22 所示,分别在两个已知控制点 A、B 上安置经纬仪,测出水平角 α、β,然后根据已知点的坐标求算未知点 P 的坐标,此法称为前方交会,它是测角交会法的一种。

1. 前方交会的测量与计算

在图 6-22 中,$\triangle ABP$ 中的 A、B、P 点是按逆时针方向编号的,若已测出水平角 α、β,则可由 A、B 的坐标求算 P 点的坐标,公式为:

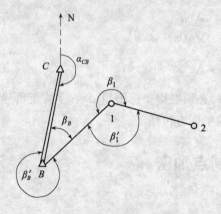

图 6-21　支导线略图

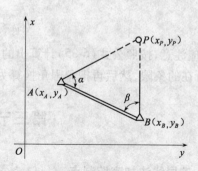

图 6-22　前方交会

$$x_P = \frac{x_A \cot\beta + x_B \cot\alpha - y_A + y_B}{\cot\alpha + \cot\beta}$$

$$y_P = \frac{y_A \cot\beta + y_B \cot\alpha + x_A - x_B}{\cot\alpha + \cot\beta}$$

（6-38）

为检核计算结果是否正确，可将求得的 P 点坐标值代入式（6-39），推算出已知点 B 的坐标，并与其已知坐标值相比较，即：

$$x_P = \frac{x_P \cot\alpha - x_A \cot(\alpha+\beta) - y_P + y_A}{\cot\alpha - \cot(\alpha+\beta)}$$

$$y_B = \frac{y_P \cot\alpha - y_A \cot(\alpha+\beta) + x_P - x_A}{\cot\alpha - \cot(\alpha+\beta)}$$

（6-39）

2. 前方交会的注意事项

在前方交会的图形中，由未知点至相邻两起始点间方向的夹角称为交会角，为了提高 P 点坐标的计算精度，一般要求交会角在 $30° \sim 150°$ 之间，并要求布设有三个已知点的前方交会，如图 6-23 所示。根据所观测的 α_1、β_1 和 α_2、β_2，分两组各自计算 P 点的坐标，即在 $\triangle ABP$ 中求算 P 点的坐标 (x_p, y_p)，在 $\triangle BCP$ 中求算 P 点的坐标 (x'_p, y'_p)。当 P 点的点位误差在限差范围内时，取其平均值作为最终结果。

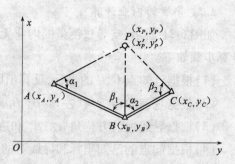

图 6-23　有三个已知点的前方交会

在园林测量中，一般规定两组计算得到的点位误差不大于两倍的比例尺精度，即：

$$f_D = \sqrt{f_x^2 + f_y^2} \leqslant 2 \times 0.1M (f_x = x_P - x'_P, \quad f_y = y_P - y'_P)$$

（6-40）

式中　f_D——点位误差限差，mm；

　　　M——测图比例尺分母。

第四节　三角高程测量

在地形起伏较大不便于进行水准测量的地区,通常采用三角高程测量进行高程控制测量。三角高程测量方法具有简便灵活、不受地形限制等优点,但测量高差的精度比水准测量低。当用三角高程测量进行高程控制测量时,必须用水准测量的方法在测区内引测一定数量的水准点,作为高程起算的依据。

一、三角高程测量的原理

三角高程测量是根据两点之间的水平距离和竖直角来计算两点的高差,然后求出所求点的高程。

如图 6-24 所示,在 A 点安置仪器,然后用望远镜中丝瞄准 B 点觇标的顶点,并且测得竖直角 α,量取仪器高 i 和觇标高 v,若测出 A、B 两点间的水平距离 D,则可求得 A、B 两点间的高差,即:

$$h_{AB} = D\tan\alpha + i - v \qquad (6\text{-}41)$$

B 点高程为:

$$H_B = H_A + D\tan\alpha + i - v \qquad (6\text{-}42)$$

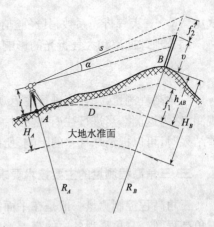

图 6-24　三角高程测量的原理

三角高程测量通常采用对向观测法,即自 A 向 B 观测称为直觇,再从 B 向 A 观测称之为反觇,直观和反觇统称为对向观测。采用对向观测的方法可以有效减弱地球曲率和大气折光产生的影响。但是对向观测所求得的高差较差不应大于 0.1D(m)(D 为水平距离,以 km 为单位),则取对向观测的高差中数为最后结果,即:

$$h_{中} = \frac{1}{2}(h_{AB} - h_{BA}) \qquad (6\text{-}43)$$

公式(6-42)适用于 A、B 两点距离较近(小于 300m)的三角高程测量,此时水准面可近似看成平面,视线则为直线。若距离超过 300m,则要充分考虑地球曲率以及观测视线受到大气折光的影响。

二、地球曲率和大气折光的影响

在做三角高程测量时,当两点间距较大时,三角高程测量还需考虑地球曲率及大气折光对高差的影响,即要进行地球曲率和大气折光的改正,简称球气两差的改正。

1. 地球曲率的改正

在用三角高程测量两点间的高差时,若两点间的距离较长(超过 300m),则大地水准面不能再用水平面代替,而应按曲面看待,故应考虑地球曲率影响的改正,其改正数用 f_1 表示。即:

$$f_1 = \Delta h = \frac{D^2}{2R} \qquad (6\text{-}44)$$

式中　R——地球曲率半径,取 6371km；

　　　　D——两点间的水平距离。

2. 大气折光的改正

在观测竖直角时,由于大气的密度不均匀,视线将受大气折光的影响而总是成为一条向上拱起的曲线,这样使得所测竖直角偏大,因此,要进行大气折光的改正,其改正数用 f_2 表示。因为大气折光由气温、气压、日照、时间、地表情况及视线高度等诸多因素而定,所以近似表示为:

$$f_2 = -\frac{KD^2}{2R} \tag{6-45}$$

式中　K——大气折光系数,其经验值为 $K = 0.14$。

综合地球曲率和大气折光的影响,便得到球气两差改正数,用 f 表示,即:

$$f = f_1 + f_2 = 0.43D^2/R \tag{6-46}$$

三角高程测量,一般应进行往返观测,即由 A 点向 B 点观测,称为往测,而由 B 点向 A 点观测,称为返测。当进行往返观测时,称为双向观测或对向观测,取对向观测的平均值作为高差结果时,可以抵消球气差的影响,所以三角高程测量一般都用对向观测法。

三、三角高程测量的主要技术要求

三角高程控制测量一般是在平面控制网的基础上布设成高程导线附合路线、闭合环线或三角高程网。三角高程各边的高差测定应采用对向观测,也可像水准测量一样,设置仪器于两点之间测定其高差。电磁波测距三角高程测量的技术要求见表6-7。

表6-7　电磁波测距三角高程测量的主要技术要求

等级	每千米高差中误差（mm）	边长（km）	观测方式	对向观测高差较差（mm）	附合或环线闭合差（mm）
四	10	≤1	对向观测	$40\sqrt{D}$	$20\sqrt{\sum D}$
五	15	≤1	对向观测		$30\sqrt{\sum D}$

注:1. D 为电磁波测距边长度(km)。
　　2. 路线长度不应超过相应等级水准路线长度的限值。

用于代替四等水准的电磁波测距三角高程导线,应起闭于不低于三等的水准点上；经纬仪三角高程导线应起闭于不低于四等的水准点上。三角高程网中应有一定数量的水准点作为高程起算数据。

采用电磁波测距三角高程测量方法进行高程控制测量时,两点之间水平距离和竖直角观测的技术要求见表6-8。

表6-8　电磁波测距三角高程观测的主要技术要求

等级	竖直角观测				边长测量	
	仪器精度等级	测回数	指标差较差（"）	竖直角较差（"）	仪器精度等级	观测次数
四	DJ_2	3	≤7	≤7	10mm 级仪器	往返各一次
五	DJ_2	2	≤10	≤10	10mm 级仪器	往一次

注:当采用 DJ_2 光学经纬仪进行竖直角观测时,应根据仪器的竖直角检测精度,适当增加测回数。

四、三角高程测量的观测与计算

三角高程测量的观测与计算应按照以下步骤进行：

（1）将仪器安置于测站上，量出仪器高 i；觇标立于测点上，量出觇标高 v。

（2）使用经纬仪或测距仪采用测回法观测竖直角 α，取其平均值为最后观测成果。

（3）采用对向观测，其方法同前两步。

（4）用式（6-41）和式（6-42）计算出高差和高程。

交通部行业标准《公路勘测规范》（JTG C10—2007）中明确规定，电磁波测距三角高程测量可用于四等水准测量。

1）边长观测应采用不低于Ⅱ级精度的电磁波测距仪往返各测一测回，与此同时，还要测定气温和气压值，并且应对所测距离进行气象改正。

2）竖直角观测应采用觇牌为照准目标，用 DJ$_2$ 级经纬仪按中丝法观测三测回，竖直角测回差和指标差均 $\leqslant 7''$。对向观测高差较差 $\leqslant \pm 40\sqrt{D}$（mm）（D 为以 km 为单位的水平距离），附合路线或环线闭合差同四等水准测量的要求。

3）仪器高和觇牌高应在观测前后各自用经过检验的量杆量测一次，精确读数至 1mm，当较差不大于 2mm 时，取中数作为最后的结果。

三角高程路线，应组成闭合测量路线或附合测量路线，并且尽可能起闭于高一等级的水准点上。若闭合差 f_h 在表 6-7 所规定的容许范围之内，则将 f_h 反符号按照与各边边长依照正比例的关系分配到各段高差中，最后根据起始点的高程和改正后的高差，计算出各待求点的高程。

第五节　三、四等水准测量

小区域地形测图或施工测量中，多采用三、四等水准测量作为高程控制测量的首级控制。

一、采用三、四等水准测量的规范要求

三、四等水准测量所使用的仪器以及主要技术要求见表 6-9，每站观测的技术要求见表 6-10。

表 6-9　城市及工程各等级水准测量主要技术指标

等级	第千米高差全中误差（mm）	路线长度（km）	水准仪的型号	水准尺	观测次数		往返较差、附合或环线闭合差	
					与已知点联测	附合或环线	平地（mm）	山地（mm）
二等	2	—	DS$_1$	铟瓦	往返各一次	往返各一次	$4\sqrt{L}$	—
三等	6	≤50	DS$_1$	铟瓦	往返各一次	往一次	$12\sqrt{L}$	$4\sqrt{n}$
			DS$_3$	双面		往返各一次		
四等	10	≤16	DS$_3$	双面	往返各一次	往一次	$20\sqrt{L}$	$6\sqrt{n}$
五等	15	—	DS$_3$	双面	往返各一次	往一次	$30\sqrt{L}$	—

注：L 为附合路线或环线的长度，单位为 km。

表6-10　各等级水准测量每站观测的主要技术要求

等级	水准仪的型号	视线长度（m）	前后视距较差（m）	前后视距累积差（m）	视线离地面最低高度（m）	黑面、红面读数较差（mm）	黑、红面所测高差较差（mm）
二等	DS$_1$	50	1	3	0.5	0.5	0.7
三等	DS$_1$	100	3	6	0.3	1.0	1.5
	DS$_3$	75				2.0	3.0
四等	DS$_3$	100	5	10	0.2	3.0	5.0
五等	DS$_3$	100	大致相等	—	—	—	—

注：1. 二等水准视线长度小于20m时，其视线高度不应低于0.3m。
　　2. 三、四等水准采用变动仪器高度观测单面水准尺时，所测两次高差较差应与黑、红面所测高差之差的要求相同。

二、采用三、四等水准测量的观测方法

三、四等水准测量的观测工作应在通视良好、成像清晰、稳定的情况下进行。在此介绍双面尺法的观测程序。（观测数据及计算过程见表6-11）

1. 一站的观测顺序

（1）在测站上安置水准仪，同时使圆水准气泡居中，后视水准尺黑面，用上、下视距丝读数，并且记入表6-11中的（1）、（2）位置，然后转动微倾螺旋，使符合水准气泡居中，采用中丝读数，记入表6-11中的（3）位置。

（2）前视水准尺黑面，用上、下视距丝读数，并且记入表6-11中的（4）、（5）位置，然后转动微倾螺旋，使符合水准气泡居中，采用中丝读数，记入表6-11中的（6）位置。

（3）前视水准尺红面，旋转微倾螺旋，使管水准气泡居中，采用中丝读数，记入表6-11中（7）位置。

（4）后视水准尺红面，转动微倾螺旋，使符合水准气泡居中，采用中丝读数，记入表6-11中（8）位置。以上（1），（2），…，（8）表示观测与记录的顺序，见表6-11。

这样的观测顺序可以称为"后、前、前、后"，其优点是可以大大地减弱仪器下沉等产生的误差。对四等水准测量每站观测顺序也可为"后、后、前、前"。

表6-11　三、四等水准测量记录

测站编号	点号	后尺 上丝 下丝 / 后视距 / 视距差	后尺 上丝 下丝 / 前视距 / 累积差∑d	方向及尺号	水准尺读数 黑面	水准尺读数 红面	K+黑－红（mm）	平均高差（m）
—	—	(1) (2) (9) (11)	(4) (5) (10) (12)	后尺 前尺 后-前	(3) (6) (15)	(8) (7) (16)	(14) (13) (17)	(18)
1	BM$_2$ | TP$_1$	1426 0995 43.1 +0.1	0801 0371 43.0 +0.1	后 106 前 107 后-前	1211 0586 +0.625	5998 5273 +0.725	0 0 0	+0.6250

续表

测站编号	点号	后尺	上丝	后尺	上丝	方向及尺号	水准尺读数		K + 黑 − 红（mm）	平均高差（m）
			下丝		下丝		黑面	红面		
		后视距		前视距						
		视距差		累积差 $\sum d$						
2	TP₁ 丨 TP₂	1812 1296 51.6 −0.2		0570 0052 51.8 −0.1		后 107 前 106 后-前	1554 0311 +1.243	6241 5097 +1.144	0 +1 −1	+1.2435
3	TP₂ 丨 TP₃	0889 0507 51.6 −0.2		1713 1333 38.0 +0.1		后 106 前 107 后-前	−0698 1523 −0.825	5486 6210 −0.724	01 0 −1	−0.8245
4	TP₃ 丨 BM₁	0758 0390 36.8 −0.2		0758 0390 36.8 −0.1		后 107 前 106 后-前	1708 0574 +1.134	6395 5361 +1.034	0 0 0	+1.1340
检核计算	$\sum(9)=169.5$ $\sum(10)=169.6$ $\sum(9)-\sum(10)=-0.1$ $\sum(9)+\sum(10)=339.1$			$\sum(3)=5.171$ $\sum(6)=2.994$ $\sum(15)=+2.177$ $\sum(15)+\sum(16)=+4.356$			$\sum(8)=24.120$ $\sum(7)=21.941$ $\sum(16)=+2.179$ $2\sum(18)=+4.356$			

2. 一站的计算与检核

（1）视距计算与检核。根据前、后视的上、下丝读数计算前、后视的视距（9）和（10）。

后视距离（9）：（9）=（1）−（2）

前视距离（10）：（10）=（4）−（5）

计算前、后视距差（11）：（11）=（9）−（10）。对于三等水准测量，（11）不得超过 3m；对于四等水准测量，（11）不得超过 5m。

计算前、后视距累积差（12）：（12）=上站之（12）+本站（11）。对于三等水准测量，（12）不得超过 6m；对于四等水准测量，（12）不得超过 10m。

（2）同一水准尺红、黑面中丝读数的检核。k 为双面水准尺的红面分划与黑面分划之间的零点差，配套使用的两把尺其 k 为 4687mm 或 4787mm，同一把水准尺其红、黑面中丝读数差可按下式计算：

$$（13）=（6）+k-（7）$$
$$（14）=（3）+k-（8）$$

（13）、（14）的大小，对于三等水准测量，不得超过 2mm；对于四等水准测量；不得超过 3mm。

（3）高差计算与检核。按照前、后视水准尺红、黑面中丝读数分别计算一站高差。

计算黑面高差（15）：（15）=（3）−（6）

计算红面高差（16）：（16）=（8）−（7）

红黑面高差之差（17）：（17）=（15）−（16）±0.100=（14）−（13）（检核用）

式中 0.100——单、双号两根水准尺红面零点注记之差,应以 m 为单位。

对于三等水准测量,(17)不得超过 3mm;对于四等水准测量,(17)不得超过 5mm。

(4)计算平均高差。红、黑面的高差之差在容许范围之内时,取其平均值作为该站的观测高差(18),计算公式如下:

$$(18) = \frac{(15) + (16) \pm 0.100}{2}$$

3. 每页计算的校核

(1)高差部分。以红、黑面后视总和减去红、黑面前视总和应等于红、黑面的高差总和,还应等于平均高差总和的两倍。即

当测站数为偶数时:

$$\sum[(3)+(8)] - \sum[(6)+(7)] = \sum[(15)+(16)] = 2\sum(18)$$

当测站数为奇数时:

$$\sum[(3)+(8)] - \sum[(6)+(7)] = \sum[(15)+(16)] = 2\sum(18) \pm 0.1000$$

(2)视距部分。后视距离的总和减去前视距离的总和等于末站视距累积差。即

$$\sum(9) - \sum(10) = 末站(12)$$

确认校核无误之后,即可算出总视距

$$总视距 = \sum(9) + (10)$$

用双面尺法进行三、四等水准测量的记录、计算与校核,见表6-11。

【本章习题】

1. 什么是控制点? 什么是控制网? 地形图测绘及施工测量时,为什么要先建立控制网?

2. 导线的布设形式有哪些? 分别适用于什么情况?

3. 导线测量外业工作有哪些? 导线与高级控制点连测的目的是什么?

4. 导线测量内业计算中,闭合导线计算与附和导线计算计算有哪些不同之处?

5. 导线测量的精度如何评定?

6. 控制点的加密有哪些方法?

7. 三、四等水准测量一测站是如何进行观测和计算的?

8. 已知 A 点坐标为(827.53,548.36),B 点坐标为(639.68,796.58),求水平距离 D_{AB} 及坐标方位角 α_{AB}。

9. 如图 6-25 所示,已知 P_1 点的坐标 $x_{P1} = 9539.743\text{m}$,$y_{P1} = 6484.086\text{m}$,$P_1P_2$ 边的坐标方位角 $\alpha_{12} = 143°07'15''$。闭合导线各内角和边长

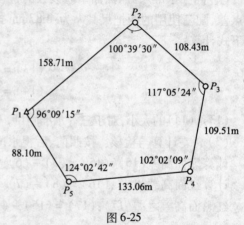

图 6-25

观测值如图6-6所注。试按照表6-6的格式列表计算闭合导线各点的坐标(计算精确到mm)。

【本章实训】

实训九　经纬仪闭合导线测量与成果整理

一、实训目的

(1)掌握经纬仪钢尺导线的外业观测和内业计算。

(2)掌握图根三角高程测量的方法步骤。

二、实训仪器和工具

DJ$_6$经纬仪1台、三脚架1个、罗盘仪1台、标杆3根、水准尺1根、钢尺1副、测钎1组、斧子1把、木桩及小钉若干、记录板1块(含记录表格);自备铅笔、小刀、计算器等。

三、实训步骤

1. 导线测量

(1)选点。根据选点注意事项,在测区内选定4～5个点组成闭合导线,并在各导线点上打入木桩,绘出导线略图。

(2)量距。用钢尺往、返丈量各导线边的边长,读数至毫米:若相对误差不大于1/2000,则取其平均值至厘米。

(3)测角。采用经纬仪测回法观测闭合导线各内角,每角观测一个测回,若上、下半测回角值差不超过±40″,则取平均值;若为独立测区,则需要用罗盘仪观测起始边的磁方位角。

(4)角度闭合差的计算和调整。$f_\beta = \sum \beta_测 - (n-2) \times 180°$,限差为$f_{\beta容} = \pm 40″\sqrt{n}$。

(5)推算坐标方位角。采用$\alpha_前 = \alpha_后 + (180° - \beta_右)$或$\alpha_前 = \alpha_后 - (180° - \beta_左)$进行推算。

(6)计算坐标增量。根据$\Delta x = D\cos\alpha$和$\Delta y = D\sin\alpha$进行计算。

(7)坐标增量闭合差的计算和调整。由$f_x = \sum \Delta x$和$f_y = \sum \Delta y$计算出$f_D = \sqrt{f_x^2 + f_y^2}$,然后得到$K = \dfrac{f_D}{\sum D} = \dfrac{1}{\dfrac{\sum D}{f_D}}$;若$K \leqslant \dfrac{1}{2000}$,则将$f_x$与$f_y$符号取反,按与边长成正比的原则分配给各导线边。

(8)坐标计算。根据导线起始点的已知坐标和调整闭合差后的坐标增量,依次推算出各待测导线点的坐标。

2. 高程测量

(1)测高差。利用经纬仪图根三角高程测量法,往、返观测各相邻导线点间的高差。

(2)高差闭合差的计算与调整。计算闭合差$f_h = \sum h - (H_终 - H_始)$和限差$f_{h容} = \pm 0.1 H_d \sqrt{n}$,若$|f_h| \leqslant |f_{h容}|$,则利用公式$v_{hi} = -\dfrac{f_h}{\sum D} Di$,对高差闭合差进行调整。

(3)高程计算。根据起点的已知高程或假定高程以及改正后高差,便可计算出各待求导线点的高程。

四、注意事项

（1）导线边长以 70～100m 为宜，若边长较短，则测角时应特别注意提高对中和瞄准的精度。

（2）若所布设的导线未与国家控制网联测，则起点坐标及高程均可假定，但要注意不使其他点位出现负值。

五、提交成果

每组上交钢尺量距记录计算、水平角观测记录计算、起始边磁方位角观测记录计算、三角高程观测记录计算各一份；每人上交经纬仪导线内业计算表和图根点三角高程计算表各一份。

第七章　地形图的测绘

第一节　地形图基础知识

一、地形图概述

地形包括地物和地貌。地形图测绘就是将地球表面某区域的地物和地貌按正射投影的方法和一定的比例尺,用规定的图标符号测绘到图纸上,这种表示地物和地貌平面位置和高程的图称为地形图。

地形测量的任务是测绘地形图。地形图测量应遵循的基本原则是"从整体到局部,先控制后碎部",先根据测图的目的及测区的具体情况,建立平面及高程控制网,然后在控制点的基础上进行地物和地貌的碎部测量。

二、地形图比例尺

地形图上某一线段长度与实地相应线段的水平长度之比,称为地形图的比例尺。根据表示方法不同,比例尺可分为数字比例尺和直线比例尺两种。

1. 数字比例尺

数字比例尺一般用分子为 1 的分数形式表示。

设图上某一直线的长度为 d,地面上相应直线的水平长度为 D,则图的比例尺为:

$$\frac{d}{D} = \frac{1}{M} \tag{7-1}$$

式(7-1)中分母 M 为缩小的倍数,分母越大比例尺越小,反之分母越小,比例尺越大。

例如,图上 1cm 的长度表示地面上 1m 的水平长度,称为百分之一的比例尺;图上 1cm 表示地面上 10m 的水平长度,称为千分之一的比例尺。

通常以 1/500 ~ 1/10000 的比例尺称为大比例尺;1/25000 ~ 1/100000 的比例尺为中比例尺;小于 1/100000 的比例尺为小比例尺。

数字比例尺按地形图图示规定,书写在图廓下方正中。

2. 直线比例尺

用图上线段长度表示实际水平距离的比例尺,称为直线比例尺,又称图示比例尺。如图 7-1 所示。

直线比例尺一般都画在地形图的底部中央,以 2cm 为基本单位。绘制方法如下:

（1）先在图纸上绘一条直线，在该直线上截取若干2cm或1cm的线段，这些线段称为比例尺的基本单位。

（2）将最左端的基本单位再分成20或10等分，然后，在基本单位的右分点上注记0。

（3）自0点起，在向左向右的各分点上，注记不同线段所代表的实际长度。

图纸在干湿情况不同时，是有伸缩的，图纸在使用过程中也会变形，若用木制的三棱尺去量图上的长度，则必然产生一些误差。为了用图方便，以及减小图纸伸缩而引起的误差，一般在图廓的下方绘一直线比例尺，用以直接量度图上直线的实际水平距离。用图时以图上所绘的直线比例尺为准，则由于图纸的伸缩而产生的误差就可以基本消除。

使用直线比例尺时，要用分规在地形图上量出某两点的长度，然后将分规移至直线比例尺上，使其一脚尖对准0右边的某个整分划线上，从另一脚尖读取左边的小分划，并估读余数。如图7-1所示，实地水平距离为62.0m。

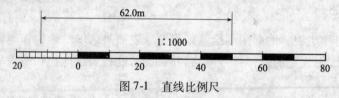

图7-1　直线比例尺

3. 比例尺精度

地形图上0.1mm所代表的实地水平长度称为比例尺精度。人们用肉眼能直接分辨出的图上最小距离为0.1mm。

比例尺精度的计算公式：

$$\varepsilon = 0.1 \times M \tag{7-2}$$

式中　ε——比例尺精度；

M——地形图数字比例尺分母。

比例尺大小不同，比例尺精度就不同。常用大比例尺地形图的比例尺精度如表7-1所列。

表7-1　大比例尺地形图的比例尺精度

比例尺	1:500	1:1000	1:2000	1:5000	1:10000
比例尺精度（m）	0.05	0.1	0.2	0.5	1

当测图比例尺确定后，根据比例尺的精度，可以推算出测量距离时应精确到什么程度；为使某种尺寸的物体和地面形态都能在图上表示出来，可按要求确定测图比例尺。如要求在图上能表示出1m长，则所用的比例尺不应小于1/10000。

三、地形图图外注记

为了使用方便，通常在地形图外进行一些注记，对地形图加以说明，这就是地形图图外注记。地形图图外注记构成地图的整饰要素，也称辅助要素。地形图图外注记包括图名、图号、接图表、图廓、三北方向图、坡度尺以及地形图采用的坐标系统、高程系统、比例尺、测绘时间和方式、测绘机关和人员、密级等其他内容。

1. 图名和图号

图名即本幅图的名称,一般是以本图幅内最著名的地名、厂矿企业、街区和村庄的名称来命名的。

为了区别各幅地形图所在的位置关系,每幅地形图上都编有图号。图号是根据地形图分幅和编号方法编定的。图名和图号分别标注在北图廓上方的中央,如图7-2所示。

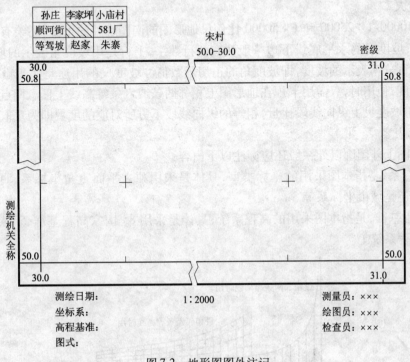

图7-2　地形图图外注记

2. 接图表

为了说明本图幅与相邻图幅的关系,方便查找相邻图幅,通常在北图廓左上方绘制一个由九个方格组成的表格,如图7-2所示。中间一格画有斜线,代表本图幅位置,四邻分别注明相应图幅的图号(或图名),这类表格称为接图表。在中比例尺各种图上,除了接图表以外,还把相邻图幅的图号分别注在东、西、南、北图廓线中间,进一步表明与四邻图幅的相互关系。

3. 图廓

图廓是地形图的边界,矩形图幅的图廓有内、外图廓之分,如图7-2所示。内图廓就是坐标格网线,也是图幅的边界线。在内图廓外四角处注有坐标值,并在内廓线内侧,每隔10cm绘有5mm的短线,表示坐标格网线的位置。在图幅内绘有每隔10cm的坐标格网交叉点。外图廓是最外边的粗线,距内图廓12mm,起装饰醒目作用。

在城市规划等设计工作中,有时需用1:10000或1:25000的地形图。这种图的图廓有内图廓、分图廓和外图廓之分。内图廓是经线和纬线,也是该图幅的边界线。内、外图廓之间图为分图廓,它绘成为若干段黑白相间的线条,每段黑线或白线的长度,表示实地经度差或纬度差1′。分度廓与内图廓之间,注记了以公里为单位的平面直角坐标值。

4. 三北方向关系图

在中、小比例尺地形图的南图廓线的右下方，还绘有真子午线、磁子午线和坐标纵轴（中央子午线）方向这三者之间的角度关系，称为三北方向图。利用该关系图，可对图上任一方向的真方位角、磁方位角和坐标方位角三者间作相互换算。此外，在南、北内图廓线上，还分别绘有标志点，该两点的连线即为该图幅的磁子午线方向，有了它利用罗盘可将地形图进行实地定向。

5. 坡度尺

在 1：10000、1：25000 和 1：50000 比例尺地形图的南图廓外的下方，还绘有坡度尺。如图 7-3 所示，坡度尺的水平底线下边一般注有两行数字，上行是用坡度角表示的坡度，下行是对应的倾斜百分率表示的坡度，即坡度角的正切函数值。坡度尺的用途是用于量测地形图上某一方向坡度，使用时，只需用卡规在地形图上相邻两条或六条等高线上任意两点卡量出水平距离，然后与坡度尺上纵向线段比量，相等的纵向线段下方所对应的度数即为量取的坡度。

6. 其他内容

在地形图上外图廓以外一般还应标注以下内容：

（1）坐标系，是指本图采用的坐标类型，具体是采用独立平面直角坐标系、54 坐标系、80 大地坐标系还是城市坐标系等。

（2）高程基准，是指本图采用的高程系统，具体是采用 85 国家高程基准、56 黄海高程系，还是假定高程系统等。

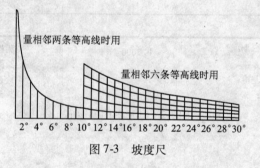

图 7-3　坡度尺

第二节　地物表示方法

地形图上的主要内容是地物和地貌，在地形图上地物都用规定的符号表示。表示地物的符号称为地物符号。我国由国家测绘局制定、技术监督局发布的《地形图图示》，对地形图上的符号作了统一的规定，按不同的比例尺分为若干册。测绘地形图时，应按照比例尺的不同选用相应的地形图图示所规定的符号来绘制。同时，应选用最新版本为依据。表 7-2 是《地形图图示》中的一部分符号。

地物符号可分为比例符号、非比例符号、半比例符号及注记符号 4 种。

一、比例符号

把地物的轮廓按测图比例尺缩绘于图上的相似图形，称为比例符号。如房屋、湖泊、水库、田地等。

表 7-2 地形图图示

编号	符号名称	图 例	编号	符号名称	图 例
1	三角点 凤凰山—点名 394.68—高程	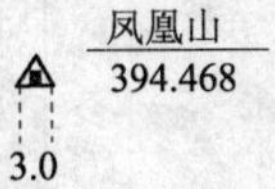 凤凰山 394.468 3.0	14	游泳池	 泳
2	导线点 Ⅰ 16—等级, 点名 84.46—高程	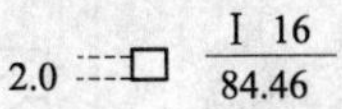 2.0 □ Ⅰ 16 84.46	15	路 灯	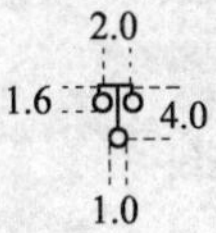 2.0 1.6 ○ 4.0 1.0
3	水准点 Ⅱ 京石5—等级、 点名 32.804—高程	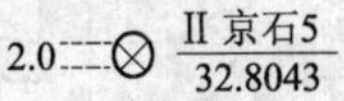 2.0 ⊗ Ⅱ 京石5 32.8043	16	喷水池	 1.0 ○ 3.6
4	GPS控制点 B14—级别、点号 495.267—高程	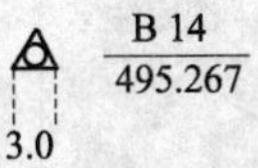 B 14 495.267 3.0	17	假石山	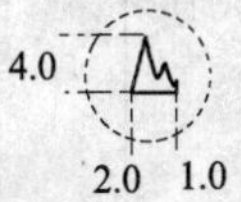 4.0 2.0 1.0
5	一般房屋 混-房屋结构 3-房屋层数	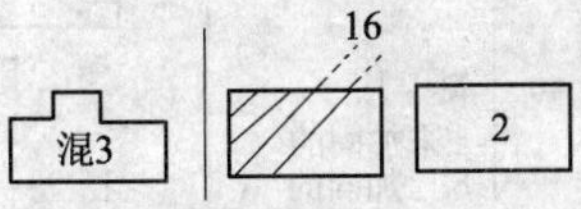 16 混3 2	18	塑 像 a.依比例尺的 b.为倍受比例尺的	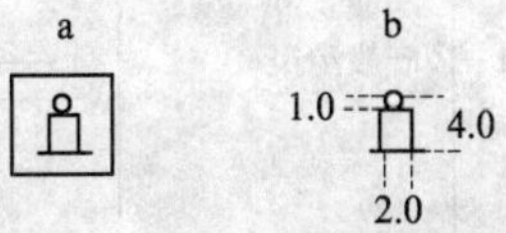 a b 1.0 4.0 2.0
6	台 阶	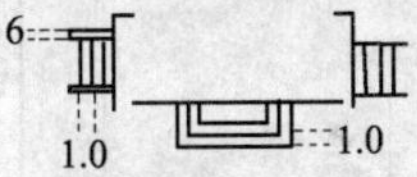 0.6 1.0 1.0	19	旗杆	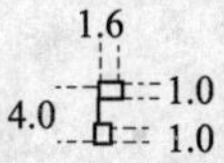 1.6 4.0 1.0 1.0
7	室外楼梯 a.上楼方向	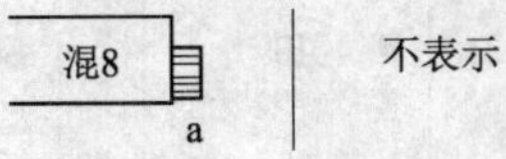 混8 a 不表示	20	一般铁路	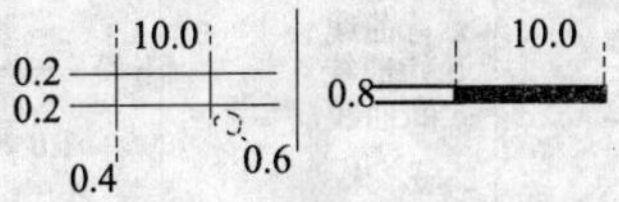 10.0 10.0 0.2 0.2 0.8 0.4 0.6
8	院 门 a.围墙门 b.有门房的	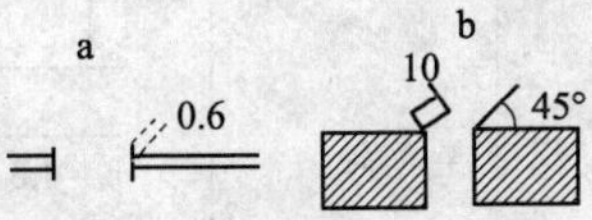 a b 0.6 10 45°	21	建筑中的铁路	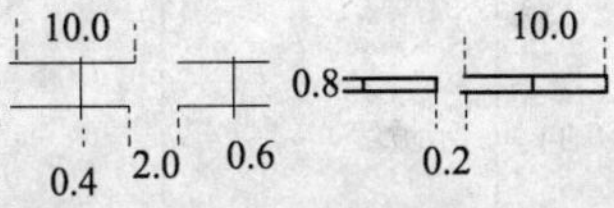 10.0 10.0 0.8 0.4 2.0 0.6 0.2
9	门 顶	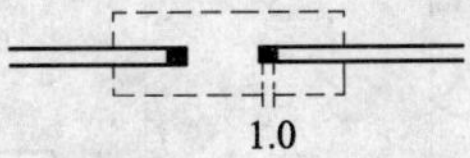 1.0	22	高速公路 a. 收费站 0—技术等级代码	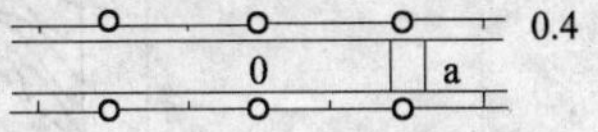 0.4 0 a
10	围 墙 a.依比例尺的 b.不依比例尺的	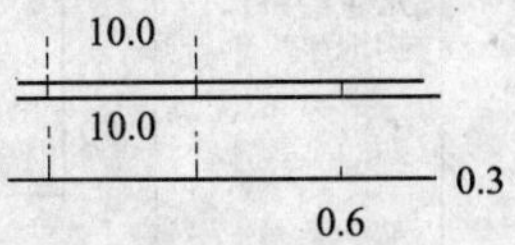 10.0 10.0 0.3 0.6	23	大车路、机耕路	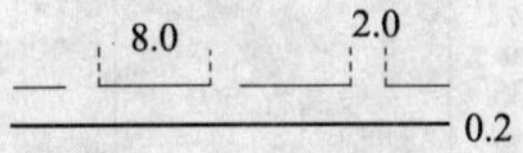 8.0 2.0 0.2
11	水 塔	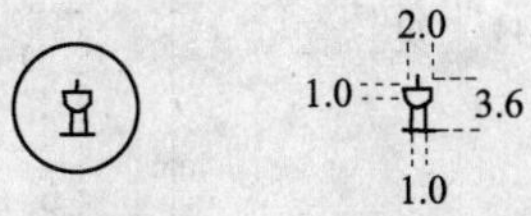 2.0 1.0 3.6 1.0	24	小 路	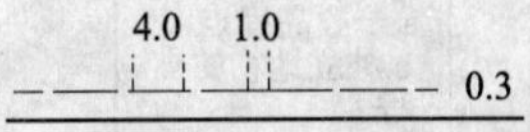 4.0 1.0 0.3
12	温室、菜窖、花房	 温室	25	内部道路	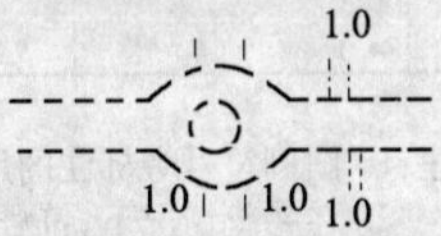 1.0
13	宣传橱窗、广告牌	 1.0 2.0	26	电 杆	1.0 1.0 1.0

编号	符号名称	图　例	编号	符号名称	图　例
27	电线架		36	滑　坡	
28	低压线	4.0	37	陡　崖 a. 土质的 b. 石质的	a　　　　b
29	高压线	4.0			
30	变电室（所） a.依比例尺的 b.不依比例尺的	a　2.6╱60°　0.6 b　1.0■3.6　1.6	38	冲　沟 3.5—深底注 记	 3.5
			39	陡　坎 a.未加固的 b.已加固的	a 2.0　4.0 b
31	一般沟渠	 0.3	40	盐碱地	3.0 2.0
32	村　界	0.2 10　4.0　　2.0	41	稻　田	0.2　3.0 1.0 10.0 10.0
33	等高线 a.首曲线 b.计曲线 c.间曲线	a　0.15 b　0.3 1.0 c　6.0　0.15	42	旱　地	1.0 2.0 10.0 10.0
34	示坡线	0.8 	43	水生经济作 物地	∨ 3.0　菱 2.0 10.0 10.0
35	一般高程点及 注记 a.一般高程点 b.独立地物的高 程	a　　　b 0.5··● 163.2　 △ 75.4	44	果　园	1.6　3.0 梨 10.0 10.0

注:1. 图例符号旁标注的尺寸均以 mm 为单位。
　　2. 在一般情况下,符号的线粗为 0.15mm,点的大小为 0.3mm。
　　3. 有的符号为左右两个,凡未注明的,其左边的为 1:500 和 1:1000,右边的为 1:2000。

　　比例符号能准确地表示出地物的形状、大小和所在位置。

二、非比例符号

当地物轮廓很小,或因比例尺较小,按比例尺无法在地形图上表示出来的地物,则用统一规定的符号将其表示出来,这种符号称为非比例符号。如测量控制点、电杆、水井、树木、烟囱等。非比例符号不能准确表示物体的形状和大小,只能表示地物的位置和属性。非比例符号的定位点基本遵循以下几点要求:

(1)规则的几何图形,其图形几何中心为定位点,如导线点、三角点等。

(2)底部为直角的符号,以符号的直角顶点为定位点,如独立树、路标等。

(3)底宽符号以底线的中点为定位点,如烟囱、岗亭等。

(4)几种图形组合符号,以符号下方图形的几何中心为定位点,如路灯、消火栓等。

(5)下方无底线的符号,以符号下方两端点连线的中心为定位点,如窑洞、山洞等。

三、半比例符号

对于一些带状延伸性地物,其长度可按比例尺缩绘,而宽度却不能按比例尺缩绘。如铁路、通信线、小路、管道、围墙、境界等。

四、注记符号

地形图上用文字、数字或特定符号对地物的性质、名称、高程等加以说明。

第三节 地貌表示方法

地面上各种高低起伏的自然形态,在地形图上常用等高线和规定的符号表示。等高线不仅能表示地面的起伏形态,还能表示出地面的坡度和地面点的高程。

一、等高线的概念

等高线是地面上高程相等的相邻各点所连成的闭合曲线,也就是水平面与地面的交线。

如图 7-4 所示,假想一个山头被水淹没,不久水即往下降落,每降落一定高度,记录一下水面与山的交线,然后把这些交线垂直投影在一个共同的水平面上,并按相应的比例尺缩绘在图纸上,就可以得到等高线图。如开始水面高程为 100m,则图上从里向外各等高线高程分别为 100m、90m、80m…。

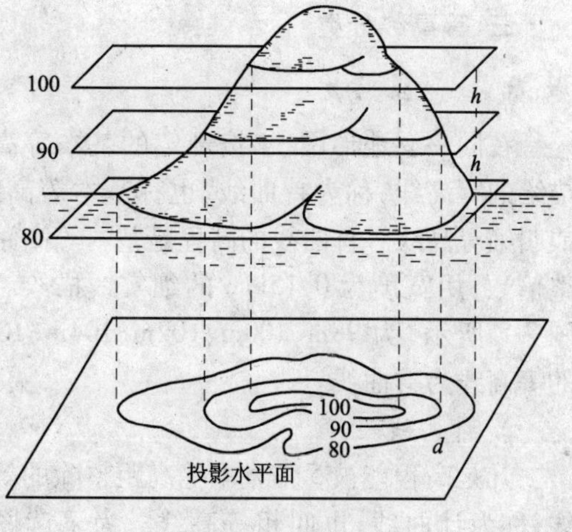

图 7-4 等高线

二、等高距和等高线平距

1. 等高距

地形图上相邻等高线之间的高差称为等高距,也叫做等高线间隔,用 h 表示。在同一幅地形图上,等高线的等高距相同。等高线的间隔越小,越能详细地表示地面的变化情况;等高线间隔越大,图上表示地面的情况越简略。但是,当等高线间隔过小时,地形图上的等高线过于密集,将会影响图面的清晰度,而且测绘工作量会增大,花费时间也越长。在测绘地形图时,应按照实际情况,根据测图比例尺的大小和测区的地势陡缓来选择合适的等高距,该等高距称为基本等高距。表7-3 为大比例尺地形图测量规范中关于等高距的规定。

表7-3　大比例尺地形图的基本等高距

地形类型 比例尺　　等高距(m)	平地	丘陵	山地	高山地
1:500	0.5	0.5	1	2
1:1000	0.5	1	2	5
1:2000	1	1	2	5
1:5000	1	2	2	5

2. 等高线平距

相邻等高线之间的水平距离,称为等高线平距,一般用 d 表示。

3. 地面坡度

等高线间隔 h 与等高线平距 d 的比值,称为地面坡度,一般用 i 表示。

$$i = \tan\alpha = \frac{h}{d} \qquad (7\text{-}3)$$

坡度 i 一般以百分率表示,向上为正、向下为负,例如 $i = +5\%$,$i = -2\%$ 。因为同一幅地形图中等高距 h 相同,所以等高线平距 d 与地面坡度 i 成反比。地面坡度越陡,等高线平距越小;地面坡度越缓,等高线平距越大;地面坡度均匀,等高线平距相等。因此,根据地形图上等高线的疏、密,可以判定地面坡度的缓、陡。

三、等高线分类

1. 首曲线

在同一幅地形图上,按规定的基本等高距描绘的等高线,称为首曲线,也称基本等高线,或叫细等高线。首曲线的高程是基本等高距的整倍数,用宽度为 0.15mm 的细实线描绘。如图 7-5 所示,为 98m、100m、102m、104m、106m 的等高线为首曲线。

2. 计曲线

凡是高程能被 5 倍基本等高距整除的等高线,称为计曲线,也叫粗等高线。为了读图方便,计曲线用宽度为 0.3mm 的粗实线描绘,一般地形图只在计曲线上注记高程。图 7-5 中 100m 等高线为计曲线。

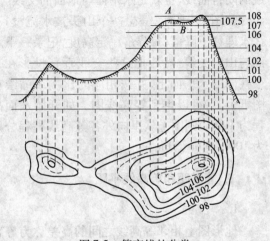

图 7-5　等高线的分类

3. 间曲线

当首曲线不足以显示局部地貌特征时,按二分之一基本等高距描绘的等高线,称为间曲线,又称半距等高线。间曲线用长虚线表示,描绘时可不闭合。图 7-5 中 101m、107m 等高线为间曲线。

4. 助曲线

当间曲线仍不足以显示局部地貌特征时,按四分之一基本等高距描绘的等高线,称为助曲线,又称辅助等高线。辅助等高线用短虚线表示,描绘时可不闭合。图 7-5 中 107.5m 等高线为助曲线。

四、几种基本地貌及其等高线

自然地貌的形态是多种多样的,但可归结为几种典型地貌的综合,了解这些典型地貌等高线的特征,有助于识读、应用和测绘地形图。

1. 山头和洼地

(1)山头。凸出而高于四周的地貌为山头。山头的最高部位称为山顶或山峰,侧面为山坡,山坡与平地交界处称为山脚。

(2)洼地。陷落而低于四周的低地称为洼地,很大的洼地称为盆地。

(3)山头与洼地等高线区分。山头与洼地的等高线都是由一组闭合曲线组成的,形状比较相似。如图 7-6(a)和图 7-6(b)所示。

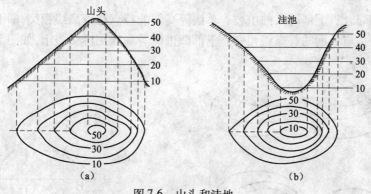

图 7-6 山头和洼地
(a)山头等高线;(b)洼地等高线

区分山头和洼地等高线的方法有两种:

1)以等高线上所注的高程区分内圈等高线较外圈等高线的高程高时,表示山头;内圈等高线较外圈等高线的高程低时,表示洼地。

2)示坡线。示坡线是在等高线上顺下坡方向所画的短线。示坡线与等高线近似垂直。如图 7-6 所示。山头等高线的示坡线在等高线的外侧;洼地等高线的示坡线在等高线的内侧。

2. 山脊与山谷

(1)山脊。山顶向山脚延伸的凸起部分,称为山脊。山脊最高点间的连线称为山脊线。雨水以山脊为界流向两侧坡面,故山脊线又称为分水线。山脊及其等高线如图 7-7(a)所示,图中虚线为山脊线。山脊等高线的特点是凸出方向朝向下坡或者朝向低处。

(2)山谷。山谷是沿着一个方向延伸下降的洼地。山谷中最低点连成的谷底线称为山谷线或集水线。如图7-7(b)所示，图中的虚线为山谷线。山谷等高线的特点是凸出方向朝向上坡或者朝向高处。

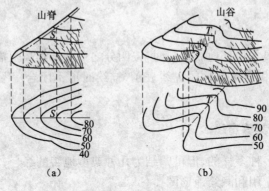

图 7-7　山脊和山谷
(a)山脊线；(b)山谷线

3. 鞍部

鞍部是相邻两个山顶之间呈现马鞍形状的部位。鞍部最低点称为垭口（鞍部）。如图7-8所示。

4. 悬崖

悬崖是上部凸出，下部凹入的山坡。悬崖等高线的特点是等高线相交，即上部的等高线投影在水平面上时，与下面的等高线相交。下部凹进的等高线用虚线表示，如图7-9所示。

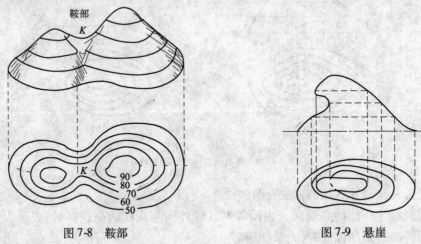

图 7-8　鞍部　　　　　　　　　　　　　　图 7-9　悬崖

5. 峭壁和台地

峭壁是陡峻的或近似垂直的山坡。峭壁也可称为陡崖。由于这种山势的等高线非常密集或者重叠，因此，在地形图上用特殊符号表示，如图7-10所示。山坡上平坦的地方称为台地。

6. 冲沟

冲沟又称雨裂，它是由于多年的雨水对山坡的冲刷，造成水土流失而形成的深沟，如图7-11所示。

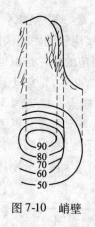

图 7-10　峭壁

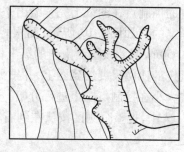

图 7-11　冲沟

7. 陡坎

凡坡度在 70°以上的天然或人工坡坎称为陡坎,在地形图上用规定的符号表示。

五、等高线的性质

根据用等高线表示地貌的情况,可以归纳等高线的特性如下:

(1)位于同一条等高线上所有各点的高程相等,但高程相等的点不一定都在同一条等高线上。

(2)等高线是连续闭合的曲线,如不能在本图幅内闭合,必定在相邻或其他图幅内闭合。等高线必须延伸至图幅边缘,不能在图内中断,但遇道路、房屋等地物符号和注记处可局部中断,而为表示局部地貌所加绘的间曲线和助曲线,可以只在图内绘出一部分。

(3)等高线在图内不能相交,一条等高线不能分成两条,也不能两条合成一条,陡崖、陡坎等高线密集处均用符号表示。

(4)在同一幅地形图上等高距是相同的,等高线密集表示地面坡度陡,等高线稀疏表示地面坡度缓,平距相等的等高线表示地面坡度均匀。

(5)山脊线与山谷线均与等高线垂直正交。等高线凸向高程降低的方向表示山脊,凸向高程升高的方向表示山谷。

(6)等高线间最短线段的方向,即垂直于等高线的线段方向,是两等高线间最大坡度的方向。

第四节　测图前的准备工作

地形图测绘是一项作业环节多、技术要求高、参与人员多、组织管理较复杂的测量工作。为顺利、有序、高效地进行地形图测绘工作,在测图之前,除了做好仪器、工具、测区已有资料以及根据测区实际情况和技术要求制定测绘技术方案的准备工作外,还应着重做好图纸准备、绘制坐标方格网和展绘控制点等工作。

一、图幅的划分

当一个测区较大,一张图幅不能全部测完时,要把整个测区划分成几个图幅进行施测。大比例尺地形测图的正规分幅大小是 50cm×50cm。具体分幅前,最好根据测区控制点坐标,展绘一张测区控制点图。展绘控制点图可在方格纸上进行,比例尺应较测图比例尺小一些,以保证把测区内所有的控制点在图纸上完全绘出来。控制点图西南角的坐标是根据控制点最小的坐标值 x、y 来确定的。如图 7-10 所示,图根控制点中坐标值最小的是第 1 点,其纵坐标为 850m,横坐标为 650m,因此该图西南角的纵坐标可定为 500m,横坐标也定为 500m;然后根据控制点坐标按规定的比例尺展绘到图上,并根据边缘控制点的坐标估计出测区边界。这样就可按规定的图幅大小在控制点图上进行分幅。分幅较多时,为了使用和接图的方便,要适当进行编号。在图 7-12 中,把整个测区按从左到右,从上到下分成 6 个图幅,分别用 A、B、C、D、E、F 表示。

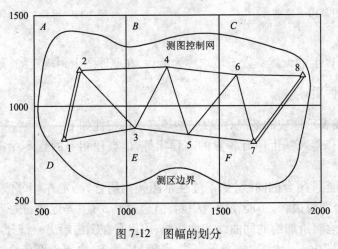

图 7-12　图幅的划分

二、平面坐标格网的绘制

地形图是在控制点上设置测站进行测绘的,因而在测图之前,需要将图根控制点准确地展绘到图纸上。首先要在图纸上精确地绘制 10cm×10cm 的直角坐标格网。绘制坐标格网可用坐标仪或坐标格网尺等专用仪器、工具绘制。少量的临时测图,也可用对角线法绘制格网。

如图 7-13 所示,先用直尺在图纸上绘出两条对角线,以交点 M 为圆心,适当长度为半径画圆弧,分别交对角线于 A、B、C、D 点,用直线顺序连接各点,得矩形 $ABCD$,再从 A、D 两点起分别沿 AB、DC 方向每隔 10cm 定一点;从 D、C 两点起分别沿 DA、CB 方向每隔 10cm 定一点,连接矩形对边上的相应点,即得正方形坐标格网。坐标格网是测绘地形图的基础,每一个方格的边长都应该准确,纵横格网线应严格垂直。因此,坐标格网绘好后,要进行格网边长和垂直度的检查。小方格网的边长检查,可用比例尺量取,其值与 10cm 的误差不应超过 0.2mm,小方格网对角线长度与

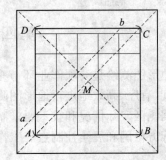

图 7-13　对角线法绘制坐标方格网

理论值(14.14cm)的误差不应超过0.3mm。方格网垂直度的检查,可用直尺检查格网的交点是否在同一直线上(如图中 ab 直线),其偏离值不应超过0.2mm。如检查值超过限差,应重新绘制方格网。

三、控制点的展绘

1. 展绘方法

展点前,根据地形图的分幅位置,将坐标格网线的坐标值注记在图框外相应的位置。展点时,先根据控制点的坐标,确定其所在的方格。

如图7-14所示,例如控制点 A 的坐标 $X_A = 167.4$,$Y_A = 224.7$。根据 A 点的坐标值,可确定其位置在 abcd 方格内。分别从 c 点和 d 点按测图比例尺向上各量取 67.4m,得 i、j 两点;再从 a 点和 c 点向右各量取 24.7m,得 m、n 两点,连接 ij 和 mn 两条线的交点就是 A 点的位置。同法可将图幅内其他所有控制点展绘在图纸上。

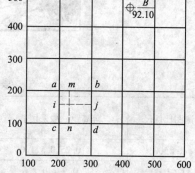

图7-14　在坐标格网中展绘控制点

2. 精度检查

所有控制点展绘结束后,应进行精度检查,即用比例尺在图纸上量取相邻控制点之间的距离,然后和已知的距离进行比较,其最大误差在图纸上不应超过0.3mm。否则,控制点应重新展绘,直至满足精度为止。

当控制点的平面位置展绘在图纸上后,应以图式规定的符号描绘,并在点的右侧用分子式注明点号和高程,如图7-14的 B 点,至此则完成了测图前的准备工作。

第五节　测绘地形图的方法

一、碎部点的选取

地形图上地物、地貌的测绘是否正确与详细,取决于碎部点(地物、地貌的特征点)的选择是否正确,碎部点的密度是否合理。

对于地物,应选好地物特征点,即地物轮廓的转折点,例如建筑物的屋角、墙角,道路、管线、溪流等的转折、弯曲点、分岔会合点和最高最低点。由于地物形状极不规则,通常地物凹凸变化小于测图比例尺图上0.4mm的,可以忽略不测绘。

关于地貌,其形状更是千变万化,地性线(例如山脊线、山谷线、山脚线)是构成各种地貌的骨骼,只有骨骼绘制正确,地貌形状才能绘制相似。所以,其碎部点应注意选在地性线的起止点、倾斜变换点、方向变换点上,如图7-15所示。对这些主要碎部点应依照其延伸的顺序测定,不可漏测。否则,在造成勾绘等高线时会产生很大错误。在坡度无显著变化的坡面或相对较平坦的地面,为了较精确地勾绘等高线,也应在图上每隔2～3cm测定一点。碎部点最大间距规定见表7-4。

图 7-15 碎部点的选择

表 7-4 碎部测量的一般规定

测图比例尺	等高距一般采用值（m）	测站至测点的最大视距		碎部点最大间距（m）
		主要地物点（m）	次要地物点（m）	
1：500	0.25,0.5,1.0	60	100	15
1：1000	0.5,1.0,2.0	100	150	30
1：2000	0.5,1.0,2.0,5.0	180	250	50
1：5000	1.0,2.0,5.0,10.0	300	350	100

二、碎部点点位测定的几种方法

1. 极坐标法

如图 7-16 所示，测水平角 β，同时测量测站点至碎部点的水平距 D，即可求得碎部点的位置。测 β_1，同时测量 D_1，即可确定 1 点的位置；测 β_2，同时测量 D_2，即可确定 2 点的位置。

2. 直角坐标法

若地面较为平坦，待定的碎部点靠近已知点或已测的地物时，可通过测量 x、y 来确定碎部点。如图 7-17 所示，由 P 沿已测地物丈量 y_1 定一点，在此点上安置十字方向架，并且定出直角方向，再量 x_1，即可确定碎部点 1。

3. 方向交会法

若地物点距离控制点较远，或不方便量距时，如图 7-18 所示，欲测定河对岸的特征点 1、2、3 等点，可先将仪器安置在 A 点，然后经过对中、整平、定向，瞄准 1、2、3 各点，并且在图板上标画出各方向线；然后将仪器安置在 B 点，平板定向后，再瞄准 1、2、3 各点，同样在图板上标画出各方向线，同名各方向线交点，即为 1、2、3 各点在图板上的位置。

4. 距离交会法

若地面较平坦，地物相对靠近已知点时，可采用测量距离来确定点位。如图 7-19 所示，要确定 1 点，先通过量 $P1$ 与 $Q1$ 距离，换为图上的距离后，用两脚规以 P 为圆心，$P1$ 为半径作圆弧，再以 Q 为圆心，$Q1$ 为半径作圆弧，两圆弧相交便得 1 点；同法交出 2 点。连接 1、2 两点便得出房屋的一条边。

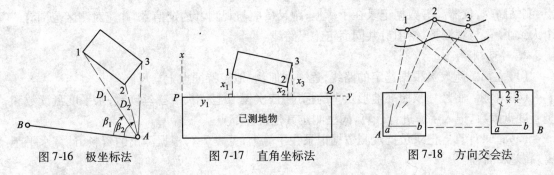

图 7-16　极坐标法　　　　图 7-17　直角坐标法　　　　图 7-18　方向交会法

5. 方向距离交会法

实地可以测定控制点至未知点方向,但是因不便于由控制点量距,可以先测绘一方向线,临近已测定地物用距离交会定点。如图 7-20 所示,当测站安置好后,从测站 A 测绘 1、2 的方向线,再从 P 点量 $P1$、$P2$ 的距离,并且以 P 点为圆心,$P1$ 为半径画圆弧交 $A1$ 方向线得出 1 点;同法,以 P 点为圆心,$P2$ 为半径画圆弧交 $A2$ 方向线得出 2 点。

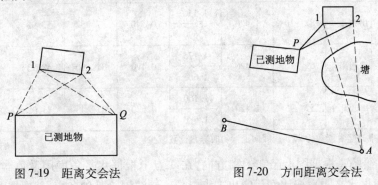

图 7-19　距离交会法　　　　　　图 7-20　方向距离交会法

三、碎部测量的方法

碎部测量是以图根控制点为测站点,测定控制点周围碎部点的平面位置和高程,再按规范规定的图式符号绘制地形图。绘制地图的方法多样,本节仅介绍经纬仪测绘法。

测站工作包括准备、跑尺、观测、记录、计算、绘图等。一般一人观测,一人记录计算,一人画图,两人跑尺。

1. 测站准备

(1)安置仪器。如图 7-21 所示,在测站 A 安置经纬仪,用钢尺量取仪器高 i,填入手簿。

(2)定向。将水平度盘读数配置为 $0°$,照准控制点 B。

(3)绘图准备。先用胶带将图纸固定在图板上,再用铅笔在图上的测站点和后视点间画一条细线作为零方向线,然后用细针将量角器的圆心固定在图上相应的测站点上。

(4)其他人员准备工作。记录员将测站点、后视

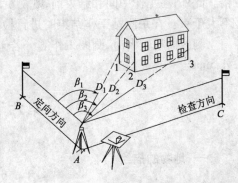

图 7-21　经纬仪测绘法

125

点、测站高程、仪器高等数据记录在手簿上;跑尺员应与观测者约定信号,并应对测区范围有一个大致了解,与观测员、绘图员共同商定跑尺路线。

2. 碎部测量

(1)立尺。跑尺员根据选定的路线,逐一在地物、地貌特征点上立尺。

(2)观测。将经纬仪照准地形点 1 的标尺,依次读取上、中、下三丝读数,水平度盘读数和竖直度盘读数,记入手簿进行计算,同法测定其他各碎部点。

(3)记录计算。记录员把观测数据记录在手簿上,见表 7-5,根据测出的资料,计算水平距离、高差和高程。

表 7-5 碎部测量记录表

仪器编号: J08　　　竖盘指标差: $x = +0'12''$　　　测站高程: $H_A = 50.00m$

测站 仪器高	碎部 点号	碎部点的 名称	水平角 (° ′)	标尺读数			竖盘读数 (° ′)	水平距 $D(m)$	高差 $h(m)$	高程 $H(m)$
				中丝	上丝 下丝	尺间隔				
	3	房东南角	82 30	1.420	1.150 1.690	0.540	87 52	53.93	+2.01	52.01
…A… 1.42m	2	房西南角	69 10	1.420	1.175 1.665	0.490	87 50	48.93	+1.85	51.85
	1	房西北角	57 35	1.420	1.160 1.680	0.520	87 48	51.92	+1.94	51.94

注:盘左视线水平时竖盘读数为 90°,视线向上倾斜时竖盘读数减少。

(4)绘图。绘图是根据图上已知的零方向,在 A 点上根据水平角度用量角器定出 A1 方向,并在该方向上根据水平距离按比例尺定出 1 点点位。同法展绘其他各点,并根据这些点绘图。

测绘地物时,应对照外轮廓随测随绘。测绘地貌时,应对照地性线和特殊地貌外缘点勾绘等高线和描绘特征地貌符号。

3. 测站检查

为了保证测图正确、顺利地进行,必须在工作开始进行测站检查。检查方法是在测站上,后视一图根点作为定向点,施测另一图根点的坐标和高程,作为测站检核。检核点的平面位置较差不应大于图上 0.2mm,高程较差不应大于基本等高距的 1/5。否则,应检查测站点是否展错。此外,在工作中间和结束前,观测员可利用时间间隙照准后视点进行归零检查,归零差应不大于 4′。在每测站工作结束时进行检查,确认地物、地貌无错测或漏测时,方可迁站。

测区面积较大时,测图工作需分若干图幅进行。为了相邻图幅的拼接,每幅图应测出图廓外 5mm。

第六节　地形图绘制

一、地物的描绘

地物要按照地形图图式所规定的符号表示。房屋轮廓用直线连接起来,而道路、河流的弯曲部分则要逐点连成光滑曲线。不能依比例绘制的地物,要按照规定以统一符号表示。

二、地貌的勾绘

在地形图上,地貌主要是以等高线来表示,即地貌的勾绘就是等高线的勾绘。

图 7-22(a)表示在进行碎部测量后,图板展绘若干个碎部点的情况。在勾绘等高线时,首先使用铅笔画地性线,山脊线用虚线,山谷线用实线。然后采用目估内插等高线通过的点。图中 ab、ad 为山脊线,ac、ae 为山谷线。其中,a 点高程为 48.5m,b 点高程为 43.1m,若等高距为 1m,则 ab 间有 44、45、46、47、48 共 5 条等高线通过。由于同一坡度,高差与平距成正比例,先估算一下 1m 等高距相应的平距为多少,在本例中 ab 两点高差为:48.5 − 43.1 = 5.4m,对应平距为 ab(例如 38mm),按比例算得高差 1m 平距为 7mm。首尾两段高差,a 端为 0.5m(48.5m 与 48m 之差),相应平距为 4mm,即在距 a 点 4mm 处画 48m 等高线。b 端为 0.9m(43.1m 与 44m 之差),相应平距为 6mm,即在距 b 点 6mm 处画 44m 等高线。定出 44m 和 48m 等高线位置后,其间其他等高线等分取点。

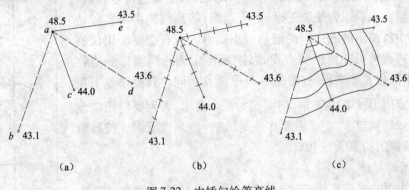

图 7-22　内插勾绘等高线
(a)勾绘;(b)目估;(c)相连

在实际工作中采用目估即可,不必做上述计算,具体方法是先"目估首尾,后等分中间",如图 7-22(b)所示。然后对照实际地形,把高程相同的相邻点用光滑曲线相连,便得出等高线,如图 7-22(c)所示。一般先勾绘计曲线,然后勾绘首曲线,当一个测站或一小局部碎部测量完成之后,应立即勾绘出等高线,以便及时更正测错和漏测。

三、地形图的拼接、检查和整饰

1. 地形图的拼接

地形图拼接时,若地物和等高线的接边差小于表 7-6 规定值的 2 倍时,两幅图可以进行拼接,若超过此限值,则需到实地检查,在补测修正之后再进行拼接。具体的拼接方法是:用宽 5cm 的透明纸,先蒙在左图幅的接图边上如图 7-23 所示,然后将接图边、坐标格网、地物、地貌等用铅笔描绘在透明纸上,接着再将透明纸蒙在右图幅接图边上,使透明纸与底图上坐标格网相对齐,同样用铅笔描绘地物、地貌。若偏差在规定限值内,则取其平均位置绘在透明纸上,并且据此修改相邻图幅的地物和地貌位置。

表7-6 地形点点位中误差

地区类别	点位中误差（mm）	相邻地物点间距中误差（mm）	等高线高程中误差（等高距）			
			平地	丘陵地	山地	高山地
城市建筑区、平地、丘陵地	0.5	0.4	1/3	1/2	2/3	1
山地、高山地和施测困难的街区内部	0.75	0.6				

2. 地形图的检查

为保证成图质量，在地形图测完之后，必须进行全面的自检和互检，检查工作通常可以分为室内检查和野外检查两部分。

（1）室内检查。室内检查的主要内容是检查图根点的观测、记录和计算有无错误，闭合差及各种限差是否符合规定限值；符号运用是否恰当，等高线勾绘有无错误；图边拼接误差是否符合限差要求等。若发现问题，应到野外进行实地检查、修改。

（2）野外检查。在野外将地形图对照实地地物、地貌进行查看，检查时应查明地物、地貌取舍是否正确，有无遗漏；等高线是否与实际地貌相符合；图中所使用的图式和注记是否正确等。若有必要应用仪器设站检查，在检查时可在原已知点设站，重新测定测站周围部分地物和地貌点的平面位置和高程，查看是否与原测点相同。只要误差不超过表7-6规定的中误差的 $2\sqrt{2}$ 倍，均可视为符合要求，否则要对照实地进行改正，假如错误较多，要退回原作业组，进行修测或重测。仪器检查量一般为整幅图的10%～20%。

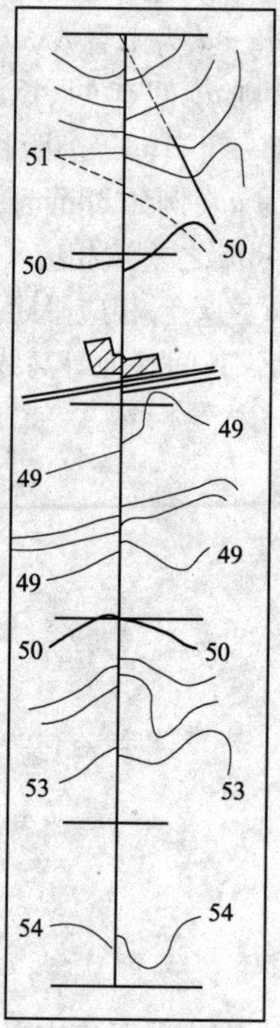

3. 地形图的整饰

当地形图经过拼接和检查之后，还应进行最后的清绘和整饰工作，使图面看起来更加清晰、美观。在整饰时应按照先图内后图外的顺序。图上的地物、地貌均按规定的图式进行注记和绘制，注意各种线条遇到标注时应断开，最后按图式要求绘内、外图廓和接合图表，书写方格网坐标、图名、图号、地形图比例尺、坐标系、高程系和等高距、施测单位、绘图者以及施测日期等。

最后进行地形图的清绘与整饰工作，使图面合理、清晰、美观。

图 7-23 地形图拼接

【本章习题】

1. 什么是地形图？地形图的基本要素包括哪些？
2. 什么是地物？试举例说明。
3. 什么是地貌？试举例说明。
4. 什么是地形图比例尺？比例尺有哪些表示方法？
5. 什么是比例尺精度？比例尺精度有哪些意义？
6. 什么是等高线？什么是等高距？什么是等高线平距？

7. 地形图测绘前应做好哪些准备工作?

8. 简述经纬仪测绘法在一个测站上测绘地形图的工作步骤。

9. 如何进行碎步测量? 碎步测量过程中应注意哪些问题?

10. 根据图 7-24 中地貌特征点的平面位置和高程(单位:m)、山脊线(实线)和山谷线(虚线)的分布等情况,勾绘等高距为 1m 的等高线。

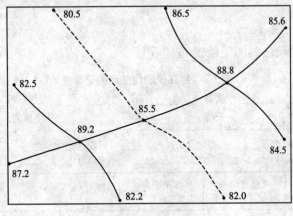

图 7-24　勾绘等高线

【本章实训】

实训十　用经纬仪测绘地形图

一、实训目的

(1)掌握经纬仪测绘法测图的施测过程。

(2)掌握经纬仪测绘法施测碎部点的过程。

(3)掌握测绘大比例尺地形图的方法。

二、实训仪器和工具

DJ₆ 光学经纬仪 1 台、测图板 1 块(或小平板仪 1 套)、钢尺 1 把、记录板 1 块、花杆 1 根、量角器 1 个、塔尺 1 根、绘图工具 1 套、大头针 5 枚、小钢尺 1 把。

三、实训步骤

(1)在选定的测站点上安置经纬仪,量取仪器高,并在经纬仪旁边 1~2m 处架设小平板。

(2)用大头针将量角器的中心与图纸上对应的测站点固连。

(3)选择起始方向(另一控制点),并在图纸上把测站点与该控制点连接起来,标出相应的方向线,作为测图时的起始方向。

(4)经纬仪盘左位置照准起始方向,把水平度盘设置为 0°00′00″。

(5)按跑尺路线将塔尺立于地形或地物的特征点上,观测员用经纬仪望远镜瞄准目标(塔尺),读取水平度盘读数、中丝读数、视距间隔(上、下丝读数之差)、竖直度盘读数,计算出竖直角和视距,并根据公式计算距离和高程。

(6)根据计算所得数据用量角器和比例尺将特征点展绘于图上,并注记高程,及时绘出地物,勾绘等高线,对照实地检查有无遗漏。

(7)搬迁测站,同法测绘其他特征点到图纸上,直到指定范围的地形均已展绘为止。

四、提交成果

(1)提交经纬仪测绘法测图记录表(表7-7)。

表7-7 经纬仪测绘法测图记录表

观测日期:_____ 仪器:_____ 班 组:_____ 记录者:_____

观测时间:自_____至_____ 天气:_____ 观测者:_____ 校核者:_____

测 站:_____ 指标差:_____ 测站点高程:_____ 后视点:_____

视线高程:_____ 仪器高:_____ 检查方向:_____ 小组成员:_____

点号	视距(m) (上下丝之差)	竖直角 (° ′ ″)	水平距离 (m)	高差 (m)	中丝读数 (m)	碎部点高程 (m)

(2)实训小结。

第八章　地形图的应用

第一节　地形图的阅读

地形图是用各种规定的图式符号和注记表示地物、地貌及其他有关资料的。要想正确地使用地形图,首先要能熟悉地形图。通过对地形图上的符号和注记的识读,可以判断地貌的自然形态和地物间的相互关系,这也是地形图识读的主要目的。在地形图识读时,应注意以下几方面的问题。

一、熟悉图式符号

在地形图识读前,首先要熟悉一些常用的地物符号的表示方法,区分比例符号、半比例符号和非比例符号的不同,以及这些地物符号和地物注记的含义。对于地貌符号要能根据等高线判断出各类地貌特征(例如山头、山脊、鞍部、冲沟等),了解地形坡度变化。

二、图廓外信息识读

地形图反映的是测图时的地表现状。因此,应首先根据测图的时间判定地形图的新旧程度,对于不能完全反映最新现状的地形图,应及时修测或补测,以免影响用图。然后要了解地形图的比例尺、坐标系统、高程系统、图幅范围。根据接图表了解相邻图幅的图名、图号。

三、地物的识读

地物在地形图上主要是用地物符号和注记表示的,因此要熟悉地形图图式和常用的地物符号;要注意区分依比例尺符号、不依比例尺符号和半依比例尺符号,有的地物在不同比例尺图上所用符号可能不同;要理解注记的含义,如表示苗圃的注记仅表示植物类别,而不表示植物的具体位置、数量或大小。

四、地貌的识读

地貌在地形图上主要用等高线表示,因此要正确判读地貌,必须熟悉等高线的概念、种类、特性以及疏密与地面坡度的关系;掌握典型地貌等高线的特点,以及山脊线、山谷线等地性线的走向等。另外,还要熟悉冲沟、雨裂等特殊地貌的表示方法。

阅读地貌时,要由整体到局部,先看总的地势情况,分清哪些区域是平地,哪些区域是丘陵或山地。对于山区,要先在图上找出山头的等高线和主要的山脊线、山谷线,然后由山脊线可以看出山脉的连绵,由山谷线可以找出水系的走向与分布。根据特殊地貌符号,则可看出地貌的局部变化。若是多色的国家基本比例尺地形图,还可根据其颜色大概判读地物和地貌,如蓝色用于溪、河、湖、海等水系,绿色用于森林、草地、果园等植被,棕色用于地貌、土质符号及公路,黑色用于其他要素和注记。

第二节 地形图应用的内容

一、求图上某点的坐标

大比例尺地形图上画有 $10\text{cm} \times 10\text{cm}$ 的坐标方格网,并且在图廓的西、南边上标注出方格的纵、横坐标值,如图 8-1 所示。

根据图上坐标方格网的坐标可以确定图上某点的坐标。例如,欲求图上 A 点的坐标。首先根据图上坐标注记和 A 点的图上位置,绘出坐标方格 $abcd$,过 A 点作坐标方格网的平行线 pq、fg 与坐标方格分别相交于 p、q、f、g 四点、再按地形图比例尺(1:1000)量测出 $af = 60.8\text{m}$,$ap = 48.8\text{m}$,则 A 点的坐标为:

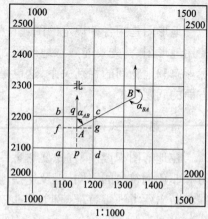

$$X_A = X_a + af = 2100 + 60.8 = 2160.8(\text{m})$$

$$Y_A = Y_a + ap = 1100 + 48.8 = 1148.8(\text{m})$$

图 8-1 计算地形图上点坐标

在实际求解坐标过程中要考虑图纸伸缩的影响,根据量出坐标方格的长度和理论值相比较得出图纸伸缩系数,并且进行改正。尽量做到既保证坐标值精确,又起到校核量测结果的作用。

二、求图上某点的高程

地形图上点的高程可以根据等高线的高程求出。如图 8-2 所示,若某点 A 正好位于等高线上,则 A 点的高程就是该等高线的高程,即 $H_A = 51.0\text{m}$。若某点 B 不在等高线上,而是位于 54m 和 55m 两根等高线之间,这时可通过 B 点作一条大致垂直于相邻两等高线的线段 mn,量取 mn 和 mB 的长度,分别为 9.0mm 和 6.0mm,已知等高距 h 为 1m,则可用内插法求出 B 点的高程为 54.66m。

实际求图上某点的高程时,通常根据等高线采用目估法按照比例推算出该点的高程。

图 8-2 求某点 A 的高程

三、求图上两点间的距离

求出图上两点间的水平距离包括以下两种方法:根据两点的坐标求水平距离和在地形图上直接进行量距。

1. 根据两点的坐标求算水平距离

首先在图上求出两点的坐标,再按照坐标反算公式推算出两点间的水平距离。例如,图

8-1 中,要求 A、B 两点的水平距离,可以先在图上求出 A、B 两点的坐标值 x_A、y_A 和 x_B、y_B 然后按式(8-1)反算 AB 的水平距离 D_{AB},即得式(8-2):

$$D_{A1}^2 = D_{AA'}^2 + D_{A'1}^2 - 2D_{AA'}D_{A'1}\cos\beta \tag{8-1}$$

$$D_{AB} = \sqrt{(x_B - x_A)^2 + (y_B - y_A)^2} \tag{8-2}$$

式中　　$D_{AA'}$——经纬仪至平板仪的距离,其距离不受上法的限制,可适当放长,便于测碎部点;

D_{A1}——经纬仪至碎部点的距离,由经纬仪用视距法测得,若用光电测距则更好;

β——经纬仪测得 $A'A$ 与 $A'1$ 的水平角,观测时以瞄准 A 作零方向。

2. 在地形图上直接量距

用两脚规在图上直接量出 A、B 两点的长度,再与地形图上的直线比例尺进行比较,即可得出 AB 的水平距离。若精度要求不高,可使用比例尺(三棱尺)直接在图上量取。

四、求图上某直线的坐标方位角

如图 8-1 所示,要求图上直线 AB 的坐标方位角,可以根据已经求出的或已知的 A、B 两点的坐标值 x_A、y_A 和 x_B、y_B,按式(8-3)坐标反算公式计算出直线 AB 的坐标方位角,即:

$$\alpha_{AB} = \arctan\frac{y_B - y_A}{x_B - x_A} = \arctan\frac{\Delta y_{AB}}{\Delta x_{AB}} \tag{8-3}$$

当使用电子计算器或三角函数表进行计算时,要根据两点坐标差值的正负符号来确定坐标方位角所在的象限。

精度要求不高时,可采用图解法用量角器在图上直接量取坐标方位角。

五、求图上某直线的坡度

在地形图上求得直线的长度以及两端点的高程后,则可按下式计算该直线的平均坡度:

$$i = \frac{h}{d \cdot M} = \frac{h}{D} \tag{8-4}$$

式中　　d——图上量得的长度;

M——地形图的比例尺分母;

h——直线两端点间的高差;

D——该直线的实地水平距离。

坡度通常用千分率(‰)或百分率(%)的形式表示。"＋"为上坡,"－"为下坡。

若直线两端点位于相邻等高线上,此时求得的坡度,可认为符合实际坡度。假如直线较长,中间通过多条等高线,而且各条等高线的平距不等,则所求的坡度,只是该直线两端点间的平均坡度。

六、量测图形面积

在工程建设和规划设计中,通常需要在地形图上量测一定轮廓范围内的面积。量测面积常用的方法如下：

1. 坐标计算法

如图 8-3 所示，在对多边形进行面积量算时，可先在图上确定多边形各顶点的坐标（或以其他方法测得），然后直接用坐标计算面积。

根据图形对面积计算的推导，可以得出当图形为 n 边形时的面积计算的一般公式如下：

$$A = \frac{1}{2}\sum_{i=1}^{n} x_i(y_{i+1} - y_{i-1}) \tag{8-5}$$

若多边形各顶点投影于 y 轴，则有：

$$A = \frac{1}{2}\sum_{i=1}^{n} y_i(x_{i+1} - x_{i-1}) \tag{8-6}$$

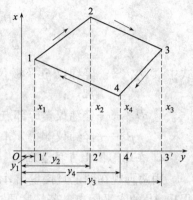

图 8-3 坐标计算法计算面积

式(8-6)中，n 为多边形边数。当 $i = 1$ 时，y_{i-1} 和 x_{i-1} 可分别用 y_n 和 x_n 代入。

用式(8-5)、式(8-6)算出的结果进行互作计算检核。

对于轮廓为曲线的图形进行面积估算时，可采用以折线代替曲线的方法进行估算。估算的面积精度由取样点的密度所决定，若对估算精度要求高，要加大取样点的密度。该方法可使用计算机实现自动计算。

2. 透明方格纸法

如图 8-4 所示，要计算曲线内的面积 A，首先将一张透明方格纸覆盖在图形上，数出曲线内的整方格数 n_1 和不足整格的方格 n_2。设每个方格的面积为 a，则曲线围成的图形实地面积为：

$$A = \left(n_1 + \frac{1}{2}n_2\right)aM^2 \tag{8-7}$$

式(8-7)中，M 为比例尺分母，另外，在计算时应注意 a 的单位。

3. 平行线法

如图 8-5 所示，先在曲线围成的图形上绘出相等间隔的一组平行线，使得曲线图形边缘与两条平行线相切。将这两条平行线间隔等分的相邻平行线间距为 h。每相邻平行线之间的图形近似为梯形。然后用比例尺量出各平行线在曲线内的长度设为 $l_1, l_2, \cdots, l_n$，根据梯形面积计算公式先计算出各梯形面积，然后累计计算出图形总面积 A 的公式为：

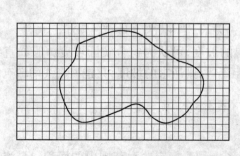

图 8-4 透明方格纸法计算面积

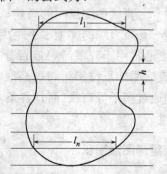

图 8-5 平等线法计算面积

$$A = A_1 + A_2 + \cdots + A_n = h(l_1 + l_2 + \cdots + l_n) = h\sum_{i=1}^{n} l_i \tag{8-8}$$

4. 求积仪法

一种专供在图上量算图形面积使用的仪器称为求积仪,其特点是量算速度快、操作简便,能适用于各种不同几何图形的面积量算,并且均能达到较高的精度要求。

第三节　地形图在平整土地中的应用

工程建设中,通常要对拟建地区的自然地貌作必要的改造,以满足各类建筑物的平面布置、地表水的排放、地下管线敷设和公路铁路施工等需要。在平整土地工作中,一项重要的工作是估算土(石)方的工程量,即利用地形图进行填挖土(石)方量的概算。其方法有多种,其中方格网法是其中应用最广泛的一种。

一、方格网法

如图 8-6 所示,拟在地形图上将原地貌按填、挖土(石)方量平衡的原则,改造成某一设计高程的水平场地,然后估算填挖土(石)方量。其具体步骤如下:

1. 在地形图上绘制方格网

方格网的网格大小取决于地形图的比例尺大小、地形的复杂程度以及土(石)方量估算的精度。方格的边长一般取为 10m 或 20m。本例方格的边长为 10m。对方格进行编号,纵向(南北方向)用 $A,B,C,\cdots$ 进行编号,横向(东西方向)用 $1,2,3,4,\cdots$ 进行编号,因此,各方格顶点编号由纵横编号组成,例如图 8-6 北边 3 个方格点的编号为 $A1,A2,A3,A4$,最南边两个方格点的编号为 $C1,C2,C3$ 等,如图 8-6 所示。

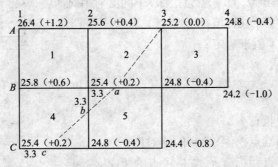

图 8-6　方格网法平整土地

2. 计算设计高程

为保证填、挖土(石)方量平衡,设计平面的高程应等于拟建场地内原地形的平均高程。首先找一张大比例尺地形图,在拟建场地范围内打方格,根据地形图上的等高线内插求出各方格顶点的高程,并注记在相应方格顶点的左上方,如图 8-6 所示。然后,将每一方格顶点的高程相加除以 4,从而得到每一方格的平均高程,再把每个方格的平均高程相加除以方格总数,就得到拟建场地的设计平面高程 H_0。

第 1 方格平均高程 $=(H_{A1}+H_{A2}+H_{B1}+H_{B2})/4$;

第 2 方格平均高程 $=(H_{A2}+H_{A3}+H_{B2}+H_{B3})/4$;

......

第 5 方格平均高程 $=(H_{B2}+H_{B3}+H_{C2}+H_{C3})/4$。

所以平整土地总的平均高程 H_0 为 5 个方格平均高程再取平均,即:

$$H_0 = \frac{1}{4n}\left[(H_{A1}+H_{A4}+H_{B4}+H_{C3}+H_{C1})+2(H_{A2}+H_{A3}+H_{C2}+H_{B1})+3H_{B3}+4H_{B2}\right] \quad (8\text{-}9)$$

分析设计高程 H_0 的公式可以看出:方格网的 $A1,A4,C1,C3,B4$ 的高程只用了一次,称为角点;$A2,A3,B1,C2$ 的高程用了两次,称为边点;$B3$ 的高程用了 3 次,称为拐点;而中间点 $B2$ 的高程用了 4 次,称为中点。因此,计算设计高程的一般公式为:

$$H_0 = \frac{1}{4n}\left(\sum H_角 + 2\sum H_边 + 3\sum H_拐 + 4\sum H_中\right) \quad (8\text{-}10)$$

式中,$H_角,H_边,H_拐,H_中$ 分别表示角点、边点、拐点、中点的高程;n 为方格总数。将图 8-6 中方格网顶点的高程代入式(8-10),可计算出设计高程是 25.2m。

3. 计算填、挖高度(施工量)

根据设计高程和方格顶点的高程,可以计算出每一方格顶点的挖、填高度:

$$挖、填高度 = 地面高程 - 设计高程 \quad (8\text{-}11)$$

各方格顶点的挖、填高度写于相应方格顶点的右上方。正号为挖深,负号为填高。挖、填高度又称施工量,如图 8-6 方格顶点旁括号内数值。

4. 确定填、挖边界线

当方格边上一端为填高,另一端为挖深,中间必存在不填不挖的点,称为零点(零工作点、填挖分界点),如图 8-7 所示。零点的位置由下式计算 x 值来确定:

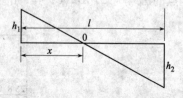

$$x = \frac{|h_1|}{|h_1|+|h_2|}l \quad (8\text{-}12)$$

图 8-7　确定填挖分界点

式中　l——方格的边长;

$|h_1|$,$|h_2|$——方格边两端点挖深、填高的绝对值;

　　x——填挖分界点距标有 h_1 方格顶点的距离。

本例 $B2\sim B3,B2\sim C2$ 及 $C1\sim C2$ 三个方格边两端施工量符号不同,必存在零点。按式(8-12)算得结果均为 3.3m。根据求得 x 值,在图上标出。参照图形顺滑连接各零点便得填挖分界线,如图 8-6 中的虚线。施工前,在实地撒上白灰以便施工。

5. 计算填、挖方量

首先列一表格,填入所有方格顶点编号、挖深及填高,然后,各点按其性质,即角点、边点、拐点和中点分别进行计算,它们的公式从图 8-8 很容易看出是:

$$角点:V_角 = h_角 \times \frac{1}{4} S_格$$

$$边点:V_边 = h_边 \times \frac{2}{4} S_格$$

$$拐点:V_拐 = h_拐 \times \frac{3}{4} S_格$$

$$中点:V_中 = h_中 \times \frac{4}{4} S_格$$

(8-13)

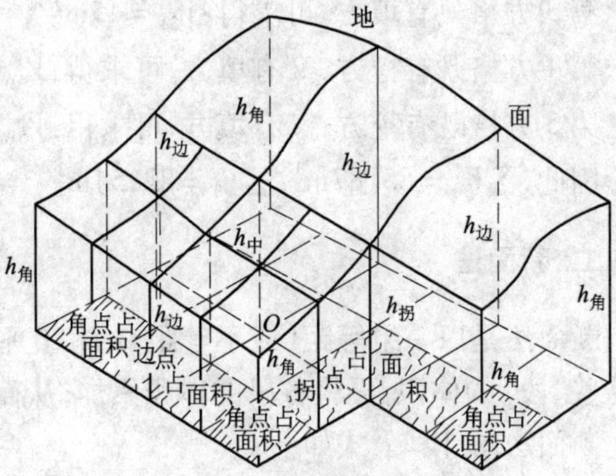

图 8-8　土方计算地面模型

最后,按挖方与填方分别求和,可求得总挖方量与总填方量。计算过程列于表 8-1。

表 8-1　挖方与填方土方计算表

点号	挖深(m)	填高(m)	点的性质	所代表面积(m²)	挖方量(m³)	填方量(m³)
A1	+1.2		角	25	30	
A2	+0.4		边	50	20	
A3	0.0		边	50	0	
A4		-0.4	角	25		10
B1	+0.6		边	50	30	
B2	+0.2		中	100	20	
B3		-0.4	拐	75		30
B4		-1.0	角	25		25
C1	+0.2		角	25		
C2		-0.4	边	50	5	20
C3		-0.8	角	25		20
				Σ	105	105

这种方法计算挖填方量简单,但精度较低。下面介绍另一种方法,精度较高。

该法特点是逐格计算挖方与填方量,遇到某方格内存在填挖分界线时,则说明该方格既有挖方,又有填方,此时要求分别计算,最后再计算总挖方量与总填方量。本例第 1 方格全为挖方,其数值可用下式计算:

$$V_{1W} = \frac{1}{4} (1.2 + 0.4 + 0.6 + 0.2) \times 100 = 60 \text{m}^3$$

第 2 方格既有挖方,又有填方,因此:

$$V_{2W} = \frac{1}{4} (0.4 + 0 + 0 + 0.2) \times \frac{3.3 + 10}{2} \times 10 = 0.15 \times 66.5 = 9.98 \text{m}^3$$

$$V_{2T} = \frac{1}{3} (0.4 + 0 + 0) \times \frac{6.7 + 10}{2} = 0.13 \times 33.5 = 4.36 \text{m}^3$$

第 3 方格只有填方,可求得:$V_{3T} = 45\text{m}^3$

第 4 方格既有挖方,又有填方,可求得:$V_{4W} = 15.51\text{m}^3$,$V_{4T} = 2.92\text{m}^3$。

第 5 方格既有挖方,又有填方,可求得:$V_{5W} = 0.38\text{m}^3$,$V_{4T} = 30.26\text{m}^3$。

因此,$\sum V_W = 85.87\text{m}^3$,$\sum V_T = 82.54\text{m}^3$

二、断面法

断面法是以一组等距(或不等距)的相互平行的截面将拟整治的地形分截成若干"段",计算这些"段"的体积,再将各段的体积累加,从而求得总的土方量。

断面法的计算公式如下:

$$V = \frac{S_1 + S_2}{2}L \tag{8-14}$$

式中　S_1,S_2——两相邻断面上的填土面积(或挖土面积);

　　　L——两相邻断面的间距。

此法的计算精度取决于截取断面的数量,多则精,少则粗。

断面法根据其取断面的方向不同主要分为垂直断面法和水平断面法(等高线法)两种。

1. 垂直断面法

如图 8-9(a)所示之 1∶1000 地形图局部,$ABCD$ 是计划在山梁上拟平整场地的边线。设计要求:平整后场地的高程为 67m,AB 边线以北的山梁要削成 1∶1 的斜坡。分别估算挖方和填方的土方量。

根据上述的情况,将场地分为两部分来讨论。

(1)$ABCD$ 场地部分。根据 $ABCD$ 场地边线内的地形图,每隔一定间距(本例采用的是图上 10cm)画一垂直于左、右边线的断面图,图 8-9(b)为 A—B,1—1 和 8—8 的断面图(其他断面省略)。断面图的起算高程定为 67m,这样一来,在每个断面图上,凡是高于 67m 的地面和 67m 高程起算线所围成的面积即为该断面处的挖土面积,凡由低于 67m 的地面和 67m 高程起算线所围成的面积即为该断面处的填土面积。

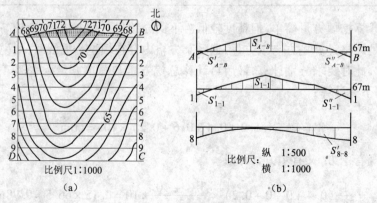

图 8-9　垂直断面法

(a)1∶1000 地形图局部;(b)A—B,1—1,8—8 三个断面图

分别求出每一断面处的挖方面积和填方面积后,根据式(8-14)即可计算出两相邻断面间的填方量和挖方量。例如:$A-B$ 断面和 $1-1$ 断面间的填、挖方为:

$$V_填 = V'_填 + V''_填 = \frac{S'_{A-B} + S'_{1-1}}{2} \times L + \frac{S''_{A-B} + S''_{1-1}}{2} \times L \tag{8-15}$$

$$V_挖 = \frac{S_{A-B} + S_{1-1}}{2} \times L \tag{8-16}$$

式中　S',S''——断面处的填方面积;

　　　　S——断面处的挖方面积;

　　　　L——$A-B$ 断面和 $1-1$ 断面间的间距。

同法可计算出其他相邻断面间的土方量。最后求出 $ABCD$ 场地部分的总填方量和总挖方量。

(2)AB 线以北的山梁部分。首先按与地形图基本等高距相同的高差和设计坡度,算出所设计斜坡的等高线间的水平距离。在本例中,基本等高距为 1m,所设计斜坡的坡度为 1:1,所以设计等高线间的水平距离为 1m,按照地形图的比例尺,在边线 AB 以北画出这些彼此平行且等高距为 1m 的设计等高线,如图 8-9(a)中 AB 边线以北的虚线所示。每一条斜坡设计等高线与同高的地面等高线相交的点,即为零点。把这些零点用光滑的曲线连接起来,即为不填不挖的零线。在零线范围内,就是需要挖土的地方。

为了计算土方,需画出每一条设计等高线处的断面图,如图 8-10 所示,画出了 68—68 和69—69 两条设计等高线处的断面图(其他断面省略)。在画设计等高线处的断面图时,其起算高程要等于该设计等高线的高程。有了每一设计等高线处的断面图后,即可根据式(8-14)计算出相邻两断面的挖方。

最后,第一部分和第二部分的挖方总和即为总的挖方。

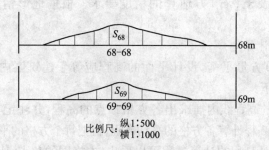

图 8-10　68—68 和 69—69 两条设计等高线处的断面图

2. 等高线法(水平断面法)

当地面高低起伏较大且变化较多时,可以采用等高线法。此法是先在地形图上求出各条等高线所包围的面积,乘以等高距,得各等高线间的土方量,再求总和,即为场地内最低等高线 H_0 以上的总土方量 $V_总$。如要平整为一水平面的场地,其设计高程 $H_设$ 可按下式计算:

$$H_设 = H_0 + \frac{V_总}{S} \tag{8-17}$$

式中 H_0——场地内的最低高程,一般不在某一条等高线上,需根据相邻等高线内插求出;

$V_{总}$——场地内最低高程以上的总土方量;

S——场地总面积,由场地外轮廓线决定。

当设计高程求出以后,后续的计算工作可按方格网法进行。

若在数字地形图上,利用数字地面模型,计算平整场地的挖、填方工程量,则更为方便。先在场地范围内按比例尺设计一定边长的方格网,提取各方格顶点的坐标,并插算各点相应的高程。同时,给出或算出设计高程,求算各点的挖、填高度,按照挖、填范围分别求出挖、填土(石)方量,这种方法比在地形图上手工画图计算更为快捷。

第四节 地形图在工程建设中的应用

工程建设中,常常要将建筑区的自然地貌改造成水平面或倾斜平面,以满足各类建筑物的平面布置、地表水的排放、地下管线敷设和公路铁路施工等需要。在大型工程的规划设计中,一项重要的工作是估算土(石)方的工程量,即利用地形体进行挖填土(石)方的概算,方格网法是其中应用最广泛的一种。下面分两种情况介绍该方法。

一、水平场地平整

水平场地平整是按挖、填土(石)方量平整的原则,将建筑区内的原地形改造成水平场地。主要工作是首先根据设计要求计算出设计平面高程,然后估算挖填土(石)方量。其具体步骤如下:

1. 在场地图上绘制方格网

如图 8-11 所示,在地形图上的拟建场地内绘制方格网。方格边长的大小取决于地形图比例尺、地形复杂程度以及土(石)方估算的精度要求。根据地形情况,边长一般取为 10m 或 20m。

2. 设计平面的高程计算

为保证挖、填土(石)方量平衡,设计平面的高程应等于建筑区内的原地形的平均高程。平均高程的计算方法如下:

首先根据地形图上的高程线内插求出各方格顶点的高程,并注记在相应方格顶点的左上方,然后根据方格顶点的高程计算各方格的平均高程,再把每个方格的平均高程相加除以方格总数。结合图 8-11,分析设计高程的计算过程可以看出:方格网的角点 $A1$、$A5$、$E1$、$E5$ 的高程在计算中只用了一次,边点 $A2$、$A3$、$A4$、$B1$、$B5$、$C1$、$C5$、…的高程用了两次,拐点的高程用了三次,而中间点 $B2$、$B3$、$B4$、$C2$、$C3$、$C4$、…的高程都用了四次,因此,设计高程的计算公式可总结为:

$$H_0 = \left\{ \sum H_{角} + 2\sum H_{边} + 3\sum H_{拐} + 4\sum H_{中} \right\}/4n \tag{8-18}$$

将图 8-11 中方格网顶点的高程代入式(8-18),可计算出设计高程是 63.7m。在地图上内插出 63.7m 等高线,也称为挖、填边界线。

3. 计算挖、填高度

根据设计高程和方格顶点的高程,可以计算出每一方格顶点的挖、填高度:

$$挖、填高度 = 地面高度 - 设计高度 \qquad (8\text{-}19)$$

各方格顶点的挖、填高度写于相应方格顶点的右上方。正号为挖深,负号为填高。如图 8-11 所示,挖、填边界线上绘有短线的一侧为填土区,其挖、填高度全为负;挖、填边界线上另一侧为挖土区,其挖、填高度全为正。

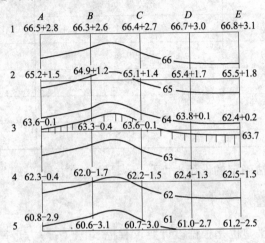

图 8-11　平整为水平场地

4. 挖、填土方量计算

如图 8-12 所示,挖、填土方量可按角点、边点、拐点和中点分别按下式计算。

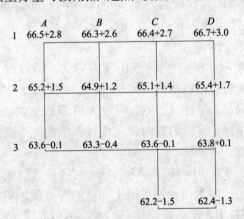

图 8-12　挖、填土方量计算

角点:挖(填)高度 × 1/4 方格面积

边点:挖(填)高度 × 2/4 方格面积

拐点:挖(填)高度 × 3/4 方格面积

中点:挖(填)高度 × 1 方格面积 $\qquad (8\text{-}20)$

设每一方格实地面积为 100m^2,由前计算得设计高程是 63.7m,每一方格顶点的挖深或填高数据按式(8-19)分别计算出,并注记在相应方格顶点的右上方。挖、填土方量按式(8-20)计

141

算,其计算过程见表8-2,计算出总挖方量1257.5m³,总填方量为1225.0m³。

表 8-2 挖方、填方量

点类	土方	
	挖方量(m³)	填方量(m³)
角点	147.5	135.0
边点	590.0	590.0
中点	520.0	500.0
拐点		
合计	1257.5	1225.0

可以看出,用上述方法确定的设计平面可以满足挖、填方量平衡的要求。

二、倾斜平面场地平整

通常,倾斜平面场地平整也是根据设计要求和挖、填土(石)方量衡量的原则,在地形图上绘出设计倾斜平面的等高线,进而将原地形改造成具有某一坡度的倾斜平面。但是,有时要求所设计的倾斜平面必须包含不能改动的某些高程点(称为设计斜平面的控制高程点)。例如,已有道路的中点线高程点;永久性或大型建筑物的外墙地坪高程等。如图8-13所示,设 A、B、C 三点为控制高程点,相应地面高程分别为80.6m、84.2m 和83.8m。场地平整后的倾斜平面必通过 A、B、C 三点。其设计步骤如下:

1. 确定斜平面上设计等高线

如图8-13所示,过 A、B 两点作一直线,按比例内插法在该直线上分别求出 i、h、g、f,对应于高程81m、82m、83m、84m 的点。这些高程点的位置,也就是设计斜平面上相应等高线应经过的位置。由于设计斜平面经过 A、B、C 三点,可在 A、B 直线上内插出一点 k,使其高程等于 C 点高程83.8m。连接 k、C,则 kC 直线的方向就是设计斜平面上等高线的方向。

2. 确定挖、填边界线

首先绘出设计斜平面上相应81m、82m、83m、84m 的各条等高线。为此,过 i、h、g、f 各点作 kC 直线的平行线(图中虚线),即为设计斜平面上相应的等高线。将设计斜平面上的等高线和原地形上同名等高线的交点,用光滑曲线连接,即为挖、填边界线。挖、填边界线上原地形高程等于设计斜平面上对应的点高程。图8-13中,挖、填边界上绘有短线的一侧为填土区,另一侧为挖土区。

在地形图上绘制方格网,并确定原地形上各方格顶点的高程,注记在方格顶点的左上方。

根据设计斜平面上等高线求得各方格顶点的设计高程,注记在方格顶点的左下方。计算挖、填高度按式(8-19),并记在各方格顶点的右上方。

3. 计算挖、填土方量

设图8-13中方格边长为10m,每方格实地面积为100m²,挖方量和填方量按式(8-20)分别计算,得到总挖方量122.5m³,总填土方量为177.5m³,见表8-3所示。

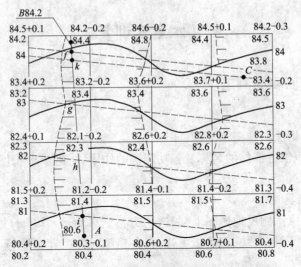

图 8-13　平整为倾斜场地

表8-3　挖方、填方量

点类	土方	
	挖方量（m³）	填方量（m³）
角点	7.5	17.5
边点	45.0	70.0
中点	70.0	90.0
拐点		
合计	122.5	177.5

【本章习题】

1. 地形图识读时,应主要识读哪几部分?

2. 地形图的应用包括哪些基本内容?

3. 土地平整应遵循哪些基本原则?

4. 什么是挖填边界线?

5. 拟将图 8-14 所示地形平整为过点 A、B、C 三点的倾斜平面场地,图中各方向面积 100m^2。请完成以下工作:

（1）确定倾斜平面上设置等高线。

（2）确定挖、填边界。

（3）计算挖、填高度。

（4）计算挖、填土方量。

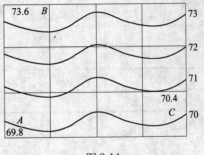

图 8-14

143

【本章实训】

实训十一　地形图面积的测定

一、实训目的

(1)用图解法、解析法测量图形面积。

(2)熟悉电子求积仪各部件的名称及各功能键的作用,用电子求积仪测算图形的面积。

二、实训仪器和工具

本地区实际大(中)比例尺地形图 1 幅、透明方格纸(20cm×20cm)1 张、透明平行线模片 1 张、电子求积仪 1 台、图板 1 块、三角板 1 幅;自备铅笔、橡皮、计算器等。

三、实训步骤

(1)在地形图上选定一个图形,分别用几何法、方格法、平行线法和解析法测算其面积,并进行比较。

(2)用电子求积仪量算选定图形的面积,并与上述方法测算的结果进行对比。

四、注意事项

(1)要注意地形图上某一图形图上面积与实地面积的换算。

(2)用求积仪求面积时,图板和图纸都应平整、光滑,以免影响求积仪的自由转动。

(3)使用求积仪时,较小的图形可以采用重复描迹,然后取平均值作结果;较大图形可以分割成数块,累加测定。

五、提交成果

(1)提交面积测定实训数据(表8-4)。

表8-4　面积测算记录

观测日期:＿＿＿＿＿＿＿＿　　　仪器:＿＿＿＿　班　组:＿＿＿＿　　记录者:＿＿＿＿

观测时间:自＿＿＿＿至＿＿＿＿　天气:＿＿＿　观测者:＿＿＿＿　　校核者:＿＿＿＿

方法	面积观测值(m^2)			备注
几何法	第一次观测	第二次观测	平均值	
方格法				
平行线法				
解析法				
电子求积仪法				

(2)实训小结。

第九章 房产测绘

第一节 房产测绘任务及作用

一、房产测绘的概念

房产测绘是采集和表述房屋及房屋用地有关信息的一门技术，主要是测定和调查房屋及其用地状况，为房产产权、地籍管理、房地产开发利用、交易、征收税费以及为城镇规划建设等提供数据和资料。

房产测绘与地籍测绘既有密切联系，又各有侧重点。房产测绘属于城市房地产管理体系，而地籍测绘隶属于国土资源管理体系。地籍测绘的主要任务是调查和测定土地及其地上附着物的界线、位置、数量、等级、权属和利用状况等基本情况的测绘工作，侧重于土地资源管理、开发、利用、保护和产权产籍管理服务。在房产测绘之前必须先进行地籍调查，在用地界线明确的基础上，进行界址点测量，并用特定符号表示于房产图上；房产测绘是将与房屋有关的信息采集并处理后表示在图纸或其他载体上。

二、房产测绘的任务

房产测绘的任务就是对房屋及房屋相关的建筑物、构筑物和房屋用地进行测量和调查工作，获取房地产的权属、位置、数量、质量、利用状况等信息，为房地产管理，尤其是为房屋产权、产籍管理提供准确而可靠的成果资料；同时，为城市规划、城市建设（如基础设施、地下管网、通信线路、环境保护）等提供基础数据和资料。具体任务包括以下几方面：

1. **房产平面控制测量**

房产测绘的第一步就是在测区建立一个高精度的、有一定密度的、可以长期使用的覆盖全区的平面控制网。这是保证房产测量成果质量的基础。平面控制点可以利用已有的符合房产测量规范精度要求的现有成果，必要时也可自行布设房产平面控制网，不论哪一种布设形式，均应按现行《房产测量规范》（GB/T 17986—2000）的规定和要求进行检核。

2. **房产调查**

房产调查包括房屋调查和房屋用地调查，其目的是查清房屋及用地的位置、权属、界线、数量、用途以及地理名称和行政境界，按《房产测量规范》（GB/T 17986—2000）的要求，逐项调查落实，并现场记录，填写调查表。它是进行产权登记的基本素材。

3. **房产要素测量**

房产要素测量的目的是测定房屋和房屋用地及其相关要素的几何位置，包括坐标和边长。

主要要素有界址点和界址线、房角点和房屋轮廓线,以及房屋的附属设施和围护物的几何位置或相关数据,还有铁路、公路、街道、水域及相关地物的位置测量,有时还要进行行政境界线的测量。

4. 房产图绘制

房产图是房产测绘的主要成果之一,使用频率较高,是城市管理中非常重要的基础数据资料。根据《房产测量规范》(GB/T 17986—2000)的规定和要求,本教材重点讨论了房产图绘制的基本理论和作业方法。

5. 房产面积测算

房产面积测算是房产测绘的特点和重要内容之一。测算的对象包括房屋面积和房屋用地面积。后者多用界址点坐标计算面积,而前者通常用房产调查时实量的边长计算面积。在工序上,它通常是测图的后期工作,通过面积量算、注记、列表、整理等,提供精确的房产信息数据,便于房地产管理的实施。

6. 房产变更测量

由于城市现状的不断变更,房屋和房屋用地的产权也会经常转移,因此从房产测量开始之日起,就可能产生变更测量。房产变更测量也是房产测绘部门的一项经常性的工作。通过对发生变更的房屋及房屋用地的属性及时地用最新的数据替换,以保证房产信息数据的实时性、准确性和可靠性。

7. 房产成果资料的检查与验收

房产成果资料的检查与验收工作是房产测绘的最后一道工序,也是保证房产成果资料质量的最后一道关口。其目的是,使提交的成果资料符合规范、图式要求和其他工序要求,便于控制成果的使用和保存,同时也是为房产产权登记提供准确可靠的数据。

三、房产测绘的作用

房产测绘是随着我国房地产业的发展而兴盛起来的,主要是为房地产的各种管理服务的,同样也为城市其他方面的管理服务。因此,房产测绘成果的作用归纳起来主要有以下几个方面。

1. 法律方面的作用

房产测绘为房地产的产权、产籍、房地产的开发、交易等管理提供房屋和房屋用地的权属界线、权属界址点、房地产面积、各种产别以及有关权属、权源、产权纠纷等数据、图卡、表、册资料。这些房产测绘成果,经过检查验收,由房地产行政管理部门对测绘成果的适用性、界址点准确性、面积测算依据与方法等内容进行审核,审核后方可用房地产管理。检查合格后的房产测绘成果即是进行产权登记、产权转移和产权纠纷的依据。房产测绘成果具有法律效力。

2. 财政经济方面的作用

房产测绘的成果包括房产的各种数据、数量、质量及使用和被利用的现状等资料,是进行房地产价格评估、房地产契税的征收、房地产开发、交易的主要依据,也是进行房地产抵押贷款、房地产保险服务不可缺少的依据。

3. 社会服务、决策参考方面的作用

测绘调查后的成果,经过统计整理之后,可以派生出很多不可多得的资料,例如它可统计

出一个城市与地区的房屋的总数量、总质量、人均建筑面积、人均使用面积、住宅的数量、质量、所有权、使用权情况、发展速度等。这些资料无疑会给城市的整体建设布局、住房制度的改革、老城区的改造、危旧房屋的改造等提供决策依据，也为城镇规划、市政工程、公用事业、环保、绿化、社会治安、文教卫生、水利、旅游、地下管网、通信、电、气等提供基础资料和有关信息。

第二节　界址点的测定

界址点又称地界点，就是指房屋用地权属界线的转折点处设置的界址点桩。在房地产测量和管理中，用它来确定房屋用地权界的位置与走向。界址点的连线构成房屋用地范围的地界线。

界址点测量，就是根据测区内已布设的控制点，采用图根测量的方法，依不同等级界址点的精度要求，测定各个界址点的平面坐标值，并编制出坐标成果表。其坐标成果可用于解析法测算用地面积。

一、界址点的精度

《房产测量规范》（GB/T 17986—2000）中规定，房产界址点的精度分三级，各级界址点相对于邻近控制点的点位误差和间距超过50m的相邻界址点间的间距误差不超过表9-1的规定；间距未超过50m的界址点间的间距误差限差不应超过式（9-1）的计算结果。

$$\Delta D = \pm (m_j + 0.02 m_j D) \tag{9-1}$$

式中　m_j——相应等级界址点规定的点位中误差，m；

　　　D——相邻界址点间的距离，m；

　　　ΔD——界址点坐标计算的边长和实量边长较差的限差，m。

表 9-1　界址点的精度要求

界址点的等级	界址点相对于邻近控制点点位误差和相邻界址点间的间距误差限制	
	限差（m）	中误差（m）
一	±0.04	±0.02
二	±0.10	±0.05
三	±0.20	±0.10

通常情况下，对大中城市繁华地段的界址点和重要建筑物的界址点，一般要选用一级或二级，其他地区则可选用三级。例如城镇街坊的街面、中外合资企业、大型工矿企业及大型建筑物的界址点，一般选用一级或二级；而街坊内部隐蔽地区及居民区内部的界址点，则可选用三级。

一个房屋用地地块内的界址点原则应选用同一等级，但由于测量的野外条件有时从技术上限制了界址上点的施测，因此允许存在一个地块内选用两个等级的界址点。

此外，采用比三级界址点精度更低的界址点，可视为等外界址点，等外界址点不能作为实测房地产面积的资料。在进行城市房地产基础测绘时界址点等级的选用，应根据房屋用地的等级在测绘技术设计书中作出明确的规定。在产权管理测绘中,也可由房地产主管部门或用户根据实际需要协商决定。

二、界址点的标定、埋设及标志

1. 界址点的标定

为了准确划定房屋用地界线,确定权属界线,计算房屋用地面积,减少用地纠纷,必须很慎重地做好界址点的确定工作。在确界时,必须由相邻双方指界人到现场指界。单位使用的土地和房屋,要由单位法人代表出席指界;组合丘用地,要由该丘各户共同委派的代表指界;房屋用地人或法人代表不能亲自出席指界时,应由委托的代理人指界,并且均需出具身份证明或委托书。经双方认定的界址,必须由双方指界人在房屋用地调查表上签字盖章。

2. 界址点的埋设及标志

界址点的位置,应在权属调查确定界址线的同时通过规定的法定程序标定。所有界址点均应埋设标志,并记载标石类型和方位。无法埋设界标的,应在建筑物上以红漆注记界址点符号,示意界址点位置,并在调查表中注明墙中线、墙外或墙内。对提供不出证据或有争议的应根据实际使用范围标出争议部位,按未定界处理。

界标的种类大致有混凝土界址标桩、带铝帽的钢钉界址标桩、石灰桩、带塑料套的钢棍界址标桩及喷漆标志等几种。

图9-1为地面上埋设的用混凝土浇筑而成的界址标桩,其尺寸如图所示,顶部中心用铝合金或其他金属材料制成,圆直径为30mm。十字线中心钻一小孔,直径为1.5mm,小孔中心表示界址点的精确位置。图9-2为地面上埋设的用石灰浇筑而成的界址标桩,其高度为500~700mm,宽度为30~50mm。图9-3为路上用带塑料套的钢棍界址标桩,主要适用于房角或墙角浇筑。图9-4为带铝帽的钢钉界址标桩,主要适用于坚硬地面上钉设。

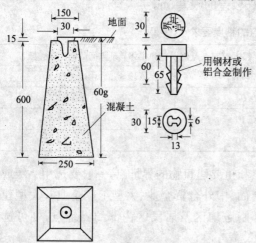

图9-1 混凝土浇筑成的界址标桩(单位:mm)

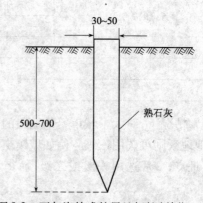

图9-2 石灰浇筑成的界址标桩(单位:mm)

选用哪一种界标,应根据各地的具体情况而定,一般在较为空旷地区的界址点和占地面积较大的机关、团体、企业、事业单位的界址点,应埋设预制混凝土界址标桩或现场浇筑混凝土界址标桩。在坚硬的路面或地面上的界址点,应钻孔浇筑钉设带铝帽的钢钉界址标桩。泥土地面也可埋设石灰桩。在坚固的房墙(角)或围墙(角)等永久性建筑物处的界址点,应钻孔浇筑带塑料套的钢棍界址标桩,也可设置喷漆界址标志,如图9-5所示。

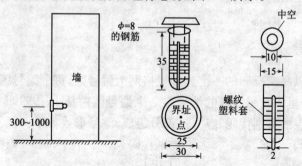

图 9-3 带塑料套的钢棍界址点标桩

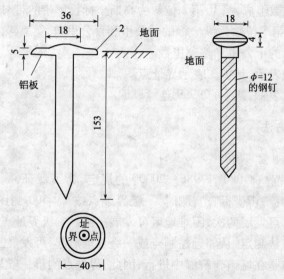

图 9-4 带铝帽的钢钉界址点标桩

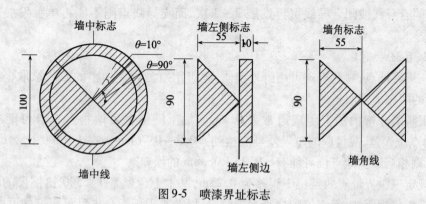

图 9-5 喷漆界址标志

埋设界址点标桩时,应先在坑底填以砂石,并整平夯实。标石埋稳后,周围的土也应夯实,以防界标位移和倾斜。桩端露出地面约 0.2m,桩号字样朝向用地范围外面。埋设后的界标应稳固、耐久、顶面水平。埋设墙上界址标桩时,界址钉须露出墙体外 1.0mm 左右,并用红漆在点位旁以箭头指示,使之醒目易找。在喷漆界址标志时,喷漆应尽量浓一点,以免时间长久后漆被雨水风化。

三、界址点的编号

界址点的编号,以高斯投影的一个整公里格网为编号区,每个编号区的代码以该公里格网西南角的横纵坐标公里值表示。点的编号在一个编号区内从 1～99999 连续顺编。点的完整编号由编号区代码、点的类别代码、点号三部分组成,编号形式如下:

编号区代码	类别代码	点的编号
(9位)	(1位)	(5位)
* * * * * * * * *	*	* * * * *

编号区代码由 9 位数组成,第 1、第 2 位数为高斯坐标投影带的带号或代号,第 3 位数为横坐标的百公里数,第 4、第 5 位数为纵坐标的千公里和百公里数,第 6、第 7 位和第 8、第 9 位数分别为横坐标和纵坐标的十公里和整公里数。

类别代码用 1 位数表示,其中 3 表示界址点。

点的编号用 5 位数表示,从 1～99999 连续顺编。

四、界址点的测量方法

1. 一、二级界址点测量

根据《房产测量规范》(GB/T 17986—2000)的规定,为了保证一、二级界址点的点位精度,必须用实测法求得其解析坐标。实测时,一级界址点按 1∶500 测图的图根控制点的方法测定,从基本控制点起,可发展两次,困难地区可发展三次。二级界址点以精度不低于1∶1000测图的图根控制点的方法测定,从邻近控制点或一级界址点起,可发展三次。

房地产测量的特点是在城镇建筑群中进行,因此,界址点测量一般只能采用图根导线测量的方法,而且有的可能是狭长困难的街道,无法布设闭合导线或附和导线,只能布设支导线。根据规定,附合导线或闭合导线可再发展 2～3 次,而支导线点则不能再单独发展一、二级界址点。

2. 三级界址点测量

对于三级界址点,规范规定可用野外实测,也可用航测内业加密的方法求取坐标,还可以从 1∶500 的底图上量取坐标。

人的眼睛能分辨的图上距离通常为 0.1mm,加上图上主要地物点本身可能有 ±0.5～0.75mm 的点位误差,故量取的总误差可能达到 ±0.5～0.76mm。在 1∶500 比例尺的底图上量取坐标,则相当于实地点位可能有 ±0.25～0.38m 的误差。

规范规定三级界址点的点位中误差为 0.25m,基本上也就是 1∶500 比例尺的测图精度。故采用大平板仪视距法,经纬仪配合小平板测绘,以及小平板配合皮尺量距等均可以实测三级界址。用视距测量法施测距离时,测站点至界址点的最大视距不能超过 40m;用皮尺量距时,测站点至界址点的最大长度不超过 50m。此外,还可用高精度摄影测量的方法加密界址点坐标,它具有获取速度快,精度高,外业工作量少的特点。

五、界址点的成果表

界址点外业测量结束后通过内业平差计算得出各界址点坐标成果。对界址点一般应以编号单元为单位编制成果表,格式见表9-2。

表9-2　界址点成果表

编号单元(房产分区号或图幅号)

丘号	界址点编号	标志类型	等级	坐　标		间距	点位说明
				X	Y		

测绘单位:　　填表者:　　　检查者:　　　填表日期　　年　　月

表中标志类型据实填写"混凝土、石灰、钢筋、钢棍、喷涂"等,间距为同一权属界线上相邻界址点之间的距离;点位说明,主要对界标进行说明,有时也可说明界址点与相对地物的相对关系。

第三节　地籍图的测绘

一、地籍图的概念

按照特定的投影方法、比例关系和专用符号把地籍要素及其有关的地物和地貌测绘在平面图纸上的图形称地籍图。地籍图、地籍数据和地籍表册通过特定的标识符建立有序的对应关系。

地籍图具有国家基本图的特性。一个国家的整个国土范围由于被占有或使用或利用而被分割成许多地块和土地权属单位,并且无一遗漏,整个国土面积,不论城镇、农村,还是边远地区,均必须测设地籍图。

地籍图只能表示基本的地籍要素和地形要素。一张地籍图,并不能表示出所有应该要表示或描述的地籍要素。它主要直观地表达自然的或人造的地物和地貌,对应的地籍空间要素的属性在地籍图上只能用标识符来对此进行有限的表达,这些标识符与地籍数据和地籍表册建立了一种有序的对应关系,从而使地籍资料有机地联系在一起。这是因为地籍图一方面受到比例尺的限制,另一方面还应符合图的可读性和美学要求。

二、地籍图比例尺

地籍图比例尺的选择应满足地籍管理的需要。地籍图需准确地表示土地的权属界址及土地上附着物等的细部位置,为地籍管理提供基础资料,特别是地籍测量的成果资料将提供给很多部门使用,故地籍图应选用大比例尺。考虑到城乡土地经济价值的差别,农村地区地籍图的比例尺比城镇地籍图的比例尺可小一些。即使在同一地区,也可视具体情况及需要采用不同的地籍图比例尺。

世界上各国地籍图的比例尺系列不一,目前比例尺最大的为 1：250,最小的为 1：5 万。根据国情,我国地籍图比例尺系列一般规定为:城镇地区(指大、中、小城市及建制镇以上地区)地籍图的比例尺可选用 1：500、1：1000、1：2000,其基本比例尺为 1：1000;农村地区(含土地利用现状图和土地所有权属图)地籍图的测图比例尺可选用 1：5000、1：1 万、1：2.5 万、1：5 万,其基本比例尺为 1：1 万。

为了满足权属管理的需要,农村居民地及乡村集镇可测绘农村居民地地籍图。农村居民地(或称宅基地)地籍图的测图比例尺可选用 1：1000 或 1：2000。急用图时,也可编制任意比例尺的农村居民地地籍图,以能准确地表示地籍要素为准。

三、地籍图的分幅与编号

1. 城镇地籍图的分幅与编号

城镇地籍图的幅面通常采用 50cm × 50cm 和 50cm × 40cm,分幅方法采用有关规范所要求的方法,便于各种比例尺地籍图的连接。

当 1：500、1：1000、1：2000 比例尺地籍图采用正方形分幅时,图幅大小均为 50cm × 50cm,图幅编号按图廓西南角坐标公里数编号,X 坐标在前,Y 坐标在后,中间用短横线连接,如图 9-6 所示。

1：2000 比例尺地籍图的图幅编号为:689 – 593;

1：1000 比例尺地籍图的图幅编号为:689.5 – 593.0;

1：500 比例尺地籍图的图幅编号为:689.75 – 593.50。

当 1：500、1：1000、1：2000 比例尺地籍图采用矩形分幅时,图幅大小均为 40cm × 50cm,图幅编号方法同正方形分幅,如图 9-7 所示。

1：2000 比例尺地籍图的图幅编号为:689 – 593;

1：1000 比例尺地籍图的图幅编号为:689.4 – 593.0;

1：500 比例尺地籍图的图幅编号为:689.60 – 593.50。

若测区已有相应比例尺地形图,地籍图的分幅与编号方法可沿用地形图的分幅与编号,并于编号后加注图幅内较大单位名称或著名地理名称命名的图名。

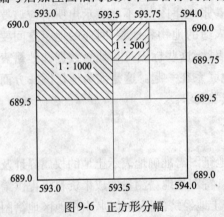

图 9-6 正方形分幅

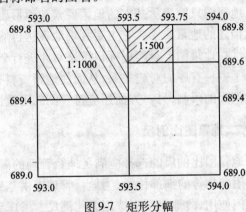

图 9-7 矩形分幅

2. 农村地籍图的分幅和编号

农村居民地地籍图的分幅和编号与城镇地籍图相同。若是独立坐标系统,则是县、乡(镇)、行政村、组(自然村)给予代号排列而成。

农村地籍图(包括土地利用现状图和土地所有权属图)按国际标准分幅编号。

无论是城镇地籍图,还是农村地籍图,均应取注本幅图内最著名的地理名称或企事业单位、学校等名称作为图名,以前已有的图名一般应沿用。

3. 农村地籍图的图幅元素

图幅元素是表示图幅位置和大小的一组数据。由于城镇地籍图比例尺大,图幅尺寸大小不随经纬度而变化,图幅元素由规定的方法确定。农村地籍图比例尺一般在 1:5000 至 1:5 万之间,多采用梯形分幅,图廓线为经纬线,图幅元素构成如下:

大地经纬度	L, B
高斯平面直角坐标	X, Y
南北及东西图廓线长	a 南,a 北,$c(\text{cm})$
图幅对角线长	$d(\text{cm})$
图幅面积	$p(\text{km}^2)$
子午线收敛角	r

测量人员应先查取图幅元素,以了解图幅的位置和大小,展绘图廓点。在整理成果时,图幅元素还必须填写到图历档案中去,以供内业使用。在土地利用现状调查中,图幅理论面积将作为真值,用以乡、村和各类土地面积的量算与平差的控制。

由高斯投影可知,当知道图廓的地理坐标之后,可用高斯投影正算公式解出图幅元素。测绘部门编制了高斯投影图廓坐标表(可查取 1:5000 和 1:1 万比例尺图幅元素)、高斯 – 克吕格三度带投影图廓坐标表(可查取 1:2000 ~ 1:1 万比例尺图幅元素)和高斯 – 克吕格六度带投影图廓坐标表(可查取 1:1 万 ~ 1:20 万比例尺图幅元素),用于查取图幅元素,方便适用。

四、地籍图的基本内容

1. 地籍要素

(1)界址。包括各级行政界址和土地权属界址。不同等级的行政境界相重合时只表示高级行政境界,境界线在拐角处不得间断,应在转角处绘出点或线。当土地权属界址线与行政界线、地籍区(街道)界或地籍子区(街坊)界重合时,应结合线状地物符号突出表示土地权属界址线,行政界线可移位表示。

(2)地籍要素编号。包括街道(地籍区)号、街坊(地籍子区)号、宗地号或地块号、房屋栋号、土地利用分类代码、土地等级等,分别注记在所属范围内的适中位置,当被图幅分割时应分别进行注记。如宗地或地块面积太小注不下时,允许移注在宗地或地块外空白处并以指示线标明。

(3)土地坐落。由行政区名、街道名(或地名)及门牌号组成。门牌号除在街道首尾及拐弯处注记外,其余可跳号注记。

(4)土地权属主名称。选择较大宗地注记土地权属主名称。

2. 地物要素

(1)作为界标物的地物如围墙、道路、房屋边线及各类垣栅等应表示。

(2)房屋及其附属设施:房屋以外墙勒脚以上外围轮廓为准,正确表示占地状况,并注记房屋层数与建筑结构。装饰性或加固性的柱、垛、墙等不表示;临时性或已破坏的房屋不表示;墙体凸凹小于图上 0.4mm 不表示;落地阳台、有柱走廊及雨篷、与房屋相连的大面积台阶和室外楼梯等应表示。

(3)工矿企业露天构筑物、固定粮仓、公共设施、广场、空地等绘出其用地范围界线,内置相应符号。

(4)铁路、公路及其主要附属设施,如站台、桥梁、大的涵洞和隧道的出入口应表示,铁路路轨密集时可适当取舍。

(5)建成区内街道两旁以宗地界址线为边线,道牙线可取舍。

(6)城镇街巷均应表示。

(7)塔、亭、碑、像、楼等独立地物应择要表示,图上占地面积大于符号尺寸时应绘出用地范围线,内置相应符号或注记。公园内一般的碑、亭、塔等可不表示。

(8)电力线、通讯线及一般架空管线不表示,但占地塔位的高压线及其塔位应表示。

(9)地下管线、地下室一般不表示,但大面积的地下商场、地下停车场及与他项权利有关的地下建筑应表示。

(10)大面积绿化地、街心公园、园地等应表示。零星植被、街旁行树、街心小绿地及单位内小绿地等可不表示。

(11)河流、水库及其主要附属设施如堤、坝等应表示。

(12)平坦地区不表示地貌,起伏变化较大地区应适当注记高程点。

(13)地理名称注记。

3. 数学要素

(1)图廓线、坐标格网线的展绘及坐标注记。

(2)埋石的各级控制点位的展绘及点名或点号注记。

(3)图廓外测图比例尺的注记。

五、地籍图的测绘

1. 地籍图的精度要求

通常地籍图的精度包括绘制精度和基本精度两个方面。

(1)绘制精度。绘制精度主要指图上绘制的图廓线、对角线及图廓点、坐标格网点、控制点的展点精度,通常要求是:内图廓长度误差不得大于 ±0.2mm,内图廓对角线误差不得大于 ±0.3mm,图廓点、坐标格网点和控制点的展点误差不得超过 ±0.1mm。

(2)基本精度。地籍图的基本精度主要指界址点、地物点及其相关距离的精度。通常要求如下:

1)相邻界址点间距、界址点与邻近地物点之间的距离中误差不得大于图上 ±0.3mm。依测量数据转绘的上述距离中误差不得大于图上 ±0.3mm。

2)宗地内外与界址边相邻的地物点,不论采用何种方法测定,其点位中误差不得大于图

154

上 ±0.4mm,邻近地物点间距中误差不得大于图上 ±0.5mm。

2. 平板仪测图

平板仪测图的方法,一般适用于大比例尺的城镇地籍图和农村居民地地籍图的测制,其作业顺序为测图前的准备(图纸的准备、坐标格网的绘制、图廓点及控制占的展绘),测站点的增设,碎部点(界址点、地物点)的测定,图边拼接,原图整饰,图面检查验收等工序。

碎部点的测定方法一般都采用极坐标法和距离交会法。在测绘地籍图时,通常先利用实测的界址点展绘出宗地位置,再将宗地内外的地籍、地形要素位置测绘于图上。这样做可减少地物测绘错误发生的概率。

3. 摄影测量测制地籍图

摄影测量在地籍测量中的应用主要有下列几个方面:

(1)测制多用途地籍图。

(2)用于土地利用现状分类的调查、制作农村地籍图和土地利用现状图。

(3)加密界址点坐标(主要用于农村地区土地所有权界址点)。

(4)作为地籍数据库的数据采集站。

当用于制作城镇地籍图时,通常用全站仪实测界址点坐标。

摄影测量作为有别于晋通测量技术的另一种测量技术,已从传统的模拟法过渡到解析法并向数字摄影测量方向发展,并广泛应用于地籍测量工作中。无论摄影测量处于何种发展阶段,制作地籍图和其他图件的作业流程大致如图 9-8 所示。

现阶段,摄影测量技术主要用于测制农村地籍图。对农村地籍,界址点的精度要求较低,一般为 0.25 ~ 1.50m(居民点除外),因此可在航片上直接描绘出土地权属界线的情况。如有正射像片或立体正射像片,则可直接从中确定出土地利用类别和土地权属界线,并方便地测算出各土地利用类别的面积和土地权属单位的面积。借助数字摄影测量系统可制作出数字线划土地利用现状图和农村地籍图。

4. 编绘法成图

大多数城镇已经测制有大比例尺的地形图,在此基础上按地籍的要求编绘地籍图,不失为快速、经济、有效的方法。如地形图已数字化,则可直接在计算机上编绘地籍图。为满足对地籍资料的急需,可利用测区内已有地形图、影像平面图编制地籍图。

(1)模拟地籍图的编绘。

1)作业程序:

① 首先选用符合地籍测量精度要求的地形图、影像平面图作为编绘底图(即地形图或影像平面图地物点点位中误差应在 ±0.5mm 以内)。编绘底图的比例尺大小应尽可能选用与编绘的地籍图所需比例尺相同。

② 由于地形图或影像平面图的原图一般不能提供使用,故必须利用原图复制成二底图。复制后的二底图应进行图廓方格网变化情况和图纸伸缩的检查,当其限差不超过原绘制方格网、图廓线的精度要求时,方可使用。

③ 外业调绘工作可在该测区已有地形图(印刷图或紫、蓝晒图)上进行,按地籍测量外业调绘的要求执行。外业调绘时,对测区的地物的变化情况加以标注,以便制定修测、补测的计划。

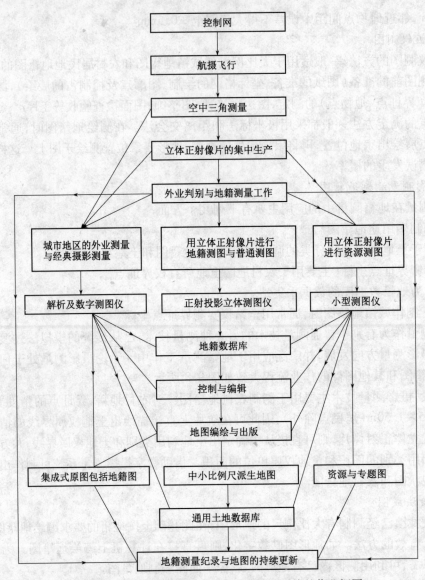

图 9-8　包括地籍测量在内的集成式测图系统的作业框图

④ 补测工作在二底图上进行。补测时应充分利用测区内原有控制点,如控制点的密度不够时则应先增设测站点。必要时也可利用固定的明显地物点,采用交会定点的方法,施测少量所需补测的地物。

补测的内容主要有界址点的位置,权属界址线所必须参照的线状地物,新增或变化了的地物等地籍和地形要素。补测后相邻界址点和地物点的间距中误差,不得大于图上 ±0.6mm。

⑤ 外业调绘与补测工作结束后,将调绘结果转绘到二底图上,并加注地籍要素的编号与注记,然后进行必要的整饰、着墨,制作成地籍图的工作底图(或称草编地籍图)。

⑥ 在工作底图上,采用薄膜透绘方法,将地籍图所必须的地籍和地形要素透绘出来,舍去地籍图上不需要的部分(如等高线)。蒙透绘所获得的薄膜图经清绘整饰后,即可制作成正式

的地籍图。

2）编绘的精度：模拟地籍图编绘的精度取决于所利用的地形图或影像平面图的精度。当地形原图的精度超过一定限值时，该图就不适用于编绘地籍图。当利用测区已有较小一级比例尺地形图放大后编制地籍图，如用1：1000比例尺地形图放大为1：500比例尺地形图，以编绘1：500比例尺地籍图时，首先必须考虑放大后地形原图的精度，能否满足地籍图的精度要求。通常模拟编绘的地籍图上，界址点和地物点相对于邻近地籍图根控制点的点位中误差及相邻界址点的间距中误差不得超过图上±0.6mm，具体公式推导见有关书籍。

（2）数字地籍图的编绘。如图9-9所示，利用地形（地籍）图编制数字地籍图就是以现有的满足精度要求的大比例尺地形（地籍）图为底图，结合部分野外调查和测量对上述数据进行补测或更新，然后数字化，经编辑处理形成以数字形式表示的地籍图。为了满足地籍权属管理的需要，对界址点通常采用全野外实测的方法。编制数字地籍图的基本步骤为编辑准备阶段、数字化阶段、数据编辑处理阶段和图形输出阶段。

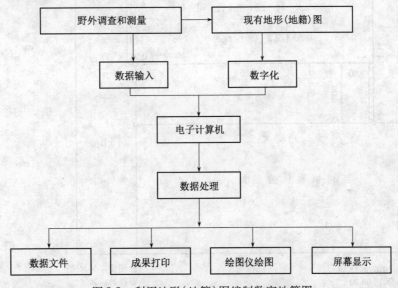

图9-9 利用地形（地籍）图编制数字地籍图

第四节 宗地图的测绘

一、宗地图的概念

宗地图是以宗地为单位编绘的地籍图。它是在地籍测绘工作的后阶段，当对界址点坐标进行检核后，确认准确无误，并且在其他的地籍资料也正确收集完毕的情况下，依照一定的比例尺制作成的反映宗地实际位置和有关情况的一种图件。日常地籍工作中，一般逐宗实测绘制宗地图。宗地图样图如图9-10所示。

宗 地 图 样 例

单位：m·m²

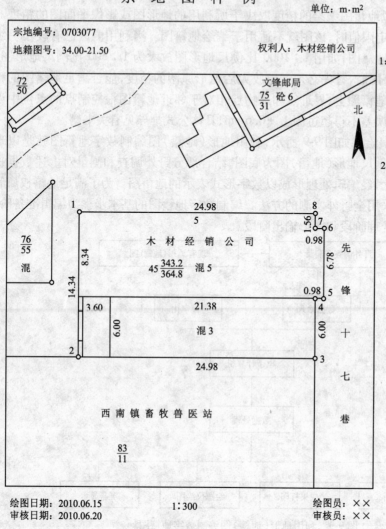

图 9-10　宗地图样图

二、宗地图的内容

通常要求宗地图的内容与分幅地籍图保持一致，具体内容如下：

（1）所在图幅号、地籍区（街道）号、地籍子区（街坊）号、宗地号、界址点号、利用分类号、土地等级、房屋栋号。

（2）用地面积和实量界址边长或反算的界址边长。

（3）邻宗地的宗地号及相邻宗地间的界址分隔示意线。

（4）紧靠宗地的地理名称。

（5）宗地内的建筑物、构筑物等附着物及宗地外紧靠界址点线的附着物。

（6）本宗地界址点位置、界址线、地形地物的现状、界址点坐标表、权利人名称、用地性质、用地面积、测图日期、测点(放桩)日期、制图日期。

(7)指北方向和比例尺。

(8)为保证宗地图的正确性,宗地图要检查审核,宗地图的制图者、审核者均要在图上签名。

三、宗地图的特性

根据宗地图的概念和内容,宗地图有以下特性:

(1)是地籍图的一种附图,是地籍资料的一部分。

(2)图中数据都是实量或实测得到,精度高并且可靠。

(3)其图形与实地有严密的数学相似关系。

(4)相邻宗地图可以拼接。

(5)标识符齐全,人工和计算机都可方便地对其进行管理。

四、宗地图的作用

基于以上特性,宗地图有以下作用:

(1)宗地图是土地证上的附图,它通过具有法律手续的土地登记过程的认可,使土地所有者或使用者对土地的使用或拥有有可靠的法律保证,宗地草图却不能做到这一点。

(2)是处理土地权属问题的具有法律效力的图件,比宗地草图更能说明问题。

(3)在变更地籍测绘中,通过对这些数据的检核与修改,可以较快地完成地块的分割与合并等工作,直观地反映了宗地变更的相互关系,便于日常地籍管理。

五、宗地图的测绘技术要求

测绘宗地图时,应做到界址线走向清楚,坐标正确无误,面积准确,四至关系明确,各项注记正确齐全,比例尺适当。

宗地图图幅规格根据宗地的大小选取,一般为 32 开、16 开、8 开等,界址点用 1.0mm 直径的圆圈表示,界址线粗 0.3mm,用红色或黑色表示。

宗地图在相应的基础地籍或调查草图的基础上编制,宗地图的图幅最好是固定的,比例尺可根据宗地大小选定,以能清楚表示宗地情况为原则。

第五节　房产分幅图的测绘

房产分幅图是全面反映房屋及其用地的位置和权属等状况的基本图,是测制分丘图和分户图的基础资料。

分幅图应表示的内容包括控制点、行政境界、丘界、房屋及附属设施和房屋围护物、丘号、幢号、房产权号、门牌号、房屋产别、结构、层数、房屋用途和用地分类等,以及与房产有关的地形要素和注记等,如图9-11 所示。

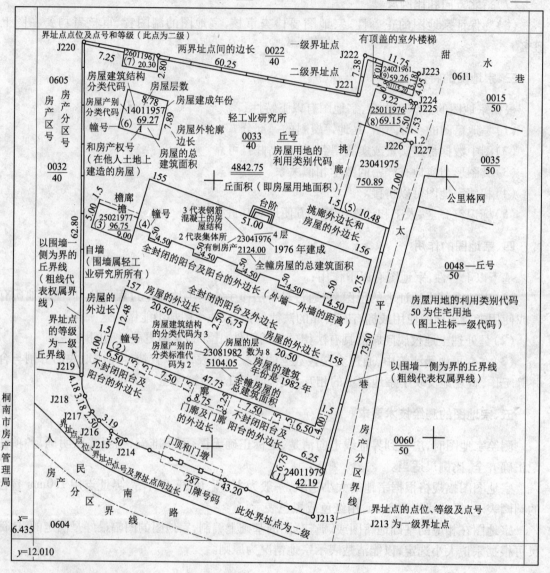

图 9-11　房产分幅图

一、控制点

主要是平面控制点,包括基本控制点(一、二、三、四等国家平面控制网点,二、三、四等城市平面控制网点,二、三、四等城镇地籍控制网点,以及一、二级小三角测量网点,一、二级小三边测量网点,一、二级导线测量网点)和房产平面一、二、三级控制点。这些点都是测图的测站点,应精确地将其展绘在图上。

二、行政境界

行政境界一般只表示区、县和镇的境界线。街道办事处或乡的境界根据需要表示;两级境界线重合时,用高一级境界线表示;境界线与丘界线重合时,用境界线表示;境界线跨越图幅时,应在图廓间的界端注出行政区划名称。

三、房产区界

房产区界包括房产区界和房产分区界,在房产分幅图和分丘图上都要表示,如图9-12所示。

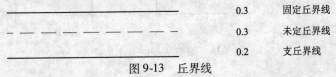

图9-12　房产区界

四、丘界线

房屋用地界线即房产用地权属界线,一般为丘界线。丘界线有硬界和软界之分,有固定界标的为硬界,无固定界标的为软界。

组合丘内还可划分支丘,支丘在房产图上应表示。丘内有不同的土地利用类别的,用地类界区分表示。

丘界包括界址点、丘界线和丘号,以及丘的用地用途分类代码。对于明确又无争议的丘界线用实线表示,有争议或无明显界线又提不出凭证的用未定丘界线表示;丘界线与单线地物重合时,单线地物符号不变,线划按丘界线加粗表示,如图9-13所示。

	0.3	固定丘界线
0.3	未定丘界线
0.2	支丘界线

图9-13　丘界线

五、房屋权界线

房屋权界线其核心是墙体的归属,即把共有墙、自墙和借墙分别进行表示。房屋权界线的产权归属以"权属指示线"表示。权属指示线为线粗0.15mm、线长1.0mm的一短直线。直线由房屋权界线起,垂直于房屋权界线,指向产权所有人一方,在房屋权界线上每隔1~2cm划一"权属指示线"。有的也用一条边居中平均划三条短线表示。权属以栅栏、栏杆、篱笆、铁丝网为界时,其产权归属亦在相应界线上用"权属指示线"表述,如图9-14所示。

图9-14　房屋权界线

六、房屋

对房产图上的要素描述,最主要的房地产要素是房屋,描述时的规则是:地面的或与地面相交的地物,均以实线表示;悬空的一般用虚线表示,例如悬空的阳台、门顶、架空房屋、架空通廊、挑楼、高架路等悬空地物,都用虚线表示,而柱、墙、路、地面房屋则以实线表示。

房屋包括幢号、房屋轮廓线、房屋性质的三个代码(产别、结构、层数)等。房屋包括一般房屋、架空房屋和窑洞等。房屋应分幢测绘,以外墙勒脚以上外围轮廓的水平投影为准,装饰性的柱和加固墙等一般不表示;临时性的过渡房屋及活动房屋不表示;同幢房屋层数不同的应测绘出分层线。

1. 一般房屋

一般房屋不分种类和特征,均以实线绘出,轮廓线内需注明产别、建筑结构、层数、幢号,如图 9-15 所示。

2. 架空房屋

架空房屋是指底层架空,以支撑物作承重的房屋。其架空部位一般为通道、水域或斜坡,如廊房、骑楼、过街楼、吊角楼、挑楼、水榭等。架空房屋以

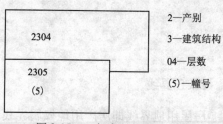

图 9-15　一般房屋的表示方法

房屋外围轮廓投影为准,用虚线表示,虚线内四角加绘小圆圈表示支柱,轮廓线内注记与一般房屋注记规定的内容,如图 9-16 所示。

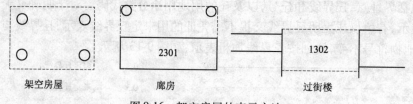

图 9-16　架空房屋的表示方法

3. 窑洞

窑洞是指在坡壁上挖成洞供人使用的住所。地面上窑洞符号底部绘在洞出入处,按真方向表示;地面下窑洞是指从地面向下挖成平底坑,再在坑壁上挖成洞的住所,符号绘在坑轮廓内,如图 9-17 所示。

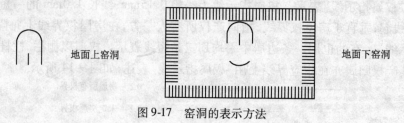

图 9-17　窑洞的表示方法

七、房屋附属设施

房屋附属设施包括柱廊、檐廊、架空通廊、底层阳台、门廊、门顶、门、门墩和室外楼梯,以及

和房屋相连的台阶等均应实测。其阳台一层封闭的和不封闭的要分别用不同的符号表示。

（1）柱廊以柱的外围为准，图上只表示四角或转折处的支柱。

（2）底层阳台以底板投影为准。

（3）门廊以柱或围护物外围为准，独立柱的门廊以顶盖投影为准。

（4）门顶以顶盖投影为准。

（5）门墩以墩的外围为准。

（6）室外楼梯以水平投影为准，宽度小于图上 1mm 的不表示。

（7）与房屋相连的台阶按水平投影表示，不足五阶的不表示。

八、房屋围护物

房屋围护物包括围墙、栅栏、栏杆、篱笆和铁丝网等均应实测，其符号的中心线是实地物体的中心位置。其他围护物根据需要表示；临时性或残缺不齐的和单位内部的围护物不表示。

九、房产要素和编号

房产要素和房产编号包括房产区号和房产分区号、丘号、丘支号、幢号、房产权号、门牌号（门牌号注在房屋轮廓外实际开门处）、房屋产别、结构、层数、房屋用途和用地分类，根据调查资料以相应的数字、文字和符号表示。当注记过密容纳不下时，除丘号、丘支号、幢号和房产权号必须注记，门牌号可首末两端注记或中间跳号注记，其他注记按上述顺序从后往前省略。

十、地形要素

与房产管理有关的地形要素包括铁路、道路、桥梁、水系、独立地物、公共设施和绿化地等。亭、塔、烟囱、罐以及水井、停车场、球场、花圃、草地等根据需要表示，并加绘相应符号或加简注。

（1）铁路以两轨外缘为准；道路以路缘为准；桥梁以外围投影为准；沟、渠、水塘、游泳池以坡顶为准，其中水塘、游泳池等应加简注。

（2）亭以柱的外围为准；塔、烟囱和罐以底部外围轮廓为准；水井以井的中心为准；停车场、球场、花圃、草地等以地类界表示，并加注相应符号或加简注。

十一、地理名称注记

地理名称注记包括自然名称；镇以上人民政府各级行政机构名称；工矿、企事业单位名称的注记；主要街道的名称。地名的总名和分名应用不同的字级分别注记；同一地名被分割或面积较大、延伸较长的地域、地物，需分别标注。

十二、图廓整饰

图廓整饰包括图名、图幅编号、测图日期、比例尺、起止丘号、施测单位等。

第六节　房产分丘图与分层分户图的测绘

一、房产分丘图测绘

房产分丘平面图是分幅图的局部图,是绘制房产权证附图的基本图,是根据核发房屋所有权证需要,以门牌、户院、产别及其所占有土地的范围,分丘绘制成图。分丘平面图是作为权属依据的产权图,一经确权就具有法律效力,是保护房屋所有权人合法权益的凭证,如图9-18所示。

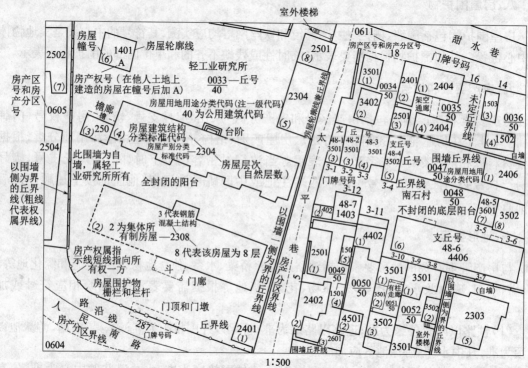

图9-18　房产分丘图

1. 分丘图的规格

(1)分丘图的坐标系统与分幅图的坐标系统一致。

(2)分丘图的比例尺,应根据丘面积的大小和需要在1:1000~1:100之间选用。

(3)分丘图没有分幅编号问题。分丘图的幅面可在787mm×1092mm的1/32~1/4之间选用,其编号按分幅图上的编号。

(4)图纸一般采用聚酯薄膜,也可选用其他图纸。

(5)分丘图以丘为单位实地测绘,也可选用分幅图结合房产调查表绘制。

2. 分丘图测绘的内容和表示方法

(1)测绘的内容。分丘图的内容除表示分幅图的内容外,还应表示以下内容:

1)房屋权界线,包括房屋墙体的归属和四至关系。

2）界址点的点位和点号,包括界址点间的边长。

3）在房屋产别、房屋结构和房屋层数之后应加注房屋建成年份代码。

4）房屋用地面积和房屋建筑面积。

5）房屋各边长尺寸以及阳台、挑廊等有关轮廓尺寸。

（2）测绘方法。利用已有的房产分幅图,结合房地产调查资料,按本丘范围展绘界址点,描述房屋等地物,实地丈量界址边、房屋边等长度,修测、补测成图。

（3）表示方法。

1）房屋应分幢丈量边长,用地按丘丈量边长,边长标注至0.01m,也可由界址点的坐标计算边长,对不规则的弧形,可按折线分段丈量。边长量取至少两次,结果较差不超下式规定 $\Delta D = \pm 0.04D$（D 为边长）。

2）在测绘本丘的房屋和用地时,应适当绘出与邻丘相连的地物。如与邻丘毗连墙体时,共有墙以墙体中间为界,量至墙体厚度的1/2处;借墙量至墙体的内侧;自有墙量至墙体外侧并用各自相应的符号表示。

3）房屋权界线与丘界线重合时,用丘界线表示;房屋轮廓线与房屋权界线重合时,用房屋权界线表示。

4）界址点点号应以图幅为单位,按丘号的顺序顺时针统一编立,图上分别用符号表示,并注记等级及点号,点号前冠以英文字母"J"。

5）房屋建成年份是指房屋实际竣工年份（在分丘图上表示,在分幅图上不表示）;拆除翻建者,应以翻建竣工年份为准。

房屋建成年份用并列的四位数字注记在房屋层数的后边,如图9-19所示。

6）丘面积（即房屋）用地面积注记在丘号下方正中,下加两道横线。

7）建筑面积以幢为单位,注记在房屋产别、结构、层数、建成年份等数下方正中,下加一道横线。

8）注明所有周邻产权所有单位（或人）的名称,各种注记的字头应朝北或朝西。

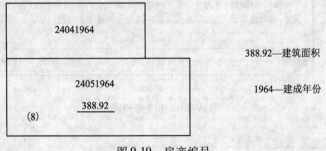

图9-19 房产编号

二、房产分层分户图测绘

房屋分层分户图是在分丘图基础上绘制的局部图,以一户产权人为单位,表示房屋权属范围的局部图,以明确房产毗连房屋的权利界线,是供核发房屋产权证的附图和依据,是产权产籍管理的重要资料。过去要求是单独绘制分户图,为了适应新的《房屋所有权证》的需要,新的《房产测量规范》（GB/T 17986—2000）对分户图做了较大的修改，新的分户图用表图结合的形式进行表述，一些重要的数据，过去都只表示在图形中，现要求以表带图（图放在表格之内），把一些重要的结论性的数据，例如建筑面积、分摊共有面积、产权面积都放在表格中显著的位置；把丘号、幢号、户号等也放在表格之内。这样房屋的位置、形状、数量、产权状况等均一目了然地表述在一张图纸上，如图9-20所示。

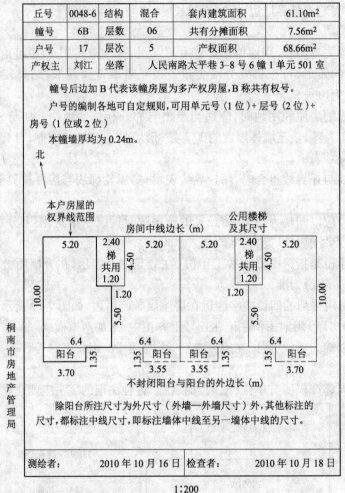

丘号	0048-6	结构	混合	套内建筑面积	61.10m²
幢号	6B	层数	06	共有分摊面积	7.56m²
户号	17	层次	5	产权面积	68.66m²
产权主	刘江	坐落		人民南路太平巷3–8号6幢1单元501室	

幢号后边加B代表该幢房屋为多产权房屋，B称共有权号。

户号的编制各地可自定规则，可用单元号（1位）+层号（2位）+房号（1位或2位）

本幢墙厚均为0.24m。

北

本户房屋的权界线范围

房间中线边长（m）

公用楼梯及其尺寸

不封闭阳台与阳台的外边长（m）

除阳台所注尺寸为外尺寸（外墙—外墙尺寸）外，其他标注的尺寸，都标注中线尺寸，即标注墙体中线至另一墙体中线的尺寸。

测绘者：	2010年10月16日	检查者：	2010年10月18日

桐南市房地产管理局

1:200

图9-20　房产分户图

1. 房产分户图主要表述的内容

（1）本户所在的丘号、幢号、户号、坐落、结构、层数、层次、产权主姓名（或名称）、户（套）内建筑面积、共有分摊面积、产权面积。

（2）房屋层（户）的轮廓、权界线（墙体归属）、共有部位，并注出房屋边长。

（3）指北方向线及概略比例尺。

2. 房产分户图规格与表示方法

（1）分户图的方位应使房屋的主要边线与图框边线平行，按房屋的方向横放或竖放，并在适当位置加绘指北方向线。

（2）分户图比例尺一般为1：200，当房屋图形过大或过小时，比例尺可适当放大或缩小。

（3）分户图图上房屋的丘号、幢号，应与分丘图上的编号一致。房屋边长应实际丈量，注记取至0.01m注在图上相应位置。

（4）分户图的幅面大小可与"房屋所有权证"幅面大小一致，可以直接作为"房屋所有权证"的附图。

在房产分户图绘制时，尽量参考建筑图纸，用量测的数据和建筑设计图纸进行认真比较，以保证数据的正确性。

第七节　房产面积测算

一、一般规定

1. **房产面积测算的内容**

面积测算系指水平面积测算。分为房屋面积和用地面积测算两类，其中房屋面积测算包括房屋建筑面积、共有建筑面积、产权面积、使用面积等测算。

2. **房屋的建筑面积**

房屋建筑面积系指房屋外墙（柱）勒脚以上各层的外围水平投影面积，包括阳台、挑廊、地下室、室外楼梯等，且具备有上盖，结构牢固，层高2.20m以上（含2.20m）的永久性建筑。

3. **房屋的使用面积**

房屋使用面积系指房屋户内全部可供使用的空间面积，按房屋的内墙面水平投影计算。

4. **房屋的产权面积**

房屋产权面积系指产权主依法拥有房屋所有权的房屋建筑面积。房屋产权面积由直辖市、市、县房地产行政主管部门登记确权认定。

5. **房屋的共有建筑面积**

房屋共有建筑面积系指各产权主共同占有或共同使用的建筑面积。

6. **面积测算的要求**

各类面积测算必须独立测算两次，其较差应在规定的限差以内，取中数作为最后结果。

量距应使用经检定合格的卷尺或其他能达到相应精度的仪器和工具。面积以平方米为单位，取至0.01m。

二、房屋建筑面积测算的规定

1. **计算全部建筑面积的范围**

（1）永久性结构的单层房屋，按一层计算建筑面积；多层房屋按备层建筑面积的总和计算。

（2）房屋内的夹层、插层、技术层及其梯间，电梯间等其高度在2.20m以上部位计算建筑面积。

（3）穿过房屋的通道，房屋内的门厅、大厅，均按一层计算面积。门厅、大厅内的回廊部分,层高在 2.20m 以上的,按其水平投影面积计算。

（4）楼梯间、电梯（观光梯）井、提物井、垃圾道、管道井等均按房屋自然层计算面积。

（5）房屋天面上,属永久性建筑,层高在 2.20m 以上的楼梯间、水箱间、电梯机房及斜面结构屋顶高度在 2.20m 以上的部位,按其外围水平投影面积计算。

（6）挑楼、全封闭的阳台按其外围水平投影面积计算。

（7）属永久性结构有上盖的室外楼梯,按各层水平投影面积计算。

（8）与房屋相连的有柱走廊,两房屋间有上盖和柱的走廊,均按其柱的外围水平投影面积计算。

（9）房屋间永久性的封闭的架空通廊,按外围水平投影面积计算。

（10）地下室、半地下室及其相应出入口,层高在 2.20m 以上的,按其外墙（不包括采光井、防潮层及保护墙）外围水平投影面积计算。

（11）有柱或有围护结构的门廊、门斗,按其柱或围护结构的外围水平投影面积计算。

（12）玻璃幕墙等作为房屋外墙的,按其外围水平投影面积计算。

（13）属永久性建筑有柱的车棚、货棚等按柱的外围水平投影面积计算。

（14）依坡地建筑的房屋,利用吊脚做架空层,有围护结构的,按其高度在 2.20m 以上部位的外围水平面积计算。

（15）有伸缩缝的房屋,若其与室内相通的,伸缩缝计算建筑面积。

2. 计算一半建筑面积的范围

（1）与房屋相连有上盖无柱的走廊、檐廊,按其围护结构外围水平投影面积的一半计算。

（2）独立柱、单排柱的门廊、车棚、货棚等属永久性建筑的,按其上盖水平投影面积的一半计算。

（3）未封闭的阳台、挑廊,按其围护结构外围水平投影面积的一半计算。

（4）无顶盖的室外楼梯按各层水平投影面积的一半计算。

（5）有顶盖不封闭的永久性的架空通廊,按外围水平投影面积的一半计算。

3. 不计算建筑面积的范围

（1）层高小于 2.20m 的夹层、插层、技术层和层高小于 2.20m 的地下室和半地下室。

（2）凸出房屋墙面的构件、配件、装饰柱、装饰性的玻璃幕墙、垛、勒脚、台阶、无柱雨篷等。

（3）房屋之间无上盖的架空通廊。

（4）房屋的天面、挑台、天面上的花园、泳池。

（5）建筑物内的操作平台,上料平台及利用建筑物的空间安置箱、罐的平台。

（6）骑楼、过街楼的底层用作道路街巷通行的部分。

（7）利用引桥、高架路、高架桥、路面作为顶盖建造的房屋。

（8）活动房屋、临时房屋、简易房屋。

（9）独立烟囱、亭、塔、罐、池、地下人防干（支）线。

（10）与房屋室内不相通的房屋间伸缩缝。

三、用地面积测算

1. 用地面积测算的范围

用地面积以丘为单位进行测算,包括房屋占地面积、其他用途的土地面积测算,各项地类面积的测算。

2. 土地不计入用地面积的土地

(1)无明确使用权属的冷巷、巷道或间隙地。

(2)市政管辖的道路、街道、巷道等公共用地。

(3)公共使用的河涌、水沟、排污沟。

(4)已征用、划拨或者属于原房地产证记载范围,经规划部门核定需要作市改建设的用地。

(5)其他按规定不计入用地的面积。

3. 用地面积测算的方法

用地面积测算可采用坐标解析计算、实地量距计算和图解计算等方法。

四、面积测算方法与精度要求

1. 坐标解析法

(1)根据界址点坐标成果表上数据,按下式计算面积。

$$S = \frac{1}{2} \sum_{i=1}^{n} X_i (Y_{i+1} - Y_{i-1}) \tag{9-2}$$

或
$$S = \frac{1}{2} \sum_{i=1}^{n} X_i (X_{i+1} - X_{i-1})$$

式中　S——面积(m^2);

　　X_i——界址点的纵坐标(m);

　　Y_i——界址点的横坐标(m);

　　n——界址点个数;

　　i——界址点序号,按顺时针方向顺编。

(2)面积中误差按下式计算。

$$m_s = \pm m_j \sqrt{\frac{1}{8} \sum_{i=1}^{n} D_{i-1,i+1}^2} \tag{9-3}$$

式中　m_s——面积中误差(m^2);

　　m_j——相应等级界址点规定的点位中误差(m);

$D_{i-1,i+1}$——多边形中对角线长度(m)。

2. 实地量距法

(1)规则图形,可根据实地丈量的边长直接计算面积;不规则图形,将其分割成简单的几何图形,然后分别计算面积。

(2)面积误差按规定计算,其精度等级的使用范围,由各城市的房地产行政主管部门根据当地的实际情况决定。

3. 图解法

图上量算面积,可选用求积仪法、几何图形法等方法。图上面积测算均应独立进行两次。

两次量算面积较差不得超过下式规定:

$$\Delta S = \pm 0.0003 M \sqrt{S}$$

式中　ΔS——两次量算面积较差,m^2;

S——所量算面积,m^2;

M——图的比例尺分母。

使用图解法量算面积时,图形面积不应小于$5 cm^2$。图上量距应量至$0.2 mm$。

【本章习题】

1. 什么是房产测绘? 房产测绘的任务是什么?

2. 房产界址点精度等级分几级? 如何选择界址点等级?

3. 房产界址点测量方法有哪些?

4. 房产界址点如何编号? 在房产图上如何表示界址点的位置及编号?

5. 房产地籍图包含哪些内容? 如何测绘?

6. 房产宗地图包含哪些内容? 具有哪些作用?

7. 房产地籍图和宗地图有哪些区别?

8. 房产分幅图测绘包含哪些内容? 有哪些测绘方法?

9. 房产分丘图测绘包含哪些内容? 有哪些测绘方法?

10. 房产分层分户图测绘包含哪些内容? 有哪些测绘方法?

11. 图 9-21 为房产分丘图上测得的一幢房屋,说出图上各注记的含义。

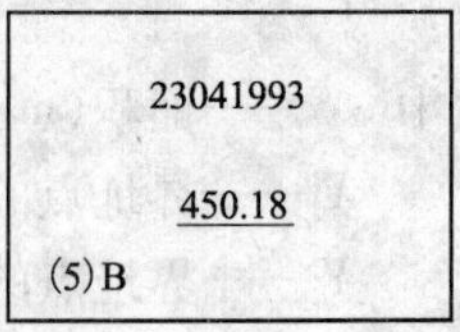

12. 计算全部建筑面积、一半建筑面积以及不计算建筑面积的范围有哪些?

13. 房产面积的测算方法有哪些?

图 9-21

【本章实训】

实训十二　地籍图测绘

一、实训目的

(1)了解地籍测量的工作程序和一般方法。

(2)掌握界址点的测量方法和地籍图成图方法。

二、实训仪器和工具

全站仪 1 台,三脚架 1 个,棱镜一对,记录板 1 块。

三、实训步骤

(1)在已知控制点上安置仪器,并进行仪器定向。

（2）瞄准各界址点,测出仪器所在控制点到各界址点的边长和方位角,用全站仪直接测出各界址点坐标。

（3）测定各宗地内部建、构筑物及其他地物特征点的坐标。

（4）根据实测结果,展点绘制地籍平面图。

四、注意事项

（1）当一测站所测界址点数超过 3 个时,应做归零检查。

（2）当测定墙上界址点时,应加棱镜中心与界址点的不重合改正数。

（3）地籍图绘制要按(规程)要求进行。

五、提交成果

（1）实验结束后,每组提交"地籍铅笔原图"1 张。

（2）实训小结。

第十章 测设的基本工作

第一节 已知水平距离、水平角和高程测设

一、水平距离的测设

已知水平距离的测设，就是从地面一已知点开始，沿给定的方向，定出直线上另外一点，使得两点间的水平距离为给定的已知值。例如，在施工现场，把房屋轴线的设计长度、道路、管线的中线在地面上标定出来；按设计长度定出一系列点等。

1. 钢尺测设法

如图10-1所示，设 A 为地面上已知点，D 为设计的水平距离，要在地面上沿给定 AB 方向上测设水平距离 D，以定出线段的另一端点 B。具体做法是从 A 点开始，沿 AB 方向用钢尺边定线边丈量，按设计长度 D 在地面上定出 B' 点的位置。若建筑场地不平整，丈量时可将钢尺一端抬高，使钢尺保持水平，用吊垂球的方法来投点。往返丈量 AB' 的距离，若相对误差在限差以内，取其平均值 D'，并将端点 B' 加以改正，求得 B 点的最后位置。改正数 $\Delta D = D - D'$。当 AD 为正时，向外改正；反之，向内改正。

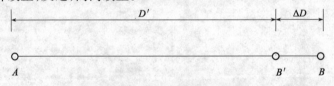

图10-1 用钢尺测设水平距离

若测设精度要求较高，可在定出 B' 点后，用经过检定后的钢尺精确往返丈量 AB' 的距离，并加尺长改正 Δl_l 温度改正 Δl_t 和倾斜改正 Δl_h 二项改正数，求出 AB' 的精确水平距离 D'。根据 D' 与 D 的差值 $\Delta D = D - D'$，沿 AB 方向对 B' 点进行改正。故设计的水平距离有下列等式成立。

$$D = D' + \Delta l_l + \Delta l_t + \Delta l_h$$

2. 电磁波测距仪测设法

由于电磁波测距仪的普及，目前水平距离的测设，尤其是长距离的测设多采用电磁波测距仪或全站仪。如图10-2所示，安置测距仪于 A 点。瞄准 AB 方向，指挥装在对中杆上的棱镜前后移动，使仪器显示值略大于测设的距离，定出 B' 点。在 B' 点安置反光棱镜，测出竖直角 α 及斜距 L（必要时加测气象改正），计算水平距离。

$$D' = L\cos\alpha$$

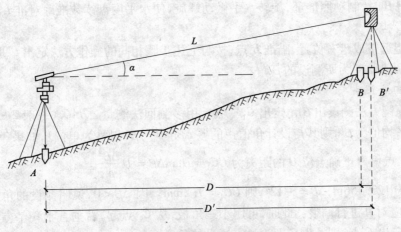

图 10-2　测距仪测设水平距离

求出 D' 与应测设的水平距离 D 之差 $\Delta D = D - D'$。根据 ΔD 的符号在实地用钢尺沿测设方向将 B' 改正至 B 点，并用木桩标定其点位。为了检核，应将反光镜安置于 B 点，再实测 AB 距离，其不符值应在限差之内，否则应再次进行改正，直至符合限差为止。若用全站仪测设，仪器可直接显示水平距离，测设时，反光镜在已知方向上前后移动，使仪器显示值等于测设距离即可。

二、水平角的测设

水平角测设的任务是根据地面已有的一个已知方向，将设计角度的另一个方向测设到地面上。水平角测设的仪器是经纬仪或全站仪。

1. 正倒镜分中法

如图 10-3 所示，设地面上已有 AB 方向，要在 A 点以 AB 为起始方向，向右侧测设出设计的水平角 β。将经纬仪（或全站仪）安置在 A 点后，其测设工作步骤如下：

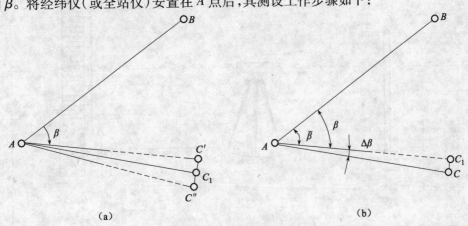

图 10-3　水平角的测设方法
（a）正倒镜分中法；（b）多测回修正法

173

1）盘左瞄准 B 点，读取水平度盘读数为 L_A，松开制动螺旋，顺时针转动仪器，当水平度盘读数约为 $L_A + \beta$ 时，制动照准部，旋转水平微动螺旋，使水平度盘读数准确对准 $L_A + \beta$，在视线方向上定出 C' 点。

2）倒转望远镜成盘右位置，瞄准 B 点，按与上述步骤相同的操作方法定出 C'' 取 C'，C'' 的中点为 C_1，则 $\angle BAC_1$ 即为所测设的 β 角。

2. 多测回修正法

先用正倒镜方法测设出 β 角定出 C_1。然后用多测回法测量 $\angle BAC_1$（一般 $2\sim3$ 测回），设角度观测的平均值为 β'，则其与设计角值卢的差 $\Delta\beta = \beta' - \beta$（以秒为单位），如果 AC_1 的水平距离为 D，则 C_1 点偏离正确点位 C 的距离为 $CC_1 = D\tan\Delta\beta = D\dfrac{\Delta\beta''}{\rho''}$。

假若 D 为 123.456m，$\Delta\beta = -12''$，则 $CC_1 = 7.2$mm。因 $\Delta\beta < 0$，说明测设的角度小于设计的角度，所以应对其进行调整。此时，可用小三角板，从 C_1 点起，沿垂直于 AC_1 方向的垂线向外量 7.2mm 定出 C 点，则 $\angle BAC$ 即为最终测设的角度。

三、已知高程的测设

在施工放样中，经常要把设计的建筑物第一层地坪的高程（称 ±0 标高）及房屋其他各部位的设计高程在地面上标定出来，作为施工的依据。这项工作称为测设已知高程。

1. 测设 ±0 标高线

如图 10-4 所示，为了要将某建筑物 ±0 标高线（其高程为 $H_{设}$）测设到现有建筑物墙上。现安置水准仪于水准点 R 与某现有建筑物 A 之间，水准点 R 上立水准尺，水准仪观测得后视读数 α，此时视线高程 $H_{视}$ 为：$H_{视} = H_R + \alpha$。另一根水准尺由前尺手扶持使其紧贴建筑物墙 A 上，则该前视尺应读数 $b_{应}$ 为：$b_{应} = H_{视} - H_{设}$。因此操作时，前视尺上下移动，当水准仪在尺上的读数恰好等于 $b_{应}$ 时，紧靠尺底在建筑物墙上画一横线，此横线即为设计高程位置，即 ±0 标高线。为求醒目，再在横线下用红油漆画"▲"，并在横线上注明"±0 标高"。

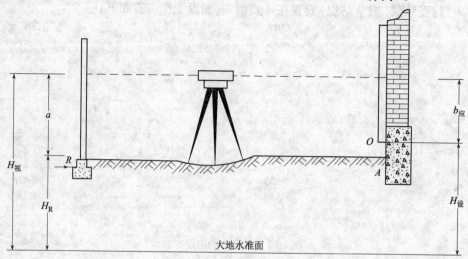

图 10-4　测设已知设计高程

2. 高程上下传递法

若待测设高程点,其设计高程与水准点的高程相差很大,如测设较深的基坑标高或测设高层建筑物的标高,只用标尺已无法放样,此时可借助钢尺,将地面水准点的高程传递到在坑底或高楼上所设置的临时水准点上,然后再根据临时水准点测设其他各点的设计高程。

如图 10-5 所示,是将地面水准点 A 的高程传递到基坑临时水准点 B 上。

在坑边木杆上悬挂经过检定的钢尺,零点在下端,并挂 10kg 重锤,为减少摆动,重锤放入盛废机油或水的桶内,在地面上和坑内分别安置水准仪,瞄准水准尺和钢尺读数(图 10-5 中 a,b,c 和 d 所示),则:

$$H_B + b = H_A + a - (c - d)$$

即:

$$H_B = H_A + a - (c - d) - b$$

H_B 求出后,即可以临时水准点 B 为后视点,测设坑底其他各待测设高程点的设计高程。

如图 10-6 所示,是将地面水准点 A 的高程传递到高层建筑物上,方法与上述相仿,任一层上临时水准点 B_i 的高程为:

$$H_{Bi} = H_A + a + (c_i - d) - b_i$$

H_{Bi} 求出后,即可以临时水准点 B_i 为后视点,测设第 i 层高楼上其他各待测设高程点的设计高程。

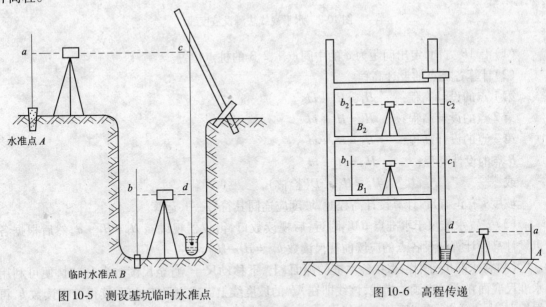

图 10-5 测设基坑临时水准点　　　　　　　　图 10-6 高程传递

第二节 已知设计坡度线的测设

在平整场地、铺设上下水管道及修建道路等工程中,需要在地面上测设给定的坡度线。坡度线的测设是根据附近水准点的高程、设计坡度和坡度线端点的设计高程,用高程测设的方法将坡度线上各点的设计高程,标定在地面上。测设方法有水平视线法和倾斜视线法两种。

一、水平视线法

如图 10-7 所示，A、B 为设计坡度线的两端点，其设计高程分别为 H_A 和 H_B，AB 设计坡度为 i，在 AB 方向上每隔距离 d 定一木桩，要求在木桩上标定出坡度为 i 的坡度线。施测方法如下：

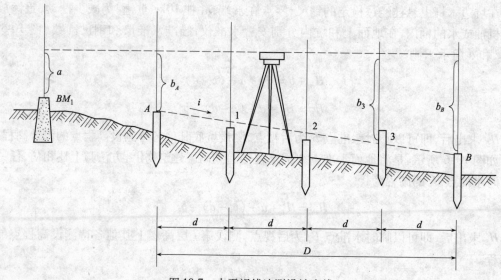

图 10-7　水平视线法测设坡度线

（1）沿 AB 方向，定出间距为 d 的中间点 1、2、3 的桩点位置。

（2）计算各桩点的设计高程。

第 1 点的设计高程：$\quad H_1 = H_A + id$

第 2 点的设计高程：$\quad H_2 = H_1 + id$

第 3 点的设计高程：$\quad H_3 = H_2 + id$

B 点的设计高程：$\quad\quad H_B = H_3 + id$

或 $\quad\quad\quad\quad\quad\quad\quad H_B = H_A + iD（检核）$

坡度 i 有正有负，计算设计高程时，坡度应连同其符号一并运算。

（3）安置水准仪于水准点 BM_1 附近，后视读数口，得仪器视线高 $H_i = H_1 + a$，然后根据各点设计高程计算测设各点的应读前视尺读数 $b_应 = H_i - H_设$。

（4）将水准尺分别贴靠在各木桩的侧面，上、下移动尺子，直至尺读数为 $b_应$ 时，便可利用水准尺底面在木桩上画一横线，该线即在 AB 的坡度线上。或立尺于桩顶，读得前视读数 b，再根据 $b_应$ 与 b 之差，自桩顶向下画线。

二、倾斜视线法

如图 10-8 所示，AB 为坡度线的两端点，其水平距离为 D，设 A 点的高程为 H_A，要沿 AB 方向测设一条坡度为 i 的坡度线，则先根据 A 点的高程、坡度 i_{AB} 及 A、B 两点间的距离计算 B 点的设计高程，即

$$H_B = H_A + i_{AB}D$$

再按测设已知高程的方法将 A、B 两点的高程测设在相应的木桩上。然后将水准仪（当设计坡度较大时，可用经纬仪）安置在 A 点上，使基座上一个脚螺旋在 AB 方向上，其余两个脚螺旋的连线与 AB 方向垂直，量取仪器高 i，再转动 AB 方向上的脚螺旋和微倾螺旋，使十字丝的横丝对准 B 点水准尺上等于仪器高 i 处，此时，仪器的视线与设计坡度线平行。然后在 AB 方向的中间各点 1、2、3、4 的木桩侧面立尺，上、下移动水准尺，直至尺上读数等于仪器高 i 时，沿尺子底面在木桩上画一红线，则各桩上红线的连线就是设计坡度线。

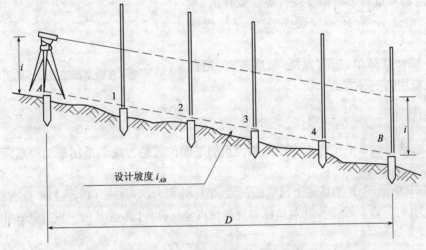

图 10-8　倾斜视线法测设坡度线

第三节　点平面位置的测设

点的平面位置测设就是根据已知控制点，按照图纸上设计的点的平面位置数据，将点平面位置在地面上标定出来。

点的平面位置测设方法有直角坐标法、极坐标法、角度交会法、距离交会法等。随着全站仪的广泛应用，在一些大型工程施工中，用全站仪测设点的平面位置也已经非常普遍。测设时应根据场地上施工控制网的形式、控制点的分布、地形情况及现场条件等，合理选择适当的测设方法。

一、直角坐标法

直角坐标法适用于拟测设的建筑物附近已布置了相互垂直的控制轴线（如建筑方格网），且与坐标轴方向平行。

如图 10-9 所示，OM、ON 为相互垂直的放样控制主轴线，O 点坐标已知，建筑物的Ⓐ轴线和Ⓑ轴线分别与 OM、ON 平行。且建筑物的四条轴线交点 A、B、C、D 的设计坐标值已知，分别为 (x_A, y_A)、(x_B, y_B)、(x_C, y_C)、(x_D, y_D)。测设方法如下：

（1）在 O 点安置经纬仪，瞄准 M 点定线。沿 OM 方向从 O 点测设水平距离 Δy_{OA}（$\Delta y_{OA} =$

$y_A - y_O)$，得 P 点；再测设水平距离 $\Delta y_{OB}(\Delta y_{OB} = y_B - y_O)$，得 Q 点。

（2）经纬仪安置于 P 点，瞄准 M 点定向，向左测设 $90°$ 角，给出 PD 方向；沿 PD 方向从 P 点测设水平距离 $\Delta x_{OA}(\Delta x_{OA} = x_A - x_O)$，得 A 点；再测设水平距离 $\Delta x_{OD}(\Delta x_{OD} = x_D - x_O)$，得 D 点。

（3）经纬仪安置于 Q 点，瞄准 O 点定向，向右测设 $90°$ 角，给出 QC 方向；沿 QC 方向从 Q 点测设水平距离 $\Delta x_{OB}(\Delta x_{OB} = x_B - x_O)$，得 B 点；再测设水平距离 $\Delta x_{OC}(\Delta x_{OC} = x_C - x_O)$，得 C 点。

（4）检验。测量各边的长度是否等于设计值，建筑物的四个角是否等于 $90°$，误差在允许范围内即可。

上述方法计算简单、施测方便、精度较高，是在工程中广泛应用的一种方法。

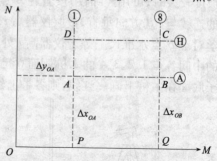

图 10-9　直角坐标法测设点的平面位置

二、极坐标法

极坐标法是根据水平角和水平距离测设点的平面位置的方法。适用于测设点距控制点较近，且便于量距的情况。

如图 10-10 所示，A、B 为场地上已知控制点，坐标分别为 (x_A, y_A)、(x_B, y_B)，P 点为待测设点，坐标设计值为 (x_P, y_P)。根据控制点坐标和待测设点坐标，可计算点 P 的测设数据 β 和 D_{AP}。

$$\alpha_{AB} = \arctan \frac{y_B - y_A}{x_B - x_A}$$

$$\alpha_{AP} = \arctan \frac{y_P - y_A}{x_P - x_A}$$

$$\beta = \alpha_{AP} - \alpha_{AB}$$

$$D_{AP} = \sqrt{(x_P - x_A)^2 + (y_P - y_A)^2}$$

根据计算出的 β 和 D_{AP}，即可进行 P 点的测设。将经纬仪安置于 A 点，后视 B 点定向，测设水平角 β，定出 AP 方向；再沿视线方向从 A 点测设水平距离 D_{AP}，可得到 P 点的平面位置。同法可以测设建筑物的其他点，最后丈量距离，应与设计值一致，以资检核。

极坐标法测设灵活方便，安置一次仪器可以连续测设多点，适用于复杂形状的建筑物定位。当使用测距仪测设时，应用极坐标法的优越性更为明显。

三、角度交会法

角度交会法又称方向交会法，是指根据两个或两个以上已知角度的方向线交会出点的平面位置。它适用于待测设点距控制点较远或不便量距的情况。

如图 10-11 所示，根据 P 点的设计坐标及控制点 A、B、C 坐标，首先算出测设数据 β_1、β_2、β_3。然后将经纬仪分别安置在 A、B 两个控制点上测设水平角 β_1、β_2。分别沿 AP、BP 方向线，在 P 点附近各打两个小木桩（称为骑马桩），桩顶钉上小钉，以表示 AP、BP 两个方向线。将各方向的两个方向桩上的小钉用细线绳连接,即可交出 AP、BP 两个方向的交点,此点即为所求得的 P 点。

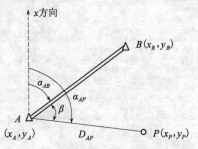

图 10-10　极坐标法测设点的平面位置

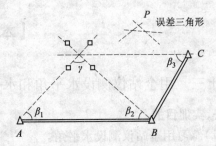

图 10-11　角度交会法测设点的平面位置

从第三个控制点 C 上,测设 β_3 角。由于测量误差的影响,从第三个控制点测设的方向线与前两条方向线往往不交于一点,而是形成一个误差三角形,如图 10-11 所示。若误差三角形三边长在允许值范围内,则取其重心作为欲测设的 P 点位置,否则需要重新测设。

四、距离交会法

距离交会法是根据两个或两个以上的已知距离交会出点的平面位置。该方法适用于待测设点距离控制点不超过一个整尺段长,且场地平坦、便于量距的情况。

如图 10-12 所示,设 1、2 是待测设点,从设计图上得到 1、2 点的坐标,并从有关测量资料中得到现场附近控制点 A、B、C、D 各点的坐标,从而计算出1、2 点距附近控制点的距离 D_{A1}、D_{B1}、D_{C2}、D_{D2}。用钢尺分别从控制点 A、B 量取 D_{A1}、D_{B1},并以此为半径在地面上画圆弧,其交点即为 1 点的位置。同样的方法可交会出 2 点。为了检核,还应量取 1 点和 2 点间的距离,与设计长度的差值应在允许的范围内,否则应重新进行距离交会。

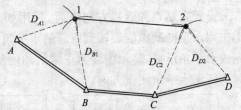

图 10-12　距离交会法测设点的平面位置

【本章习题】

1. 测设已知水平距离的方法有哪些?

2. 测设已知水平角的方法有哪些?

3. 测设已知高程的方法有哪些? 各适用于什么情况?

4. 测设点的平面位置有哪些方法? 各适用于什么情况?

5. 拟测设水平距离 $D = 25.000\text{m}$,概量后打下终点桩。经水准测量测得起点与终点桩顶之间的高差为 $h = +0.240\text{m}$。测设时的温度 $t = 29℃$,使用的钢尺名义长度 $l_0 = 30\text{m}$,实际长度 $l' = 29.992\text{m}$,膨胀系数 $\alpha = 1.25 \times 10^{-5}$,钢尺检定时的标准温度 $t_0 = 20℃$。求测设时在地面上应量出的长度 D'。

6. 已知 $\alpha_{MN} = 180°00'$,已知点 M 的坐标为 $x_M = 14.22\text{m}$,$y_M = 86.71\text{m}$。若在 M 点安置仪

器,采用极坐标法测设设计坐标为 $x_A = 42.34\,\text{m}$，$y_A = 85.00\,\text{m}$ 的 A 点,试计算测设数据并简述测设过程。

【本章实训】

实训十三　用全站仪测设水平角和水平距离

一、实训目的

(1)练习用全站仪测设水平角。

(2)练习用全站仪测设水平距离。

(3)练习用全站仪按给定坐标测设点位。

二、实训仪器和工具

全站仪 1 台、三脚架 1 个、单棱镜(包括对中杆) 2 套、测钎 1 组、木桩及小钉若干,斧子 1 把、记求板 1 块。自备铅笔、计算器。

三、实训步骤

1. 水平角测设

设置完站点和后视方向之后,采用如图 10-13 所示方法设置后视方向值为待测设角值。①先用水平微动螺旋旋转到所需的水平角;②【F2】(锁定)键,照准后视日标;③【F3】(是)键完成水平角设置,显示窗变为正常的角度测量模式;④拨望远镜使水平方向读数为 0,该方向即为所求水平角测设方向。

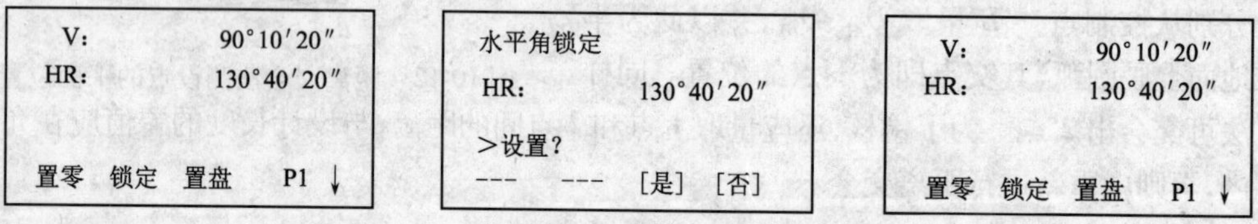

V:	90°10′20″
HR:	130°40′20″
置零　锁定　置盘　P1 ↓	

水平角锁定	
HR:	130°40′20″
>设置?	
---　---　[是]　[否]	

V:	90°10′20″
HR:	130°40′20″
置零　锁定　置盘　P1 ↓	

图 10-13　水半角侧议

2. 距离测设

如图 10-14 所示,①在距离测量模式下按【F4】键,进入第二页功能;②按【F2】(放样)键,显示上次设置的数据;③通过按【F1】-【F3】键选择测量模式,如水平距离;④输入放样距离;⑤照准目标(棱镜)测量开始,显示出测量距离与放样距离之差;⑥移动目标棱镜,直至距离差等于 0m 为止。

3. 坐标测设

放样模式有两个功能,即测定放样点和利用内存中的已知坐标数据没置新点。这里主要实训的是测定放样点。

按【MENU】键,仪器进入菜单(1/3)模式,选择【F2】键,显示放样菜单;选择一个文件供放样使用。如图 10-15 所示。

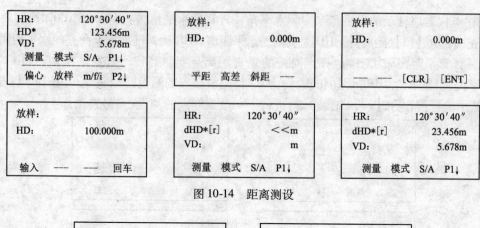

图 10-14 距离测设

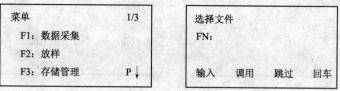

图 10-15 选择文件

编辑测站点、后视点、放样点信息,如图 10-16 所示。

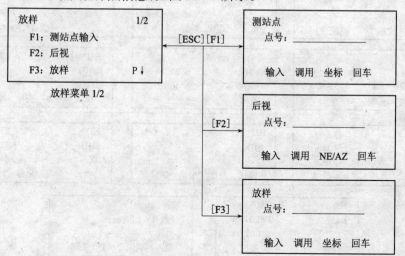

图 10-16 编辑信息

以编辑测站点为例介绍操作方法。如图 10-17 所示,①由放样菜单(1/2)按【F1】(测站点输入)键,即显示原始数据;②按【F3】(坐标)键;③按【F1】键,输入坐标值。按【F4】(ENT)键;④同样的方法输入点号和仪器高,显示屏回到放样菜单。

以下介绍测设的具体步骤。如图 10-18 所示,①由放样菜单 1/2 按【F3】(放样)键;②按【F1】(输入)键,输入点号,按【F4】(ENT)键;③按同样的方法输入反射镜高,当放样点设定后,仪器就进行放样元素的计算,HR 为放样点的水平角计算值,HD 为仪器到放样点的水平距离的计算值;④照准棱镜,按【F1】(角度)键,点号为放样点,HR 为实际测量的水平角,dHR 为对准放样点仪器应转动的水平角 = 实际水平角 - 计算的水平角,当 dHR = 0°0′0″时,即表明放样方向正确;⑤按【F1】(距离)键,HD 为实测的水平距离,dHR 为对准放样点尚差的水平距离 = 实测平距 - 计算平距,dZ 为对准放样点尚差的垂直距离 = 实测高程 - 计算高程;⑥按【F1】(模式)精测;⑦当显示值 dHR、dHD 和 dZ 均为 0 时,则放样点的测设已经完成;⑧按【F3】(坐标)键,即显示坐标值;⑨按【F4】(继续)键,进行下一个放样点的测设(点号自动加 1)。

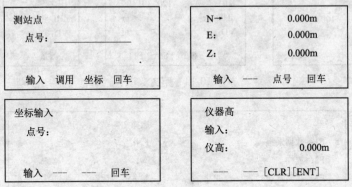

图 10-17　三点编辑法

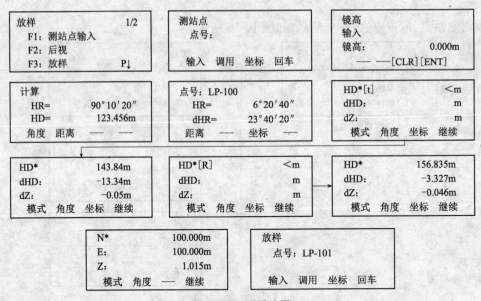

图 10-18　测设步骤

四、注意事项

(1)注意测设数据校核无误后才能使用,测设完毕后还应进行检核。

(2)在测设点的平面位置时,计算值与检测值比较,检测边长 D 的相对误差应 ≤ 1/2000。检测角误差应 ≤ 60″。

(3)关闭电源时要退出测量程序,避免数据丢失。

五、提交成果

(1)提交观测记录(表10-1～表10-3)。

(2)提交测绘图示。

(3)实训小结。

表10-1 归化法测设水平角记录表

观测日期:＿＿＿＿＿＿＿＿ 仪器:＿＿＿＿ 班 组:＿＿＿＿ 记录者:＿＿＿＿

观测时间:自＿＿＿至＿＿＿ 天气:＿＿＿ 观测者:＿＿＿＿ 校核者:＿＿＿＿

测站	盘位	目标	水平度盘读数(°′″)	水平角			改正角值(°)	平距(m)	改正垂距值(m)
				半测回值(°′″)	一测回值(°′″)	多测回平均值(°′″)			
	盘左								
	盘右								
	盘左								
	盘右								
	盘左								
	盘右								
	盘左								
	盘右								

表10-2 水平距离与高差观测记录表

观测日期:＿＿＿＿＿＿＿＿ 仪器:＿＿＿＿ 班 组:＿＿＿＿ 记录者:＿＿＿＿

观测时间:自＿＿＿至＿＿＿ 天气:＿＿＿ 观测者:＿＿＿＿ 校核者:＿＿＿＿

测站名	仪高(m)	镜站名	镜高(m)	平距(m)	高差(m)	备注

表 10-3　坐标测设记录表

观测日期：＿＿＿＿＿＿　仪器：＿＿＿＿　班　组：＿＿＿＿　记录者：＿＿＿＿

观测时间：自＿＿＿至＿＿＿　天气：＿＿＿＿　观测者：＿＿＿＿　校核者：＿＿＿＿

测站名	测站坐标值(m)	后视点名	后视点坐标值(m)	待测设点名	待测设点设计坐标值(m)	坐标差值(m)	平距值(m)	夹角值(°′″)

实训十四　测设坡度线

一、实训目的

掌握用水准仪水平视线法测设已知坡度线。

二、实训仪器和工具

DS₃水准仪1台、三脚架1个、水准尺2根、木桩及小钉若干、斧子1把、钢尺1把、记录板1块。自备铅笔、计算器。

三、实训步骤

（1）实给定已知水准点及其高程，提供测设坡度数据。选择并标志好待测坡度线方向。沿待测坡度线方向，根据施工需要，按一定的间隔在地面上标定出中间点1,2,3…的位置，测定每相邻两桩间的距离分别为 $d_1, d_2, d_3 \cdots$。

（2）根据坡度定义和水准测量高差法，推算每一个桩点的设计高程。

（3）安置水准仪，读取已知点上的水准尺后视读数 a，则视线高程 $H_视 = H_a + a$。按测设高程的方法，利用水准测量仪高法，算出每一个桩点水准尺的前视读数 $b_i = H_视 - H_{i设}$。

（4）指挥扶尺人员，使水准仪的水平视线在水准尺读数刚好等于各桩点的应读数 b 时作出标记，则桩标记连线即为设计坡度线。

四、注意事项

（1）读数与计算时，应认真细致，及时检核，避免出错。

（2）当受到木桩长度限制无法标出测设位置时，可定出与测设位置相差一数值的位置线，在线上标明差值。

五、提交成果

（1）提交测设图。

（2）提交坡度线测设表(表10-4)。

表 10-4 坡度线测设表(水平视线法)

观测日期:＿＿＿＿＿＿＿＿ 仪器:＿＿＿＿ 班 组:＿＿＿＿ 记录者:＿＿＿＿

观测时间:自＿＿＿＿至＿＿＿＿ 天气:＿＿＿＿ 观测者:＿＿＿＿ 校核者:＿＿＿＿

已知高程点 H_A: 待测设坡度 i:

待测设点号 N	与已知点平距 $D_N(\text{m})$	设计高程 $H_N = H_A + i \times D_N(\text{m})$	计算高差 $h_{AN}(\text{m})$	后视读数 $\alpha_N(\text{m})$	视线高程 $H_i(\text{m})$	应读前视数 $b_N(\text{m})$

(3)实训小结。

第十一章　建筑施工测量

第一节　建筑施工测量概述

在建筑施工阶段进行的一系列测量工作,称为建筑施工测量。包括施工控制网的建立、建筑物的放样、竣工测量和施工期间的变形观测等。在土木工程施工的全过程中都需要施工测量工作给予密切的配合,施工测量是土木工程测量的任务之一。

一、施工测量的内容

施工测量贯穿于整个施工过程中,从建筑场地平整到建筑物竣工,都离不开施工测量。其内容主要包括:

(1)施工前的施工控制网的建立。

(2)建(构)筑物定位测量,测设主要轴线。

(3)基础放线,包括标定基坑、基础开挖线和测设桩位等。

(4)主体工程施工中各道工序的细部测设,如基础模板测设、主体工程砌筑、构件和设备安装等。

(5)工程竣工后,为了便于管理、维修和扩建,还应进行竣工测量并编绘竣工图。

(6)施工和运营期间对高大或特殊建(构)筑物进行变形观测。

二、建筑施工测量的目的及原则

施工测量的目的是按照设计和施工的要求将设计的建(构)筑物的平面位置在地面标定出来作为施工的依据,并在施工过程中进行一系列的测设工作,以衔接和指导工程建设阶段各工序之间的施工。

为了避免放样误差的累积,保证各种建筑物、构筑物、管线等的相对位置能满足设计要求,以便于分期分批地进行测设和施工,施工测量必须遵循"由整体到局部、先控制后细部"的组织原则。即首先在现场以原勘测设计阶段所建立的测图控制网为基础,建立统一的施工测量控制网,用以测设出建筑物的主轴线,然后再定出建筑物的各个部分(基础、墙体等)。采取这样一种放样的程序,可以避免因建筑物众多而引起放样工作的紊乱,并且能严格保持所放样各元素之间存在的几何关系。例如,放样工业建筑物时,首先应放出厂房主轴线,再确定机械设备轴线,然后根据机械设备轴线,确定设备安装的位置。

三、实用工程测量的特点

（1）施工测量是直接为工程施工服务的，它必须与施工组织计划相协调，测量人员应与设计、施工部门密切联系，熟悉图纸上的尺寸和高程数据，了解施工的全过程，随时掌握工程进度及现场的变动，使测设精度与速度满足施工的需要。

（2）测设的精度主要取决于建筑物或构筑物的大小、性质、用途、建材和施工方法等因素。一般高层建筑物的测设精度应高于低层建筑物；自动化和连续性厂房的测设精度应高于一般厂房；钢结构建筑物的测设精度应高于钢筋混凝土结构、砖石结构的建筑物；装配式建筑物的测设精度应高于非装配式建筑物。

（3）施工现场各工序交叉作业，运输频繁，地面情况变动大。因此，测量标志从形式、选点到埋设均应考虑便于使用、保管和检查，如标志在施工中被破坏，应及时恢复。

第二节　施工场地控制测量

一、建筑方格网

1. 建筑方格网的布置

在大中型建筑场地上，由正方形或矩形组合而成的施工控制网，称为建筑方格网。方格网的形式有正方形、矩形两种。建筑方格网的布设要根据总平面图上各种已建和待建的建筑物、道路以及各种管线的布设情况，并且结合现场的具体地形条件来确定。在设计时要先选定方格网的主轴线，之后再布置其他的方格点。方格网是场区建（构）筑物放线的依据，在布网过程中要考虑以下几点：

（1）建筑方格网的主轴线位于建筑场地的中央，同时与主要建筑物的轴线平行或垂直，并且使方格网点近于测设对象。

（2）方格网的转折角应严格保证成90°。

（3）方格网的边长通常为 100 ~ 200m，边长的相对精度通常为 1/20000 ~ 1/10000。

（4）按照实际地形布设，使控制点位于测角、量距比较方便的地方，并且使埋设标桩的高程与场地的设计标高不要相差太大。

（5）当场地面积不大时，要布设成全面方格网。若场地面积较大，应分二级布设，首级可采用"十"字形、"口"字形或"田"字形，随后，再加密方格网。

建筑方格网的轴线与建筑物轴线要保持平行或垂直，所以，用直角坐标法进行建筑物的定位、放线较为方便，并且精度较高。但是由于建筑方格网必须按总平面图的设计来布置，放样工作量成倍增加，其点位缺乏灵活性，易被毁坏，因此在全站仪逐步普及的条件下，正逐渐被导线网或三角网所代替。

2. 建筑方格网的测设

（1）主轴线的测设。因为建筑方格网是根据场地主轴线布置的，所以在测设时，要首先根据场地原有的测图控制点，并且测设出主轴线三个主点。

如图 11-1 所示，Ⅰ、Ⅱ、Ⅲ三点为附近已有的测图控制点，其已知坐标；A、O、B 三点为选定的主轴线上的主点,其坐标可算出,那么根据三个测图控制点 Ⅰ、Ⅱ、Ⅲ,采用极坐标法即可测设出 A、O、B 三个主点。

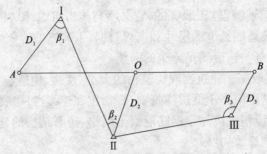

图 11-1　主轴线的测设

测设三个主点的主要过程:先将 A、O、B 三点的施工坐标换算成测图坐标;然后根据它们的坐标与测图控制点 Ⅰ、Ⅱ、Ⅲ 的坐标关系,计算出放样数据 β_1、β_2、β_3 和 D_1、D_2、D_3,如图 11-1 所示;随后采用极坐标法测设出三个主点 A、O、B 的概略位置为 A'、O'、B'。

当三个主点的概略位置在地面上标定完后,要检查三个主点是否在一条直线上。由于测量存在误差,使测设的三个主点 A'、O'、B' 不在一条直线上,如图 11-2 所示,因此安置经纬仪于 O' 点上,精确检测 $\angle A'O'B'$ 的角值 β,若检测角 β 的值与 180°之差,超过表 11-1 规定的容许值,则需要对点位进行调整。

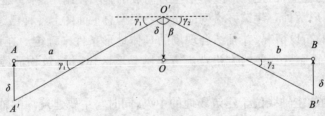

图 11-2　主轴线的调整

表 11-1　建筑方格网的主要技术要求

等级	边长(m)	测角中误差(″)	边长相对中误差
Ⅰ级	100~300	5	≤1/30000
Ⅱ级	100~300	8	≤1/20000

调整三个主点的位置时,要先根据三个主点间的距离 a 和 b 按照下列公式计算调整值 δ,即:

$$\delta = \frac{ab}{a+b} \times \left(90° - \frac{\beta}{2}\right) \times \frac{1}{\rho} \tag{11-1}$$

式中,$\rho = 206265''$。

将 A'、O'、B' 三点沿与轴线垂直方向移动一个改正值 δ,但是 O' 点与 A'、B' 两点移动的方向相反,移动之后得出 A、O、B 三点。为保证测设精度,要重复检测 $\angle AOB$,若检测结果与 180°之差仍超过限差,则要再调整,直至误差在容许值内为止。

除了调整角度之外,还需调整三个主点间的距离。先丈量检查 AO 及 OB 的距离,假若检查结果与设计长度之差的相对误差大于表 11-1 的规定,那么以 O 点为准,按设计长度调整 A、B 两点。需反复调整,直至误差在容许值以内为止。

当主轴线的三个主点 A、O、B 定位好后,就可测设与 AOB 主轴线相垂直的另一条主轴线 COD。如图 11-3 所示,将经纬仪安置在 O 点上,照准 A 点,分别向左、向右测设 90°;同时可根据 CO 和 OD 的距离,在地面上分别标定 C、D 两点的概略位置为 C'、D';然后精确测出 $\angle AOC'$ 及 $\angle AOD'$ 的角值,其角值与 90°之差为 ε_1 和 ε_2,若 ε_1 和 ε_2 大于表 11-1 的规定,那么可按式(11-2)求改正数 l,即:

$$l = L\varepsilon/\rho \tag{11-2}$$

式中,L 为 OC' 或 OD' 的距离。

根据改正数,将 C'、D' 两点分别沿 OC'、OD' 的垂直方向移动 l_1、l_2,得出 C、D 两点。接着检测 $\angle COD$,其值与 180°之差应在规定的限差之内,否则需要再次进行调整。

(2)方格网点的测设。采用角度交会法定出格网点。其作业过程如图 11-4 所示:用两台经纬仪分别安置在 A、C 两点上,都以 O 点为起始方向,分别向左、向右精确地测设出 90°角,其角度观测应符合表 11-2 中的规定。在测设方向上交会 1 点,交点 1 的位置确定后,进行交角的检测和调整,采取同法测设出主方格网点 2、3、4,即构成了田字形的主方格网。在主方格网测定后,以主方格网点为基础,进行加密其余各格网点。

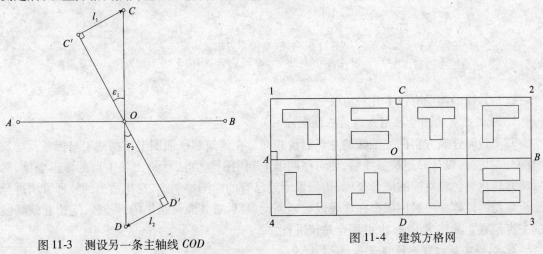

图 11-3　测设另一条主轴线 COD

图 11-4　建筑方格网

表 11-2　方格网测设角度观测要求

方格网等级	经纬仪型号	测角中误差(″)	测回数	测微器两次读数(″)	半测回归零差(″)	一测回2C值互差(″)	各测回方向互差(″)
Ⅰ级	DJ1	5	2	≤1	≤6	≤9	≤6
	DJ2	5	3	≤3	≤8	≤13	≤9
Ⅱ级	DJ2	8	2	—	≤12	≤18	≤12

二、建筑基线

建筑基线的布置也是根据建筑物的分布、场地的地形和原有控制点的状况而选定的。建筑基线应靠近主要建筑物,并与其轴线平行或垂直,以便采用直角坐标法或极坐标法进行测设。建筑基线主点间应相互通视,边长为 100～300m,其测设精度应满足施工放样的要求,通常可在总平面图上设计,其形式一般有 3 点"一"字形、3 点"L"字形、4 点"T"字形和 5 点"十"字形等几种,如图 11-5 所示。为了便于检查建筑基线点有无变动,布置的基线点数不应少于 3 个。

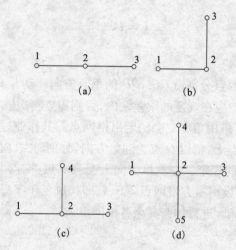

图 11-5 建筑基线布设形式
(a)"一"字形;(b)"L"字形;(c)"T"字形;(d)"十"字形

建筑基线的测设有以下几种方法:

1. 根据已有的测量控制点测设基线主点

其测设与建筑方格网主轴线的主点测设相同。在建筑总平面图上依据施工坐标系及建筑物的分布情况,设计好建筑基线后,便可在图纸上利用图解方法计算出各主点的施工坐标,然后将其转化为各自对应的测量坐标,再根据附近已有的勘测控制点,选用适当的放样方法进行测设数据的计算。一般用极坐标法完成实地测设,最后对其测设结果进行检校,定出建筑基线的主点位置。具体测设时,也可用全站仪进行。

2. 根据建筑红线测设建筑基线

在城市建筑区,建筑用地的边界一般由城市规划部门在现场直接标定,如图 11-6 中所示的 1,2,3 点即为地面标定的边界点,其连线 12 和 23 通常是正交的直线,称为"建筑红线"。通常,所设计的建筑基线与建筑红线平行或垂直,因而可根据红线用平行推移法测设建筑基线 OA,OB。在地面用木桩标定出基线主点 A,O,B 后,应安置仪器于 O 点,测量角度 $\angle AOB$,看其是否为 90°,其差值不应超过 $\pm 24''$。若未超限,再测量 OA,OB 的距离,看其是否等于设计数据,其差值的相对误差不应大于 1/10000。若误差超限,需检查推移平行线时的测设数据。若误差在允许范围内,则可适当调整 A,B 点的位置,测设好基线主点。

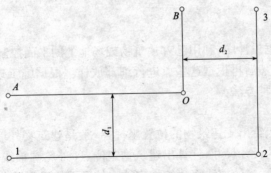

图 11-6　建筑红线测设建筑基线

三、高程控制测量

建筑场地高程控制点的密度,应尽可能满足在施工放样时安置一次仪器即可测设出所需的高程点,而且在施工期间,高程控制点的位置应稳固不变。对于小型施工场地,高程控制网可一次性布设,当场地面积较大时,高程控制网可分为首级网和加密网两级布设,相应的水准点称为基本水准点和施工水准点。

1. 基本水准点

基本水准点是施工场地高程首级控制点,用来检核其他水准点高程是否有变动,其位置应设在不受施工影响、无振动、便于施测和能永久保存的地方,并埋设永久性标志。在一般建筑场地上,通常埋设三个基本水准点,布设成闭合水准路线,并按城市四等水准测量的要求进行施测。

2. 施工水准点

施工水准点用来直接测设建(构)筑物的高程。通常可以采用建筑方格网点的标桩加设圆头钉作为施工水准点。对于中、小型建筑场地,施工水准点应布设成闭合水准路线或附合水准路线,并根据基本水准点按城市四等水准点或图根水准测量的要求进行施测。

为了施工放样的方便,在每栋较大的建筑物附近,还要测设 ±0.000 水准点,其位置多选在较稳定的建筑物墙、柱的侧面,用红漆绘成上顶为水平线的"▽"形。

第三节　民用建筑施工测量

民用建筑是对供人们居住和进行公共活动的建筑的总称。民用建筑按使用功能可分为居住建筑和公共建筑两大类,住宅、办公楼、食堂、俱乐部、医院和学校等建筑物都属于民用建筑。按建筑物的层数和高度民用建筑分为:低层建筑(1~3 层)、多层建筑(4~6 层)、中高层建筑(7~9 层)、高层建筑(10 层以上或高度超过 24m)和超高层建筑(100m 以上)。

民用建筑施工测量的任务是按照设计要求,把建筑物的位置测设到地面上,并配合施工以保证工程质量。建筑物类型不同,其施工测量的方法和精度虽有所差别,但施工测量过程和内容上基本相同。民用建筑施工测量内容包括建筑物定位、轴线测设、基础施工测量、轴线投测和标高传递等。在建筑场地完成了施工控制网后,就可按照施工的各个工序进行施工放样工作。

一、建筑物定位

建筑物定位就是根据设计图,利用已有建筑物或场地上的平面控制点,将建筑物的外轮廓轴线交点测设在地面上,然后再根据这些点进行细部放样。根据施工现场条件和设计情况不同,建筑物定位有以下几种方法。

1. 利用控制点定位

如果建筑总平面图上给出了建筑物的位置坐标(一般是建筑物外墙角坐标),可根据给定坐标和建筑物施工图上的设计尺寸,计算出建筑物定位点(外轮廓轴线交点)的坐标。利用场地上的平面控制点,采用适当的方法将建筑物定位点的平面位置测设在地面上,并用大木桩固定(俗称角桩)。然后进行检查,其偏差不应超过表 11-3 的规定。

表 11-3　建筑物施工放样、轴线投测和标高传递允许偏差

项　目	内　容		允许偏差(mm)
基础桩位放样	单排桩或群桩中的边桩		±10
	群　桩		±20
各施工层上放线	外廓主轴线长度 $L(m)$	$L \leqslant 30$	±5
		$30 < L \leqslant 60$	±10
		$60 < L \leqslant 90$	±15
		$90 < L$	±20
	细部轴线		±2
	承重墙、梁、柱边线		±3
	非承重墙边线		±3
	门窗洞口线		±3
轴线竖向投测	每　层		3
	总高 $H(m)$	$H \leqslant 30$	5
		$30 < H \leqslant 60$	10
		$60 < H \leqslant 90$	15
		$90 < H \leqslant 120$	20
		$120 < H \leqslant 150$	25
		$150 < H$	30
标高竖向传递	每　层		±3
	总高 $H(m)$	$H \leqslant 30$	±5
		$30 < H \leqslant 60$	±10
		$60 < H \leqslant 90$	±15
		$90 < H \leqslant 120$	±20
		$120 < H \leqslant 150$	±25
		$150 < H$	±30

2. 利用建筑红线定位

图 11-7 为一建筑物总平面设计图，A、B、C 是建筑红线点，图中给出了拟建建筑物与建筑红线距离关系。现欲利用建筑红线测设建筑物外轮廓轴线交点 M、N、P、Q。由于总平面图中给出的尺寸是建筑物外墙到建筑红线的净距离，再根据图 11-8，建筑物Ⓐ轴和⑨轴到建筑红线的距离分别为：8.24m 和 6.24m。如图 11-8 所示，测设时，可先在 B 点上安置经纬仪，瞄准 A 点，沿视线方向从 B 向 A 点用钢尺分别量取 6.24m 和 35.04m（6.24m＋28.8m），依次定出 1、2 点。然后在 1 点安置经纬仪，后视 A 点，测设 90°角，沿视线方向用钢尺从 1 点分别量取 8.24m 和 20.24m（8.24m＋12.0m）得 M、P 两点。同样，在 2 点安置经纬仪，后视 B 点，向左测设 90°角，沿视线方向用钢尺从 2 点分别量取 8.24m 和 20.24m（8.24m＋12.0m）得 N、Q 两点。最后，用经纬仪检测四个角是否等于 90°，并用钢尺检测四条轴线的长度，是否满足表 11-3 要求。

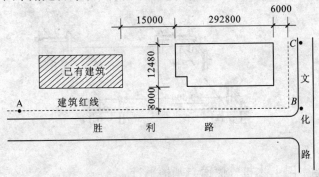

图 11-7　建筑总平面图

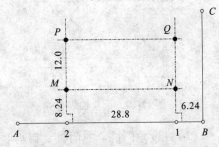

图 11-8　利用建筑红线进行建筑物定位

3. 利用已有建筑物定位

如图 11-7 所示，根据总平面图设计要求，拟建建筑物外墙皮到已有建筑物的外墙皮距离为 15.000m，南侧外墙平齐，并由图 11-8 可知，拟建建筑物的外轮廓轴线偏外墙向里 0.240m，现欲进行建筑物定位。如图 11-9 所示，测设时，首先沿已有建筑的东、西外墙，用钢尺向外延长一段距离 l（l 不宜太长，可根据现场实际情况确定）得 1、2 两点。将经纬仪安置在 1 点上，瞄准 2 点，分别从 2 点沿 12 延长线方向量出 15.240m（15.000m＋0.240m）和 44.040m（15.000m＋0.240m＋28.800m）得 3、4 两点，直线 34 就是用于测设拟建建筑物平面位置的建筑基线。然后将经纬仪安置在 3 点上，后视 1 点向右测设直角，沿视线方向从 2 点分别量取 l＋0.24m 和 l＋0.24m＋12.0m，得 M、P 两点。再将经纬仪安置在 4 点上，以相同方法测设出 N、Q 两点。M、N、P、Q 四点即为拟建建筑物外轮廓定位轴线的交点。最后，检查 PQ 的距离是否等于 28.8m，$\angle P$ 和 $\angle Q$ 是否等于 90°。点位误差应满足表 11-3 要求；验证 MP 轴线距已有建筑物外墙皮距离是否为 15.24m。

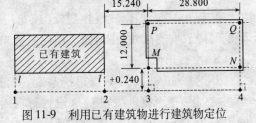

图 11-9　利用已有建筑物进行建筑物定位

二、设置轴线控制桩或龙门板

建筑物定位以后，所测设的轴线交点桩（或称角桩），在开挖基础时将被破坏。为了方便地恢复各轴线位置，一般把轴线延长到基坑开挖区以外，并做好标志。延长轴线的方法有两种:轴线控制桩法和龙门板法。

1. 轴线控制桩

轴线控制桩又称轴线引桩,设置在基础轴线的延长线上,作为基坑开挖后各施工阶段确定轴线位置的依据,如图11-10所示,1,2,…,8为轴线引桩。轴线控制桩离基坑外边线的距离根据施工场地的条件而定。如果附近有稳定的建筑物,也可将轴线一端投设在建筑物的墙上,另一端必须设置引桩。为了便于使用全站仪或测距仪在基坑内恢复轴线,应测量引桩到该轴线交点的距离。

2. 龙门板

对于一般小型的民用建筑物,为了方便施工,在建筑物四角和隔墙两端基槽开挖线外一定距离(一般1.5~2m)处设置龙门板,如图11-11所示。钉设龙门板的步骤如下:

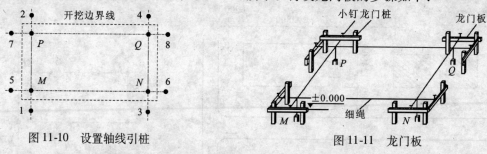

图11-10 设置轴线引桩   图11-11 龙门板

(1)钉设龙门桩。龙门桩要钉得竖直、牢固,木桩外侧面与基槽平行。

(2)钉设龙门板。根据建筑场地水准点,用水准仪在龙门桩上测设建筑物±0.000标高线。根据±0.000标高线把龙门板钉在龙门桩上,使龙门板的顶面水平且与±0.000标高线一致,误差一般不超过±5mm。

(3)投测轴线。经纬仪安置于轴线交点桩上,瞄准同一轴线上另一交点桩,沿视线方向在龙门板上定出一点,用小钉标志,纵转望远镜在另一龙门板上也钉一小钉。同法将各轴线投测到龙门板上。要求不高时,也可以用线绳悬挂铅垂来标定。偏差不超过5mm。

(4)用钢尺沿龙门板顶面,检查轴线(用小钉标明)的间距,经检验合格后,以轴线钉为准将墙线、基槽开挖线标在龙门板上。

三、基础施工测量

基础开挖前,根据轴线控制桩(或龙门板)的轴线位置和基坑开挖外放宽度,并顾及基坑开挖时应放坡的尺寸,在地面上用白灰标出基槽边线(或基坑开挖线)。

1. 控制开挖深度

开挖基坑(槽)时,不得超挖基底,要随时注意挖土的深度,当基坑(槽)挖至接近坑(槽)底设计标高时,用水准仪在坑(槽)壁上每隔2~3m和拐角处测设一些水平桩,俗称腰桩,如图11-12所示,使桩的上表面距坑(槽)底设计标高0.5m(或整分米),作为控制基槽深度及清理槽底和铺设垫层的依据。水平桩的标高允许偏差≤±10mm。

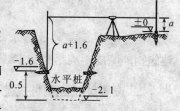

图11-12 测设水平桩

2. 投测轴线和标高

垫层浇注好后,根据轴线控制桩或龙门板上的轴线钉,用经纬仪或线绳悬挂铅垂,把轴线投测到垫层上,经检核满足要求后,再按照基础设计图,在垫层上用墨线弹出轴线的基础边线,以便浇注基础。

垫层标高可根据水平桩在坑(槽)壁上弹出设计标高水平线控制,或者在坑(槽)底设置小木桩控制,使小木桩桩顶标高为垫层顶面的设计标高。若垫层需要支模,则可直接在模板上测设标高控制线。

四、墙体施工测量

1. 墙体定位

在基础工程结束后,应对龙门板(或控制桩)进行复核,以防移位。复核无误后,可利用龙门板或控制桩将轴线测设到基础或防潮层等部位的侧面,如图 11-13 所示,作为向上投测轴线的依据。同时把门、窗和其他洞口的边线在外墙立面上画出。放线时先将各主要墙的轴线弹出,经检查无误后,再将其余轴线全部弹出。

2. 墙体测量控制

(1)皮数杆的设置。在墙体砌筑施工中,墙身各部位的标高和砖缝水平及墙面平整是用皮数杆来控制和传递的。

皮数杆是根据建筑剖面图画出每皮砖和灰缝的厚度,并注明墙体上窗台、门窗洞口、过梁、雨篷、圈梁、楼板等构件高程位置专用木杆,如图 11-14 所示。在墙体施工中,用皮数杆可以保证墙身各部位构件的位置准确,每皮砖灰缝厚度均匀,每皮砖都处在同一水平面上。

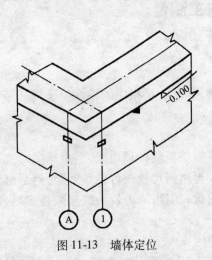

图 11-13　墙体定位

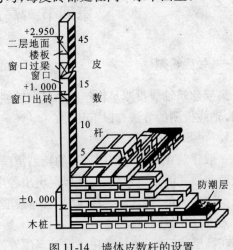

图 11-14　墙体皮数杆的设置

皮数杆一般立在建筑物的拐角和隔墙处(图 11-14)。立皮数杆时,先在立杆地面上打一木桩,用水准仪在其上测画出 ±0.000 标高位置线,测量容许误差为 ±3mm;然后,把皮数杆上的 ±0.000 线与木桩上的 ±0.000 线对齐,并钉牢。为了保证皮数杆稳定,可在其上加钉两根斜撑,前后要用水准仪进行检查,并用垂球线来校正皮数杆的竖直。砌砖时在相邻两杆上每皮灰缝底线处拉通线,用以控制砌砖。

为方便施工,采用里脚手架时,皮数杆立在墙外边;采用外脚手架时,皮数杆立在墙里边。如系框架结构或钢筋混凝土柱间墙结构时,每层皮数可直接画在构件上,而不立皮数杆。

(2)墙体各部位标高控制。砖砌到 1.2m,即一步架高台,用水准仪测设出高出室内地坪线 +0.500m 的标高线,该标高线用来控制层高及设置门、窗、过梁高度的依据;也是控制室内装饰施工时做地面标高、墙裙、踢脚线、窗台等装饰标高的依据。在楼板板底标高下 10cm 处弹墨线,根据墨线把板底安装用的找平层抹平,以保证吊装楼板时板面平整及地面抹面施工。在抹好找平层的墙顶面上弹出墙的中心线及楼板安装的位置线,并用钢尺检查合乎要求后吊装楼板。

楼板安装完毕后,用垂球将底层轴线引测到二层楼面上,作为二层楼的墙体轴线。对于二层以上各层同样将皮数杆移到楼层,使杆上 ±0.000 标高线正对楼面标高处,即可进行二层以上墙体的砌筑。在墙身砌到 1.2m 时,用水准仪测设出该层的"+0.500m"标高线。

内墙面的垂直度可用如图 11-15 所示的 2m 托线板检测,将托线板的侧面紧靠墙面,看板上的垂线是否与板的墨线一致。每层偏差不得超过 5mm,同时,应用钢角尺检测墙壁阴角是否为直角。阴角及阳角线是否为一直线和垂直也用 2m 托线板检测。

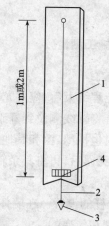

图 11-15 托线板检测墙体垂直度
1—垂球线板;2—垂球线;3—垂球;4—毫米刻度尺

第四节 高层建筑施工测量

一、轴线投测

高层建筑轴线投测是将建筑物基础轴线向高层引测,保证各层相应的轴线位于同一竖直面内,轴线投测的方法有以下几种:

1. 吊垂线法

一般建筑在施工中常用较重的特别重锤悬吊在建筑物楼板或柱顶边缘,当垂球尖对准基础或墙底设立的定位轴线时,在楼层定出各层的主轴线,再用钢尺校核各轴线间距,然后继续施工。该法简单易行,不受场地限制,一般能保证施工质量。但当风力较大或层数较多时,误差较大,可用经纬仪投测。

在高层建筑施工时,常在底层适当位置设置与建筑物主轴线平行的辅助轴线,在辅助轴线端点处预埋一块小铁板,上面划以十字丝,交点上冲一小孔,作为轴线投测的标志。在每层楼的楼面相应位置处都预留孔洞(也叫垂准孔),面积 30cm×30cm,供吊垂球用。投测时在垂准孔上安置十字架,挂上钢丝悬吊的垂球。对准底层预埋标志,当垂球线静止时固定十字架,而十字架中心则为辅助轴线在楼面上的投测点,并在洞口四周做出标志,作为以后恢复轴线及放样的依据。用此方法逐层向上悬吊引测轴线和控制结构的竖向测量,如用铅直的塑料管套着线坠线,并采用专用观测设备,则精度更高。此方法较为费时费力,只有在缺少仪器而不得已时才采用。

2. 经纬仪投测法

通常将经纬仪安置于轴线控制桩上,分别以正、倒镜两个盘位照准建筑物底部的轴线标志,向上投测到上层楼面上,取正、倒镜两投测点的中点,即得投测在该层上的轴线点。按此方法分别在建筑物纵、横轴线的四个轴线控制桩上安置经纬仪,就可在同一楼面上投测出四个轴线交点。其连线也就是该层面上的建筑物主轴线,据此再测设出层面上其他轴线。

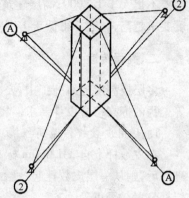

要保证投测质量,使用的经纬仪必须经过严格的检验与校正,尤其是照准部水准管轴应严格垂直于仪器竖轴。投测时应注意照准部水准管气泡要严格居中。为防止投测时仰角过大,经纬仪距建筑物的水平距离要大于建筑物的高度。当建筑物轴线投测增至相当高度时,而轴线控制桩离建筑物较近,经纬仪视准轴向上投测的仰角增大,不但点位投测的精度降低,且观测操作也不方便。为此,必须将原轴线控制桩延长引测到远处的稳固地点或附近大楼的屋面上,然后再向上投测。为避免日照、风力等不良影响,宜在阴天、无风时进行观测。如图 11-16 所示。

图 11-16　经纬仪投测中心轴线

3. 激光铅垂仪投测法

对高层建筑及建筑物密集的建筑区,用吊垂线法和经纬仪法投测轴线已不能适应工程建设的需要,10 层以上的高层建筑应利用激光铅垂仪投测轴线,使用方便,精度高,速度快。

激光铅垂仪是一种供铅直定位的专用仪器,适用于高层建筑、烟囱和高塔架的铅直定位测量。该仪器主要由氦氖激光器、竖轴、发射望远镜、管水准器和基座等部件组成。置平仪器上的水准管气泡后,仪器的视准轴处于铅垂位置,可以据此向上或向下投点。采用此方法应设置辅助轴线和垂准孔,供安置激光铅垂仪和投测轴线之用。如图 11-17 为激光铅垂仪的基本构造图,图 11-18(a)、(b)是向上做铅垂投点,图 11-18(c)是向下做铅垂投点。

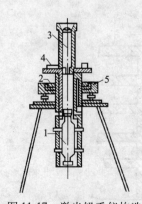

图 11-17　激光铅垂仪构造
1—氦氖激光器;2—竖轴;3—发射望远镜;
4—水准管;5—基座

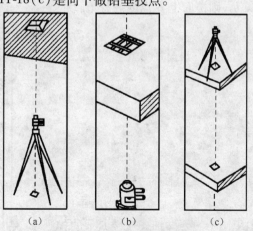

(a)　　　　　　(b)　　　　　　(c)

图 11-18　激光铅垂仪投测示意

使用时,将激光铅垂仪安置在底层辅助轴线的预埋标志上,严格对中、整平,接通激光电源,启动激光器,即可发射出铅直激光基准线。当激光束指向铅垂方向时,在相应楼层的垂准孔上设置接受靶即可将轴线从底层传至高层。

轴线投测要控制与检校轴线向上投测的竖直偏差值在本层内不超过5mm,全楼的累积偏差不超过20mm。一般建筑,当各轴线投测到楼板上后,用钢尺丈量其间距作为校核,其相对误差不得大于1/2000;高层建筑,量距精度要求较高,且向上投测的次数越多,对距离测设精度要求越高,一般不得低于1/10000。

二、高程传递

多层或高层建筑施工中,要由下层楼面向上层传递高程,以使上层楼板、门窗口、室内装修等工程的标高符合设计要求。楼面标高误差不得超过±10mm。传递高程的方法有下列几种:

1. 利用皮数杆传递高程

在皮数杆上自±0.000m标高线起,门窗口、楼板、过梁等构件的标高都已标明。一层楼面砌好后,则从一层皮数杆起一层一层往上接,就可以把标高传递到各楼层。在接杆时要检查下层杆位置是否正确。

2. 利用钢尺直接丈量

在标高精度要求较高时,可用钢尺沿某一墙角自±0.000m标高起向上直接丈量,把高程传递上去。然后根据下面传递上来的高程立皮数杆,作为该层墙身砌筑和安装门窗、过梁及室内装修、地坪抹灰时控制标高的依据。

3. 悬吊钢尺法(水准仪高程传递法)

根据多层或高层建筑物的具体情况也可用钢尺代替水准尺,用水准仪读数,从下向上传递高程。如图11-19所示,由地面上已知高程点 A,向建筑物楼面 B 传递高程,先从楼面上(或楼梯间)悬挂一支钢尺,钢尺下端悬一重锤。在观测时,为了使钢尺比较稳定,可将重锤浸于一盛满油的容器中。然后在地面及楼面上各安置一台水准仪,按水准测量方法同时读得 a_1、b_1 和 a_2、b_2,则楼面上 B 点的高程 H_B 为:

$$H_B = H_A + a_1 - b_1 + a_2 - b_2 \tag{11-3}$$

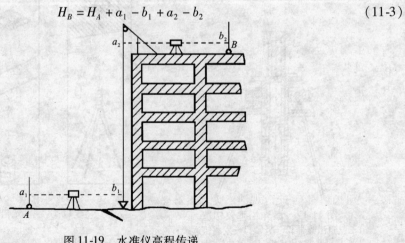

图 11-19 水准仪高程传递

4. 全站仪天顶测高法

如图 11-20 所示,利用高层建筑中的垂准孔(或电梯井等),在底层控制点上安置全站仪,置平望远镜(屏幕显示垂直角为 0°或天顶距为 90°),然后将望远镜指向天顶(天顶距为 0°或垂直角为 90°),在需要传递高层的层面垂准孔上安置反射棱镜,即可测得仪器横轴至棱镜横轴的垂直距离,加仪器高,减棱镜常数(棱镜面至棱镜横轴的高度),就可以算得高差。

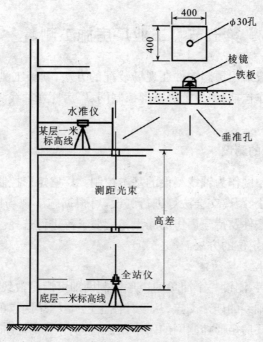

图 11-20　全站仪天顶测距法传递高程

三、框架结构吊装测量

近年来我国多(高)层民用建筑越来越多地采用装配式钢筋混凝土框架结构。高层建筑中有的采用中心筒体为钢筋混凝土结构,而其周边梁柱框架均采用钢结构,这些预制构件在建筑场地进行吊装时,应进行吊装测量控制,进行构件的定位、水平和垂直校正。其中,柱子的定位和校正是重要环节,它直接关系到整个结构的质量。柱子的观测校正方法与工业厂房柱子定位和校正相同,但难度更高,操作时还应注意以下几点:

(1)对每根柱子随着工序的进展和荷载变化需重复多次校正和观测垂直偏移值。先是在起重机脱钩以后、电焊以前,对柱子进行初校。在多节柱接头电焊、梁柱接头电焊时,因钢筋收缩不均匀,柱子会产生偏移,尤其是在吊装梁及楼板后,柱上增加了荷载,若荷载不对称时柱的偏移更为明显,都应进行观测。对数层一节的长柱,在多层梁、板吊装前后,都需观测和校正柱的垂直偏移值,保证柱的最终偏移值控制在容许范围内。

(2)多节柱分节吊装时,要确保下节柱的位置正确,否则可能会导致上层形成无法矫正的累积偏差。下节柱经校正后虽在其偏差的容许范围内,但仍有偏差,此时吊装上节柱时,若根据标准定位中心线观测就位,则在柱子接头处钢筋往往对不齐;若按下节柱的中心线观测就位,则会产生累积误差。为保证柱的位置正确,一般采用方法是上节柱的底部就位时,应对准标准定位中心与下柱中心线的中点;在校正上节柱的顶部时,仍应以标准定位中心为准。吊装时,依此法向上进行观测校正。

(3)对高层建筑和柱子垂直度有严格控制的工程,宜在阴天、早晨或夜间无阳光影响时进行柱子校正。

第五节　工业厂房施工测量

工业厂房的施工一般采用预制构件在现场装配的方法,其施工测量精度要求较高。工业厂房施工测量的主要工作包括:测设厂房矩形控制网、厂房柱列轴线测设、基础施工测量、厂房预制构件安装测量等。

一、厂房矩形控制网的测设

先建立厂房矩形控制网作为轴线测设的基本控制。厂房矩形控制网一般可采用直角坐标法、极坐标法、角度交会法、距离交会法等进行测设,可根据施工现场控制网形式、控制点的分布情况、地形情况、现场条件及待建厂房的测设精度要求等进行选择。下面介绍依据建筑方格网,采用直角坐标法进行定位的方法。

1. 中小型工业厂房控制网的建立

对于中小型厂房而言,测设一个简单的矩形控制网即可满足放线需要。图 11-21 中 E、F、G、H 四点是厂房外轮廓轴线的四个交点,从设计图上已知 F、H 两点的坐标,P、Q、R、S 为布置在基坑开挖范围以外的厂房矩形控制网的四个角点,称为厂房控制桩。建筑方格网的边与厂房轴线平行。测设前,先根据 F、H 建筑坐标推算 P、Q、R、S 的建筑坐标,然后以建筑方格网点 M、N 为依据,计算测设数据。根据已知数据计算出 $M—J$、$M—K$、$J—P$、$J—Q$、$K—S$、$K—R$ 等各段长度。首先在地面上定出 J、K 两点。然后,将经纬仪分别安置在 J、K 点上,后视方格网点 M,用盘左、盘右分中法向右测设 90°角。沿此方向用钢尺采用精密方法测设 $J—P$、$J—Q$、$K—S$、$K—R$ 四段距离,即得厂房矩形控制网 P、Q、R、S 四点,并用木桩和小钉标定其位置。最后,检查 $\angle Q$ 和 $\angle R$ 是否等于 90°,$Q—R$ 是否等于其设计长度。对于一般厂房来说,角度误差不应超过 $\pm 10''$,边长误差不应超过 1/10000。

对于小型厂房,也可采用民用建筑物定位的测设方法,即直接测设厂房四个角,然后将轴线投测到轴线控制桩或龙门板上。

2. 大型工业厂房控制网的建立

对于大型工业厂房、机械化传动性较高或有连续生产设备的工业厂房,需要建立有主轴线的较为复杂的矩形控制网。主轴线一般选择与厂房的柱列轴线相重合,以方便后续的细部放样。主轴线的定位点及矩形控制网的各控制点应与建筑基础的开挖线保持 2～4m 的距离,并能长期使用和保存。应先测设厂房控制网的主要轴线,再根据主轴线测设矩形控制网。如图 11-22 所示,以定位轴Ⓑ和⑤轴作为主轴主线,P、Q、R、S 是厂房矩形控制网的四个控制点。

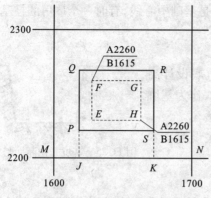

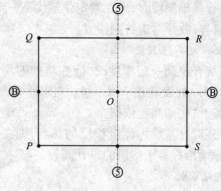

图 11-21　中小型厂房控制网　　　　图 11-22　大型厂房控制网

二、工业厂房施工测量

1. 柱列轴线的测设

如图 11-23 所示，Ⓐ，Ⓑ，Ⓒ和①，②，…，⑨轴线均为柱列轴线。检查厂房矩形控制网的精度符合要求后，即可根据柱间距和跨间距用钢尺沿矩形控制网各边量出各轴线控制桩的位置，并打入木桩，钉上小钉，作为测设基坑和施工安装的依据。

2. 柱基测设

柱基测设就是根据基础平面图和基础大样图上的设计尺寸，把基坑开挖边线用白灰标定出来。安置两架经纬仪在相应的轴线控制桩（图 11-23 中的Ⓐ、Ⓑ、Ⓒ和①，②，…，⑨等点）上交会出各柱基的位置（即各定位轴线的交点）。

图 11-24 所示，是杯形基坑大样图。按照基础大样图的尺寸，用特制的角尺，在定位轴线Ⓐ和⑤上，放出基坑开挖线，用白灰线标明开挖范围。并在坑边沿外侧一定距离处钉定位小木桩，钉上小钉，作为修坑及立模的依据。

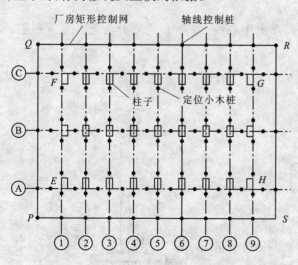

图 11-23　厂房控制网及柱列轴线控制桩

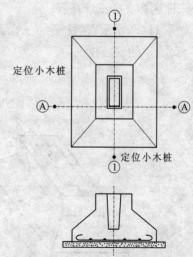

图 11-24　杯形基础大样图

201

在进行基础测设时,应注意定位轴线不一定都是基础中心线,有时一个厂房的柱基类型不一,尺寸各异,放样时应特别注意。

3. 基础的高程测设

当基坑开挖到一定深度时,应在坑壁四周离坑底设计高程 0.3 ~ 0.5m 处设置几个水平桩,如图 11-25 所示,作为基坑修坡和清理坑底的高程依据。

此外还应在基坑内测设垫层的高程,即在坑底设置小木桩,使桩顶面恰好等于垫层的设计高程。

图 11-25 基坑开挖断面与水平桩

4. 基础模板的定位

打好垫层之后,根据坑边定位小木桩,用拉线法吊垂球把柱基定位线投到垫层上弹出墨线,用红油漆画出标记,作为柱基立模板和布置基础钢筋网的依据。立模时,将模板底线对准定位线,并用垂球检查模板是否竖直。最后将柱基顶面设计高程测设在模板内壁。

三、柱子安装测量

1. 柱子安装的精度要求

(1)柱脚中心线应对准柱列轴线,允许偏差 3mm。

(2)牛腿面的高程与设计高程一致,其误差不应超过:柱高在 5m 以下为 ±5mm;柱高在 5m 以上为 ±8mm。

(3)牛腿柱垂直度偏差不应超过:柱高在 10m 以下为 10mm;柱高在 10m 以上为 $H/1000$(H 为柱子高度),且 ≤20mm。

2. 吊装前的准备工作

吊装前,应根据轴线控制桩,把定位轴线投测到杯形基础的顶面上,并用红油漆画上"▲"标明,如图 11-26 所示。同时还要在杯口内壁,测设一条高程线,要求从高程线起向下量取一整分米即到杯底的设计高程。

如图 11-27 所示,在柱子的三个侧面弹出中心线,每一面又须分为上、中、下三点,并画"▲"标志,以便安装校正。

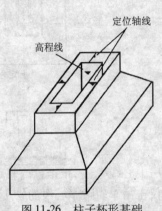

图 11-26 柱子杯形基础

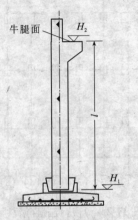

图 11-27 牛腿柱

3. 柱子的检查与杯底找平

如图 11-27 所示,通常牛腿柱的设计长度 l 加上杯底高程 H_1 应等于牛腿面的设计高程 H_2,即:

$$H_2 = H_1 + l$$

但柱子在预制时,由于模板制作和模板变形等原因,柱子的实际尺寸与设计尺寸不可能一致。为了解决这个问题,往往在浇注基础时把杯形基础底面高程降低 2 ~ 5cm,然后用钢尺从牛腿顶面沿柱边量到柱底,根据这根柱子的实际长度,用 1:2 水泥砂浆将杯底找平,使牛腿面符合设计高程。

4. 柱子安装时的竖直校正

柱子插入杯口后,首先应使柱身竖直,再令其侧面所弹出的中心线与基础轴线重合。用木楔或钢楔初步固定,然后进行竖直校正。校正时用两架经纬仪分别安置在柱基纵横轴线附近,如图 11-28 所示,离柱子的距离约为 1.5 倍柱高。先瞄准柱子中心线的底部,固定照准部,再仰视柱子中心线顶部。如重合,则柱子在这个方向上就是竖直的。如果不重合,应进行调整,直到柱子两个侧面的中心线竖直为止。

由于纵轴方向上柱距很小,通常把仪器安置在纵轴的一侧,在此方向上,安置一次仪器可校正数根柱子,如图 11-29 所示。

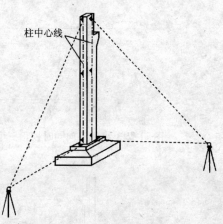

柱中心线

图 11-28　柱子竖直校正

5. 柱子校正的注意事项

(1)由于柱子竖直校正时,往往仅用盘左或盘右观测,仪器误差影响很大,因此所用经纬仪必须经过严格检校。操作时还应注意使照准部水准管气泡严格居中。

(2)柱子在两个垂直方向的垂直度都校正好后,应再复查柱子平面位置,看柱子下部的中线是否仍对准基础的轴线。

(3)当校正变截面的柱子时,经纬仪必须放在轴线上校正,避免产生差错。

(4)在逆光照射下校正柱子垂直度时,要考虑温度影响,因为柱子受太阳辐射后,柱子向阴面弯曲;太阳的照射也使经纬仪的水准器偏向阳光一侧。为此应在早晨或阴天时校正。

(5)当安置一次仪器校正几根柱子时,仪器偏离轴线的角度 β 最好不超过 15°(如图 11-29 所示)。

四、吊车梁安装测量

吊车梁、吊车轨道的安装测量的主要目的是使吊车梁中心线、轨道中心线及牛腿面的中心线在同一竖直面内,梁面、轨道面均在设计的高程位置上,同时使轨距和轮距满足设计要求,如图 11-30 所示。安装前先弹出吊车梁顶面中心线和吊车梁两端中心线,将吊车轨道中心线投到牛腿面上。其步骤是:如图 11-31(a)所示,利用厂房中心线 A_1A_1,根据设计轨距在地面上投测出吊车轨道中心线 $A'A'$ 和 $B'B'$。再分别安置经纬仪于吊车轨道中心线的一个端点 A' 上,瞄

准另一端点 A',仰起望远镜,即可将吊车轨道中心线投测到每根柱子的牛腿面上,并弹出墨线。然后根据牛腿面上的中心线和梁端中心线,将吊车梁安置在牛腿面上,如图 11-32 所示。吊车梁安装完后,应检查吊车梁的高程,可将水准仪安置在地面上,在柱子侧面测设 +50cm 标高线,用钢尺从该线沿柱子侧面向上量至梁面的高度,检查梁面标高是否正确,然后在梁下用铁板调整梁面高程,使之符合设计要求。

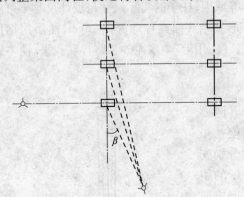

图 11-29 纵轴方向同时校正三个柱子

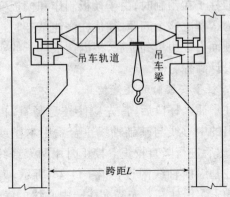

图 11-30 牛腿柱、吊车梁和吊车轨道构造

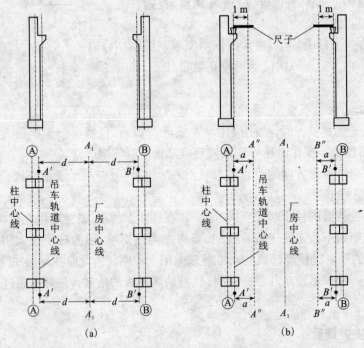

图 11-31 吊车梁、吊车轨道安装测量

五、吊车轨道安装测量

安装吊车轨道之前,须对吊车梁上的中心线进行检测,此项检测多用平行线法。如图 11-31(b) 所示,首先在地面上从吊车轨道中心线向厂房中心线方向量出距离为 a(如 1m) 的平

行线 $A''A''$ 和 $B''B''$。然后安置经纬仪于平行线一端 A'' 上,瞄准另一端点 A'',固定照准部,上仰望远镜投测。此时另一人在梁上左右移动横放的尺子,当视线对准尺上 a 刻划时,尺子的零点应与梁面上的中线重合。若不重合应予以改正,可用撬杠移动吊车梁,使吊车梁中线至 $A''A''$(或 $B''B''$)的间距等于 a 为止。

吊车轨道按中心线安装就位后,可将水准仪安置在吊车梁上,水准尺直接放在轨道顶面上进行检测,每隔 3m 测一点高程,与设计高程相比,误差应在 ±3mm 以内。还要用钢尺检查两吊车轨道间跨距,与设计跨距相比,误差不超过 ±5mm。

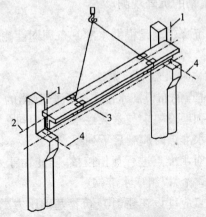

图 11-32 吊车梁吊装
1—吊车梁端面中心线;2—吊车梁顶面中心线;3—吊车梁对位中心线;
4—吊车梁顶面对位中心线(牛腿面中心线)

第六节 建筑物的变形观测

一、建筑物的水平位移观测

测定建筑物(基础以上部分)在平面上随时间而移动的大小及方向的工作叫位移观测。位移观测首先要在与建筑物位移方向的垂直方向上建立一条基准线,并埋设测量控制点,再在建筑物上埋设位移观测点,要求观测点位于基准线方向上。

1. 基准线法

如图 11-33 所示,A、B 为基线控制点,P 为观测点,当建筑物未产生位移时,P 点应位于基准线 AB 方向上。过一定时间观测,安置经纬仪于 A 点,采用盘左、盘右分中法投点得 P',P' 与 P 点不重合,说明建筑物已产生位移,可在建筑物上直接量出位移量 $\delta = PP'$。

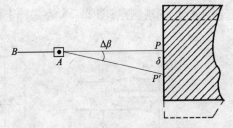

图 11-33 基准线法观测水平位移

也可采用视准线小角法用经纬仪精确测出观测点 P 与基准线 AB 的角度变化值 $\Delta\beta$,其位移量可按下式计算:

$$\delta = D_{AP} \cdot \frac{\Delta\beta''}{\rho''} \tag{11-4}$$

式中,D_{AP} 为 A、P 两点间的水平距离。

2. 角度前方交会法

利用前方交会法对观测点进行角度观测,计算观测点的坐标,由两点之间的坐标差计算该点的水平位移。

二、建筑物的沉降观测

建筑物沉降观测是根据水准基点周期性测定建筑物上的沉降观测点的高程计算沉降量的工作。

1. 水准点和观测点的布设

（1）水准点的布设。水准点是沉降观测的基准，所以水准点一定要有足够的稳定性。水准点的形式和埋设要求与永久性水准点相同。

在布设水准点时应满足下列要求：

1）为了对水准点进行互相校核，防止由于水准点的高程产生变化造成差错，水准点的数目应不少于 3 个，以组成水准网。

2）水准点应埋设在建（构）筑物基础压力影响范围及受振动影响范围以外安全地点。

3）水准点应接近观测点，其距离不应大于 100m，以保证沉降观测的精度。

4）离开铁路、公路、地下管线和滑坡地带至少 5m。

5）为防止冰冻影响，水准点埋设深度至少要在冰冻线以下 0.5m。

（2）观测点的布设。进行沉降观测的建筑物上应埋设沉降观测点。观测点的数量和位置应能全面反映建筑物的沉降情况，这与建筑物或设备基础的结构、大小、荷载和地质条件有关。这项工作应由设计单位或施工技术部门负责确定。在民用建筑中，一般沿着建筑物的四周每隔 6～12m 布置一个观测点，在房屋转角、沉降缝或伸缩缝的两侧、基础形式改变处及地质条件改变处也应布设。当房屋宽度大于 15m 时，还应在房屋内部纵轴线上和楼梯间布设观测点。一般民用建筑沉降观测点设置在外墙勒脚处。工业厂房的观测点应布设在承重墙、厂房转角、柱子、伸缩缝两侧、设备基础上。高大圆形的烟囱、水塔、电视塔、高炉、油罐等构筑物，可在其基础的对称轴线上布设观测点。

观测点的埋设形式如图 11-34 和图 11-35 所示。图 11-34（a）、（b）分别为承重墙和钢筋混凝土柱上的观测点；图 11-35 为基础上的观测点。

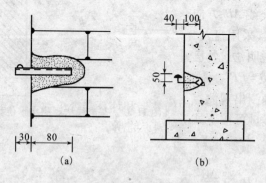

图 11-34 墙体或柱子沉降观测点
（a）墙体沉降观测点；（b）柱子沉降观测点

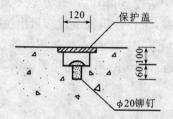

图 11-35 基础沉降观测点

2. 沉降观测方法

（1）观测周期。沉降观测的时间和次数，应根据工程性质、工程进度、地基土质情况及基础荷重增加情况等决定。

一般待观测点埋设稳固后即应进行第一次观测,施工期间在增加较大荷载之后(如浇灌基础、回填土、建筑物每升高一层、安装柱子和屋架、屋面铺设、设备安装、设备运转、烟囱每增加 15m 左右等)均应观测。如果施工期间中途停工时间较长,应在停工时和复工前进行观测。当基础附近地面荷载突然增加,周围大量积水或暴雨后,或周围大量挖方等,也应观测。在发生大量沉降、不均匀沉降或裂缝时,应立即进行逐日或几天一次地连续观测。竣工后,应根据沉降量的大小及速度进行观测。开始时每隔 1~2 个月观测一次,以每次沉降量在 5~10mm 为限,以后随沉降速度的减缓,可延长到 2~3 个月观测一次,直到沉降量稳定在每 100d 不超过 1mm 时,即认为沉降稳定,方可停止观测。

高层建筑沉降观测的时间和次数,应根据高层建筑的打桩数量和深度、地基土质情况、工程进度等决定。高层建筑的沉降观测应从基础施工开始一直进行观测。一般打桩期间每天观测一次。基础施工由于采用井点降水和挖土的影响,施工地区及四周的地面会产生下沉,邻近建筑物受其影响同时下沉,将影响临近建筑物的不正常使用。为此,要在邻近建筑物上埋设沉降观测点等。竣工后沉降观测第一年应每月一次,第二年每两个月一次,第三年每半年一次,第四年开始每年观测一次,直至稳定为止。如在软土层地基建造高层,应进行长期观测。

(2)观测方法。对于高层建筑物的沉降观测,采用 DS_1 精密水准仪用二等水准测量方法往、返观测,其误差不应超过 $\pm 1\sqrt{n}$ mm(n 为测站数),或 $\pm 4\sqrt{L}$ mm(L 为公里数)。观测应在成像清晰、稳定的时候进行。沉降观测点首次观测的高程值是以后各次观测用以比较的依据,如初测精度不够或存在错误,不仅无法补测,而且会造成沉降工作中的矛盾现象,因此必须提高初测精度。每个沉降观测点首次高程,应在同期进行两次观测后决定。为了保证观测精度,观测时视线长度一般不应超过 50m,前、后视距离要尽量相等,可用皮尺丈量。观测时,先后视水准点,再依次前视各观测点,最后应再次后视水准点,前、后两个后视读数之差不应超过 ± 1mm。

对一般厂房的基础和多层建筑物的沉降观测,水准点往返观测的高差较差不应超过 $\pm 2\sqrt{n}$ mm,前、后两个同一后视点的读数之差不得超过 ± 2mm。

沉降观测是一项较长期的连续观测工作,为了保证观测成果的正确性,应尽可能做到四定:

1)固定观测人员。

2)使用固定的水准仪和水准尺(前、后视用同一根水准尺)。

3)使用固定的水准点。

4)按规定的日期、方法及既定的路线、测站进行观测。

3. 沉降观测的成果整理

(1)整理原始记录。每次观测结束后,应检查记录中的数据和计算是否正确,精度是否合格,如果误差超限应重新观测。然后调整闭合差,推算各观测点的高程,列入成果表中。

(2)计算沉降量。根据各观测点本次所观测高程与上次所观测高程之差,计算各观测点本次沉降量和累计沉降量,并将观测日期和荷载情况记入观测成果表中。

(3)绘制沉降曲线。为了更清楚地表示沉降量、荷载、时间三者之间的关系,还要画出各观测点的时间与沉降量关系曲线图以及时间与荷载关系曲线图,如图 11-36 所示。

时间与沉降的关系曲线是以沉降量 S 为纵轴,时间 t 为横轴,根据每次观测日期和相应的沉降量按比例画出各点位置,然后将各点依次连接起来,并在曲线一端注明观测点号码。

时间与荷载的关系曲线是以荷载重量 P 为纵轴,时间 t 为横轴,根据每次观测日期和相应

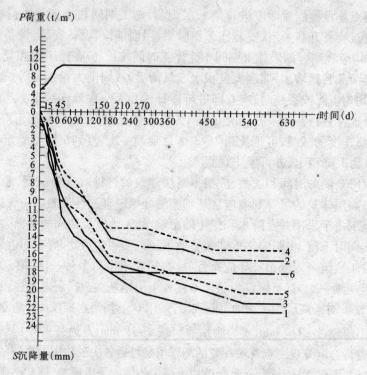

图 11-36 建筑物的沉降、荷重、时间关系曲线图

的荷载画出各点,然后将各点依次连接起来。

(4)沉降观测应提交的资料。

1)沉降观测(水准测量)记录手册。

2)沉降观测成果表。

3)观测点位置图。

4)沉降量、地基荷载与延续时间三者的关系曲线图。

5)编写沉降观测分析报告。

三、建筑物的倾斜观测

基础不均匀的沉降是建筑物倾斜所引起的,对于高大建筑物影响更大,严重的不均匀沉降会使建筑物产生裂缝甚至倒塌。因此,必须及时观测、处理,以保证建筑物的安全。

对需要进行倾斜观测的一般建筑物,要在几个侧面观测。如图 11-37 所示,在距离墙面大于墙高的地方选一点 A,安置经纬仪,分别用正、倒镜瞄准墙顶一固定点 M,向下投影取其中点 N,并作标志。

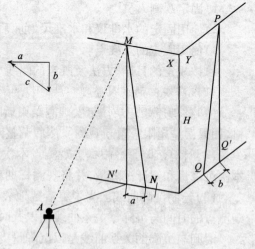

图 11-37 建筑物的倾斜观测

过一段时间,再用经纬仪瞄准同一点 M,向下投影得 N' 点。若建筑物沿侧面方向发生倾斜,M 点已移位,则 N 与 N' 点不重合,于是量得水平偏移量 a。同时,在另一侧面也可测得偏移量 b,以 H 代表建筑物的高度,则建筑物的倾斜度 i 为:

$$i = \sqrt{\frac{a^2 + b^2}{H}}$$

当测定圆形建筑物,如烟囱、水塔等的倾斜度时,首先要求顶部中心 O' 点对底部中心 O 点的偏心距,如图 11-38 所示中的 OO'。其做法如下:

在烟囱底部边沿平放一根标尺,在标尺的垂直平分线方向上安置经纬仪,使经纬仪距烟囱的距离不小于烟囱高度的 1.5 倍。用望远镜瞄准顶部边缘两点 A、A' 及底部边缘两点 B、B',并分别投点到标尺上,得读数 y_1、y'_1 及 y_2、y'_2,则横向倾斜量:

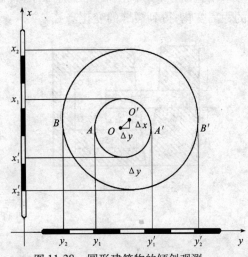

图 11-38　圆形建筑物的倾斜观测

$$\Delta y = \frac{y_1 + y'_1}{2} - \frac{y_2 + y'_2}{2}$$

同法再安置经纬仪及标尺于烟囱的另一垂直方向,测得底部边缘和顶部边缘在标尺上投点读数为 x_1、x'_1 及 x_2、x'_2,则纵向倾斜量:

$$\Delta x = \frac{x_1 + x'_1}{2} - \frac{x_2 + x'_2}{2}$$

烟囱的总倾斜量为:

$$\Delta D = \sqrt{\Delta x^2 + \Delta y^2}$$

根据总偏移值 ΔD 和圆形建(构)筑物的高度 H 即可计算出其倾斜度 i。

以上观测,要求仪器的水平轴应严格水平。因此,观测前仪器应进行检验与校正,使观测误差在允许误差范围以内,观测时应用正、倒镜观测两次取其平均数。

建筑物倾斜观测的周期,可视倾斜速度的大小,每隔 1～3 个月观测一次。如遇基础附近因大量堆载或卸载,场地降雨长期大量积水而导致倾斜速度加快时,应及时增加观测次数。施工期间的观测周期与沉降观测周期取得一致。倾斜观测应避开强日照和风荷载影响大的时间段。

四、建筑物的裂缝观测

当基础挠度过大,建筑物可能出现剪切破坏而产生裂缝。建筑物出现裂缝时,除了要增加沉降观测的次数外,还应立即进行裂缝观测,以掌握裂缝发展情况。

裂缝观测方法如图 11-39(a)所示。用两块白铁片,一片约 150mm × 150mm,固定在裂缝一侧,另一片 50mm × 200mm,固定在裂缝另一侧,并使其中一部分紧贴在相邻的正方形白铁之上,然后在两块白铁表面均涂上红色油漆。当裂缝继续发展时,两块白铁片逐渐拉开,正方形白铁片上便露出原被上面一块白铁片覆盖着没有涂油漆的部分,其宽度即为裂缝增大的宽度,可用尺子直接量出。

观测装置也可沿裂缝布置成图 11-39(b)所示的测标,随时检查裂缝发展的程度。有时也可采用直接在裂缝两侧墙面分别作标志(画细"十"字线),然后用尺子量测两侧"十"字标志的距离变化,得到裂缝的变化。

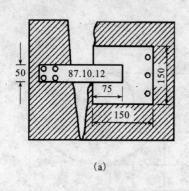 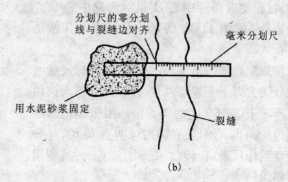

(a)　　　　　　　　　　　　　　　　(b)

图 11-39　裂缝观测

五、建筑物的挠度观测

测定建筑物构件受力后产生弯曲变形的工作叫挠度观测。

对于平置的构件,至少在两端及中间设置 A,B,C 三个沉降点,进行沉降观测,测得某间段内这三点的沉降量分别为 h_a,h_b 和 h_c(图 11-40),则此构件的挠度为:

$$f = \frac{h_a h_c - 2h_b}{2D_{AC}} \tag{11-5}$$

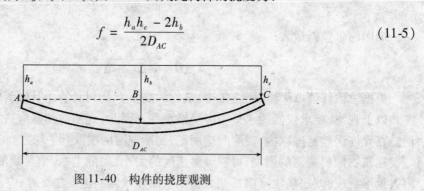

图 11-40　构件的挠度观测

对于直立的构件,至少要设置上、中、下三个位移观测点进行位移观测,利用三点的位移量可算出挠度。

对高层建筑物的主体挠度观测时,可采用垂线法,测出各点相对于铅垂线的偏离值。利用多点观测值可以画出构件的挠度曲线。

第七节　竣工总平面图的编绘

竣工总图是综合反映建设区域工程竣工后主体工程及其附属设施(包括地上下和架空设施)实地情况的平面图。在施工过程中可能由于设计时未考虑到的问题而需要进行设计变更,这种临时变更设计的情况,使得施工后的实际情况与设计总平面图有些差别,为此,必须通过测量将设计变更情况反映到竣工总图上。编绘竣工总图的目的还在于:一是便于日后进行各种设施的维修工作,特别是地下管线等隐蔽工程的检查和维修工作。二是为今后的扩建提供已有建(构)筑物、地上和地下各种管线及交通线路的坐标和高程等资料。

竣工总图的编绘尽可能随着工程的陆续竣工相继进行编绘。某单项工程竣工,即利用其竣工测量成果编绘竣工总图,对于一些隐蔽工程的位置,发现问题可及时到现场查对,使竣工总图能真实反映实际情况。这种边竣工边编绘图的方法优点是:当企业建设工程全部竣工时,竣工总图也大部分编制完成,既可以作为竣工验收,又可以大大减少实测工作量。

竣工总图应根据设计和施工资料进行编绘,当资料不全无法编绘时,应进行实测,即竣工测量。竣工总图编绘完成后,应经原设计及施工单位技术负责人审核、会签后方可提交。

一、竣工测量

在每个单项工程完成后,由施工单位根据施工控制点进行竣工测量,提交工程竣工测量成果。其内容包括以下几个方面:

1. 厂房及一般建(构)筑物

矩形建(构)筑物,应标明两个以上点的坐标;主要建筑物的室内地坪高程;圆形建(构)筑物,应标明中心坐标及接地处半径;各种管线进、出建筑物的位置和高程;并附建筑物的名称或编号、结构层数、面积和竣工时间。

2. 道路

包括道路的起终点、交叉点的坐标和高程;弯道处,应注明交角、半径及交点坐标;路面宽度及铺装材料。

对于铁路,还要注明曲线交点坐标和其他曲线元素,铁路的起终点、变坡点及曲线的内轨轨面的高程,桥、涵等构筑物的位置。

3. 给、排水管道

给水管道的起终点、交叉点、分支点的坐标,变坡处的高程和管径及材料,不同型号的检查井应绘出详图。

排水管道的污水处理构筑物,如水泵站、检查井、跌水井、水封井、雨水口、排出水口、化粪池及明渠、暗渠等。检查井应注明中心坐标出入水口管底高程、井底高程、井台高程,对于不同类型的检查井,应绘出详图。管道应注明管径、材质、坡度。

4. 动力、工艺管道

管道的起终点、交叉点的坐标、高程、管径和材质。对于沟道内敷设的管道,应在适当处绘制沟道断面图,并标注沟道的尺寸及各种管道的位置。

211

5. 电力及通讯线路

电力线路包括总变电所、配电站、车间降压变电所、室内外变电装置、柱上变压器、铁塔、电杆、地下电缆检查井等，并注明线径、送电导线数、电压及送变电设备的型号、容量。

通讯线路的中继站、交接箱、分线盒（箱）、电杆、地下通讯电缆入孔等。

各种线路的起终点、分支点、交叉点电杆应注明坐标，线路与道路交叉处应注明净空高。地下电缆还应注明埋深或电缆沟的沟底高程。

6. 其他

竣工测量完成后，应提交完整的资料，包括工程名称、施工依据、施工成果，作为编绘竣工总图的依据。

二、竣工总图的编绘

1. 图幅

对于如冶金企业的炼钢厂、炼铁厂、轧钢厂等一个生产流程系统，应尽量放在一个图幅内，如果面积过大，也可以分幅，但分幅时应尽量避免主要生产车间被分割。

2. 比例尺

竣工总图既要表示地面建（构）筑物、地下和架空管线的平面位置，还要表示其细部点的坐标、高程和各种元素数据。因此，比例尺的选择以能够在图面上清楚地表示出这些要素，便于识读为原则。一般选用 1：1000 比例尺，对于特别复杂的厂区可选用 1：500 的比例尺。

3. 总图和分图

对于设施复杂的大型企业，地面建（构）筑物、道路、地下和架空管线的平面位置及其细部点的坐标、高程和各种元素数据都绘制于一幅图内，图面线条过于密集而难以分辨时，则可采用分专业编图，如综合竣工总图、给排水管道专业总图、动力和工艺管道总图、电力及通讯线路专业总图等。

4. 应收集的资料

（1）总平面布置图。

（2）施工设计图。

（3）设计变更文件。

（4）施工检测记录。

（5）竣工测量资料。

（6）其他相关资料。

5. 编绘

竣工总图上应包括建筑方格网点、水准点、建（构）筑物细部点的坐标和高程，厂区内空地、树木和绿化地以及未建区的地形情况。有关建（构）筑物的符号与设计图图例相同，有关地形图的图例应使用国家地形图图式符号。

【本章习题】

1. 建筑场地平面控制网的形式有哪几种？各适用于哪种场合？

2. 在房屋放线中,设置轴线控制桩的作用是什么? 如何测定?

3. 墙体工程施工测量中如何弹线? 墙体各部分标高如何控制?

4. 轴线控制桩和龙门板的作用是什么? 如何设置?

5. 试述高层建筑物施工测量中轴线投测和高程传递的方法。

6. 施工高程网如何布设?

7. 工业建筑施工测量包括哪些主要工作?

8. 试述吊车梁的安装测量方法。

9. 什么是建筑物的沉降测量? 在沉降观测中,水准基点和沉降观测点的布设有哪些要求?

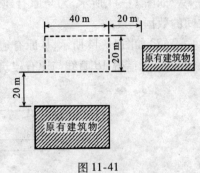

图 11-41

10. 什么是建筑物的倾斜观测? 倾斜观测的方法有哪些?

11. 为什么要进行竣工总图编绘? 包含哪些内容?

12. 图 11-41 中已给出新建建筑物与原有建筑物的相对位置关系(新建建筑物墙厚 37cm,轴线偏里),试述测设新建建筑物的方法和步骤。

13. 如图 11-42 所示,假定"一"字形建筑基线 1′、2′、3′ 三点已测设在地面上,经检测 $\angle 1'2'3' = 179°59'30''$,$a = 100\text{m}$,$b = 150\text{m}$,试求调整值 δ,并说明如何调整才能使三点成一直线。

14. 如图 11-43 所示,测设出直角 $\angle BOD'$ 后,用经纬仪精确地检测其角值为 89°59′30″,并知 $OD' = 150\text{m}$,其 D' 点在 $D'O$ 的垂直方向上改动多少距离才能使 $\angle BOD$ 为 90°?

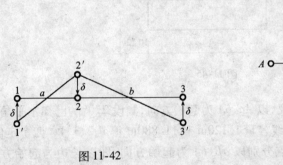

图 11-42

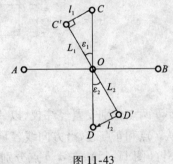

图 11-43

【本章实训】

实训十五　民用建筑定位测量

一、实训目的

掌握根据建筑基线或已有建筑物测设新建筑定位点的测设方法。

二、实训仪器和工具

经纬仪 1 台,三脚架 1 个,垂球架 2 个,钢尺 1 盘,测钎 11 根,标杆 1 根、记录板 1 块,木桩与小钉各 4 ~8 个、斧头 1 把、背包 1 个。

三、实训步骤

（1）根据教师布置给定的建筑基线或已有的建筑物，以及设计给出的新建筑物四个角点与其间的尺寸关系，计算测设所需的各项数据，并绘出测设略图。

如图 11-44 所示，为与原有建筑物之间的数据关系；或如图 11-45 所示，为与建筑基线之间的数据关系。

（2）如图 11-44 所示，从原有建筑物东、西两山墙沿边线从角点向南各量出 1m，得 A、B 两点，做出标记，借得 AB 直线与原有建筑物南墙的一条平行线（图 11-44 已有建筑基线，则不需借线。）

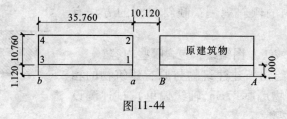

图 11-44

（3）在 AB 的延长线上，从 B 测设已知长度 10.120m 及 45.880m，得 a、b 两辅助点（图 11-45，则从 A 点沿方向线量 10.120m 及 54.880m，得 a、b 两辅助点）并作出标记。

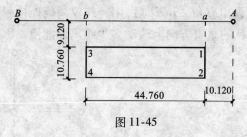

图 11-45

（4）在 a、b 两点分别安置经纬仪，以 Aa、bA 为起始方向，测设 270°的已知水平角，得 a2 与 b4 方向线，从 a 点和 b 点起，沿方向线各量 1.120m 和 11.880m 得 1、2、3、4 四个定位点，打下木桩，钉以小钉（图 11-45），在 a、b 点分别以 aB、bA 为起始方向，即以长边为起始方向的原则下，前者测 270°，后者测 90°的已知水平角得 a2、b4 方向线，从 a 点和 b 点起，沿方向线量 9.120m 和 19.880m 得 1、2、3、4 四个定位点，打下木桩，钉以小钉。

（5）检查测设精度：实量各边 12、34、13、24 边长，与设计边长的相对误差应不大于1/5000。实测 1、2、3、4 四个点中的三个内角，各内角应在 90°±1′ 的范围内。

四、注意事项

（1）要选择好测站和点的位置，尽量避开行人和车辆的干扰。

（2）测设数据经校核无误后才能使用。

（3）读数与计算时，要认真细致，互相校核，避免出错。

（4）当受到木桩长度限制，无法标出所测设高程线的位置时，可定出与测设位置相差一整分米值的位置线，在线上标明差值。

五、提交成果

(1)绘制与图 11-44,图 11-45 相似的测设略图。

(2)提交边长检查记录(表 11-4),内角检测记录(表 11-5)。

(3)实训小结。

表 11-4　边长检查记录表

观测日期:＿＿＿＿＿＿＿＿＿＿　　仪器:＿＿＿＿＿＿　班　组:＿＿＿＿＿＿　记录者:＿＿＿＿＿＿

观测时间:自＿＿＿＿至＿＿＿＿　天气:＿＿＿＿＿＿　观测者:＿＿＿＿＿＿　校核者:＿＿＿＿＿＿

线段名称	实量距离 $D_实$(m)	设计边长 $D_设$(m)	误差值 $\Delta D = D_实 - D_设$(m)	相对精度 $K = \dfrac{1}{D_设/\Delta D}$

表 11-5　内角检测记录表

观测日期:＿＿＿＿＿＿＿＿＿＿　　仪器:＿＿＿＿＿＿　班　组:＿＿＿＿＿＿　记录者:＿＿＿＿＿＿

观测时间:自＿＿＿＿全＿＿＿＿　大气:＿＿＿＿＿＿　观测者:＿＿＿＿＿＿　校核者:＿＿＿＿＿＿

测站	竖盘位置	目标	水平读盘读数(° ′ ″)	半测回角值(° ′ ″)	测回平均值(° ′ ″)	误差值
	左					
	右					
	左					
	右					

第十二章 园林工程测量

第一节 园路施工测设

一、园路中线测设

园路中线（或称中桩）测设就是把园路中线测量时设置的各桩号，如交点桩（或转点桩）、直线桩、曲线桩（主要是圆曲线的主点桩）的位置在实地上重新测设出来。在进行测设时，首先在实地找到各交点桩位置，若部分桩点已丢失，可根据园路测量时的数据用极坐标法或其他方法把丢失的桩点在实地上重新恢复起来。在进行测设时，圆曲线主点桩的位置可根据交点桩的位置和切线长 T、外距 E 等曲线元素进行测设；直线段上的桩号根据交点桩的位置和桩距用钢尺（或皮尺）丈量测设出来。

二、园路路基测设

路基施工前必须在每个里程桩和加桩上进行线路横断面的测设工作，即把设计的边坡线和原地面的交点在地面上用木桩标定出来，称为路基放样。

路基测设也就是把图纸上设计好的路基横断面在实地构成轮廓，作为填土或挖土依据。分为路堑测设和路堤测设。

1. 路堑测设

路的横断面为挖土平整而成的称为路堑，分为全挖土路面［图 12-1(a)、(b)断面］和半填半挖路面［图 12-1(c)断面］。

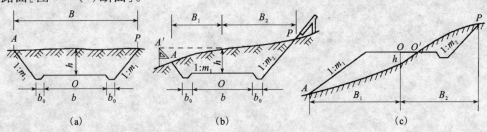

图 12-1　路堑测设示意图

（1）平坦地面上路堑测设。如图 12-1(a)所示，在图上量出 $B/2$ 长度，然后在实地从中心桩向左右两边垂直方向量取 $B/2$ 长度，定出开挖边桩 A，P 两点，并在桩上标出挖深数。

（2）斜坡上路堑测设。如图 12-1(b)，(c)所示，先在图上量取 B_1，B_2 长度，再在实地坡上

定出两边桩 A,P 的实地位置。为了施工方便,可以制作坡度板,作为边坡施工时的依据,并在两边桩上注明填挖数。

对于半填半挖的路基,如图 12-1(c)所示。除按上述方法测设坡脚 A 和坡顶 P 桩,并注明填挖数外,一般要测出施工量为零的点 O',对于填土较多断面,应架设施工坡架,以方便施工。

对于挖方路基,在相邻边桩的连线上撒石灰即得开挖边线。

2. 路堤测设

由填土而成的道路横断面称为路堤。路堤放样也分平坦地面和倾斜地面两种。

(1)平坦地面路堤测设。如图 12-2(a)所示,从中心桩向左、右各量 $B/2$ 长度,钉设 A,P 坡脚桩,在距离中心桩左、右两边 $b/2$ 宽处竖立竹竿,并在竿上量出填土高度 h,得坡顶桩 C,D,然后用细绳将 A,C,D,P 连接起来,即得路堤断面轮廓。施工中可在断面坡脚连线上撒白灰作为填方的边界线。

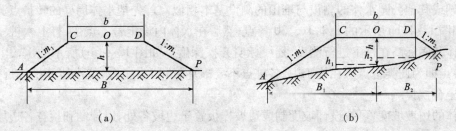

图 12-2　路堤测设示意图

(2)倾斜地面路堤测设。如图 12-2(b)所示,先在设计图上量取 B_1,B_2 的距离,在实地上测设出坡脚桩 A,P,再按上述方法测设出坡顶桩 C,D 即可。

若路基位于弯道上应把有加宽和加高的数值测设进去。

第二节　其他园林工程测设

一、假山与挖湖测设

1. 假山测设

如图 12-3(a)所示为一组设计等高线,表示一座拟堆造的假山。假山测设可用平板仪、罗盘仪、经纬仪和全站仪测设。如图 12-3(a)所示,如果用平板仪测设,先测设出设计等高线的各转折点,即图中 1,2,3,…,9 各点,然后将各点连接,并用白灰或绳索加以标定。再利用附近水准点测设出 1~9 各点应有的标高。等高线标高可在竹竿上表示,若高度允许,则在各桩点插设竹竿划线标出。若山体较高,则可于桩侧标明上返高度,供施工人员使用。一般堆山的施工多采用分层堆叠,因此也可在放样中随施工进度测设,逐层打桩。图中心点 10 为山顶,其位置和标高也应同法测出。

如果用机械堆土,只要标出堆山的边界线,司机参考堆山设计模型,就可堆土,等堆到一定高度以后,用水准仪检查标高,不符合设计的地方,用人工加以修整,使之达到设计要求。

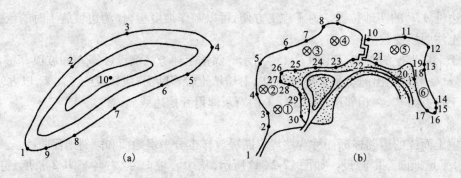

图 12-3　假山与挖湖放样示意图

2. 人工湖的测设

挖湖或其他公园水体的测设与堆山的测设基本相似。首先把水体周界的转折点测设到地面上,如图 12-4(b)所示的 1,2,3…,30 各点;然后在水体内设定若干点位,打上木桩。根据设计的水体基底标高在桩上进行测设,划线标明开挖深度。如图 12-4(b)所示的①,②,③,④,⑤,⑥等点即为此类桩点。在施工中,各桩点不要破坏,可留出土台,待水体开挖接近完成时,再将此土台挖掉。

水体的边坡坡度,可按设计坡度制成边坡样板置于边坡各处,以控制和检查各边坡坡度。

如果用推土机施工,定出湖边线和边坡样板就可动工,开挖快到设计深度时,用水准仪检查挖深,然后继续开挖,直至达到设计深度。

二、园林植物种植测设

在实施园林植物种植前,需要对园林树木种植进行定点放线。放线时应选定一些点或线作为依据,例如设计图上的建筑物、构筑物、道路或地面上的导线点等,然后将种植设计图上的园林植物的种植位置在地面用木桩或白灰线标定出来,作为种植的依据。园林植物的种植形式一般分为孤植型、丛植型、行植型和片植型四种。根据其种植形式的不同,结合施工现场情况,可灵活运用前面所学的点位测设的方法,用不同的仪器和工具进行定点放线。

1. 孤植型

孤植树即单株,它们每株树的中心位置在图纸上都有明确的表示。其种植位置的测设方法视现场情况可用距离交会法、支距法或极坐标法等。点位定位后打下木桩做好标记,并在桩上写明植物名称及其大小规格等,标出它的挖穴范围。

2. 丛植型

把几株或十几株甚至几十株乔、灌木配植在一起称为丛植。树种一般在两种以上。丛植的放样方法分两步进行:第一步,用极坐标法或支距法或距离交会法把丛植区域的中心位置测设出来;第二步,根据中心位置定出其他植物种植点的位置(方法是根据有关的方向和距离关系定出)。打下木桩做好标记,并在桩上写明植物名称数量及其大小规格等。

3. 行(带)植型

将树木种植成行或呈带状叫行(带)植。如道路两侧的绿化树、道路中间的分车绿化带和绿篱等。放样时,可利用支距法或距离交会法测设,在施工中多用支距法。如行道树定植放线,在有道牙的道路上,以路牙为依据进行定植点放线。无路牙的找出道路中线,并以此为定点的依据用皮尺定出行距,大约每10株钉一木桩,作为控制标记,每10株与路另一边的10株一一对应(应校核),最后用白灰标定出每个单株的位置。

4. 片植型

成片规则种植一或两个树种称片植。片植又分为矩形种植和三角形种植两种。放样时,可用极坐标法或支距法等把种植区域的界线在实地上标定出来,然后根据其种植的方式再定出每一植株的具体位置。

(1)矩形种植。如图12-4(a)所示,种植区域界线为矩形 $ABCD$。假定种植的行距为 a、株距为 b。首先放样出种植区域界线 $ABCD$,然后每一植株定植位置按如下方法放样:

1)沿 AD 方向量取距离 $d'_{A-1}=0.5a$,$d'_{A-2}=1.5a$,$d'_{A-3}=2.5a$,定出1,2,3,…,各点;同法在 BC 方向上定出相应的 $1'$,$2'$,$3'$,…各点。

2)在纵向 1—$1'$,2—$2'$,3—$3'$,…,连线上按株距 b 定出各种植点的位置(连线上的第一株和最后一株离边界线的距离按 $b/2$ 测设),撒上白灰标记。

(2)三角形种植。三角形种植如图12-4(b)所示,放样方法为:

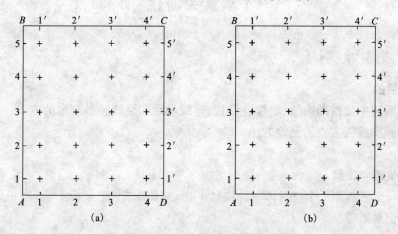

图12-4 片植型种植测设示意图

1)与矩形种植法相同,在 AD 和 BC 上分别定出1,2,3,…和相应的 $1'$,$2'$,$3'$,…各点;

2)在第一纵行(单数行)上按 $0.5b$,b…,b,$0.5b$ 间距定出各种植点位置,在第二纵行(双数行)上按 b,b,…,b 间距定出各种植点位置。

【本章习题】

1. 园路测设包含哪些内容?

2. 简述假山和挖湖测设的方法及步骤。

3. 园林植物种植的形式有哪些?并简述三角形种植的测设步骤。

4. 如图12-5所示,$EFGH$ 为设计图中某一正方形园林建筑物,其设计边长为32m,EF 边

与已知控制点 E、P 连线间的水平夹角为 35°，试简述在平坦地面测设该建筑外轮廓的方法步骤。

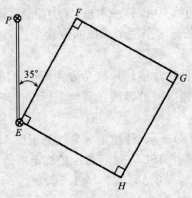

图 12-5　距离与角度的测设

【本章实训】

实训十六　园路中线测量

一、实训目的
(1)掌握园路中线踏勘选线、里程桩设置、定线量距和路线转角测定的方法。
(2)掌握圆曲线三主点的测设方法。

二、实训仪器和工具
经纬仪 1 台、三脚架 1 个、标杆 2 根、皮尺 1 把、榔头 1 把、记录板 1 块、木桩若干,并备计算器、铅笔和记录纸等。

三、实训步骤
(1)选线。选定长约200m、具有 2~3 个转折点的空旷地段。在路线的起点 JD_0(桩号为 K0 +000)、转折点 JD_1(如右转角 △约为45°,两边边长大于30m)和JD_2 及终点加以编号,用木桩进行实地标定。

(2)测量转角。在 JD_1 上安置经纬仪,标杆分别立于 JD_0 和 JD_2 上,用测回法测出 JD_1 的右角 β,并根据公式计算出转角值 △。

(3)钉里程桩。根据里程桩的设置方法进行订桩,自起点 JD_0 开始每 10m 打一桩,依次为 K0 +010,K0 +020,K0 +030…,测量直至 JD_1 点,其间遇地形变化或地物等情况时应设加桩。

(4)圆曲线元素计算。设定圆曲线半径 R 为 40m,根据公式计算出圆曲线元素切线长 T、曲线长 L、外矢距 E 及切曲线 D。

（5）圆曲线三主点测设。用安置于 JD_1 上的经纬仪，先后瞄准 JD_0 和 JD_2 点上标杆定出方向，自交点起 JD_1 分别用皮尺沿两个方向上量出切线长 T，定出圆曲线的起点 ZY_1 和终点 YZ_1。在交点 JD_1 上后视曲线起点 ZY_1，测设角度 $(180° - \Delta)/2$，得分角线方向。沿此方向自 JD_1 开始量出外矢距 E，即得到曲线中点 QZ_1。

（6）中线上的圆曲线三主点桩号可由交点 JD_1 的桩号推算而得，根据圆曲线元素计算圆曲线主点的桩号。

（7）自 YZ_1 沿 JD_2 方向丈量一段 $d(d \leqslant 10m)$ 得一 P 点，使 P 点的里程为 10 的整数倍，并在 P 点钉桩，自 P 点开始沿 JD_2 方向每 10m 打一桩，并注明桩号；同上法推算出 JD_2 的桩号，进行圆曲线的测设，直至园路中线终点。

四、注意事项

（1）仪器使用的注意事项参见实验实习须知的内容。

（2）计算主点里程时要两人独立计算，加强校核，以防算错。

（3）本次实训事项较多，小组人员要紧密配合，保证实习顺利完成。

五、提交成果

（1）实训结束后，应提交中线测量原始记录数据和桩号一览表 1 份。

（2）实训小结。

实训十七　园路纵、横断面测量

一、实训目的

掌握路线纵、横断面测量及纵、横断面图的绘制方法。

二、实训仪器和工具

水准仪 1 台、三脚架 1 个、标杆 4 根、水准尺 2 把、皮尺 1 把、十字方向架 1 把、记录板 1 块，并备计算器、铅笔、记录纸、毫米方格纸等。

三、实训步骤

1. 纵断面测量

（1）基平测量

1）沿线路方向且离中线 20m 以外的两侧，大约每隔 0.5 ~ 1.0km 选择便于保存，不受施工影响的地方设置一个临时水准点，分别以 BM_1，BM_2，BM_3……进行编号。

2）水准点间采用往返观测，高差闭合差为 $f_{h允} \leqslant 40\sqrt{L}$ mm 时（L 表示路线长度，以 km 为单位），取平均值作为最后结果。

3）进行测量时，有条件的可将其始水准点与附近的国家水准点进行联测，实训时可采用假定起始水准点的高程为 200m，然后计算出各水准点的高程。

（2）中平测量。根据基平测量提供的水准点高程，以相邻两个水准点为一测段，用附和水准测量的方法逐个测量各中桩的地面高程。

1)将水准仪置于适当的位置,定为测站Ⅰ,后视水准点 BM_1,前视转点 TP_1,将观测结果(读至毫米)分别记入表中"后视"和"前视"栏内,然后依次观测 BM1 和 TP_1 间的中间点 K0 + 000,K0 +020⋯的水准尺,并将其读数(读至厘米)分别记入"中视"栏内。

2)仪器迁移至Ⅱ站,后视转点 TP_1,前视转点 TP_2,然后再依次观测两转点间的各中间点,并将读数记入表格相应的位置。

3)按上述方法逐站观测,直至附和到下一个高程控制点 BM_2,完成一测段的观测工作。若该测段的高差闭和差(即各转点间高差总和减去该测段两水准点的高差)在允许误差范围内,就可以进行下一步计算和下一段的观测工作,否则,应及时返工重测。

4)计算各中桩的地面高程。先计算视线高程,然后计算各转点高程,经检验无误后再计算各中桩点高程,各测站的每一项计算公式为:

$$视线高程 = 后视点高程 + 后视读数$$
$$转点高程 = 视线高程 - 前视读数$$
$$中桩高程 = 视线高程 - 中视读数$$

(3)纵断面图的绘制。根据中线测量和中平测量的数据,以线路里程为横坐标,高程为纵坐标,根据一定比例,在毫米方格纸上绘制纵向方向的地面线。为了显示地面起伏变化,纵断面图的高程(纵向)比例尺一般比距离(横向)比例尺大 10 倍。绘制时可采用纵向比例尺 1:200,横向比例尺 1:2000。

2. 横断面测量

(1)用十字方向架测定中桩的横断面方向,并插标杆作标志。

(2)用标杆皮尺法测量中桩横断面方向上选定的坡度变化点之间的水平距离和高差,并将测量的数据填入记录表中。依此方法逐个测量其他各中桩。

(3)绘制横断面图。一般采取现场边测边绘的方法,如同纵断面图绘制一样,也是绘制在毫米方格纸上,可采用 1:100 或 1:200 的比例尺。

每次至少测量 5 个以上的横断面,每侧测量 5m 以上。

四、注意事项

(1)仪器使用的注意事项参见实验实习须知的内容。

(2)中平测量时因中间点的读数和计算无校核,实际操作中应特别认真细致。

(3)横断面测量与绘图时应注意分清中线方向的左、右侧和高差的正、负。

(4)本次实训事项较多,小组人员要紧密配合,保证实习顺利完成。

五、提交成果

(1)提交 1 份中平测量记录表(表 12-1)和横断面测量记录表(表 12-2),每人绘制 1 幅纵断面图和横断面图。

(2)实训小结。

表 12-1 中平测量记录

观测日期：＿＿＿＿＿＿＿ 仪器：＿＿＿＿ 班 组：＿＿＿＿ 记录者：＿＿＿＿

观测时间：自＿＿＿＿至＿＿＿＿ 天气：＿＿＿＿ 观测者：＿＿＿＿ 校核者：＿＿＿＿

测 站	测 点	读数（m）			视线高程（m）	高程（m）	备 注
		后 视	中 视	前 视			
I	BM1						
II							
⋮	⋮	⋮	⋮	⋮	⋮	⋮	⋮

表 12-2 横断面测量记录表

观测日期：＿＿＿＿＿＿＿＿＿＿ 仪器：＿＿＿＿ 班 组：＿＿＿＿ 记录者：＿＿＿＿

观测时间：自＿＿＿＿至＿＿＿＿ 天气：＿＿＿＿ 观测者：＿＿＿＿ 校核者：＿＿＿＿

左 测（高差/距离）	中 桩	右 测（高差/距离）

第十三章　管道工程测量

第一节　管道工程测量概述

一、管道工程测量的任务

管道工程测量就是为各种管道的设计和施工提供必要的资料和服务。管道工程测量的主要任务：

(1)为管道工程的设计提供必要的资料,包括各种带状地形图和纵、横断面图等。

(2)按工程设计的要求将管道位置施测于实地,指导施工。

二、管道工程测量的内容

管道工程测量的主要内容如下：

(1)测绘或收集地形图。测绘管线区域地形图或沿管线方向测绘带状地形图。如已有可利用的地形图,可结合实际情况进行检查核对,必要时修测或补测。

(2)管道中线测量。根据设计要求,在实地测设标定出管道中心线位置(中线桩)。

(3)纵断面测量。测绘管道中心线方向的地面高低起伏情况。

(4)横断面测量。沿管线方向每隔一定距离,测绘垂直于管道中心线方向一定宽度范围内的地面高低起伏情况。

(5)管道施工测量。根据设计要求和施工进程在实地测设施工标志。

(6)管道竣工测量。测绘竣工后管道的位置,用以反映施工结果,作为使用期间管理、维修及改、扩建的依据。

管道工程测量,同样也应遵守"从整体到局部,先控制后碎部"的测量工作原则,按设计要求进行测量并做到"步步有校核",为管道工程提供合格的测量服务及技术成果。

三、管道工程测量的准备工作

1. 熟悉图纸和现场情况

施工前,要收集管道测量所需要的管道平面图、纵横断面图、附属构筑物图等有关资料,认真熟悉和核对设计图纸,了解精度要求和工程进度安排等,还要深入施工现场,熟悉地形,找出各交点桩、里程桩、加桩和水准点位置。

2. 恢复中线

管道中线测量时所钉设的交点桩和中线桩等,在施工时可能会有部分碰动和丢失,为了保证中线位置准确可靠,应进行复核,并将碰动和丢失的桩点重新恢复。在恢复中线时,应将检查井、支管等附属构筑物的位置同时测出。

3. 测设施工控制桩

在施工时中线上各桩要被挖掉,为了便于恢复中线和附属构筑物的位置,应在不受施工干扰、引测方便、易于保存桩位的地方,测设施工控制桩。施工控制桩分中线控制桩和附属构筑物控制桩两种,如图13-1所示。

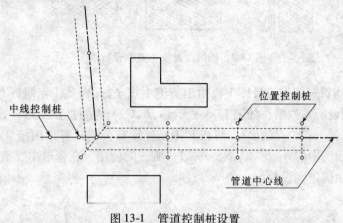

图 13-1　管道控制桩设置

4. 加密施工水准点

为了在施工过程中引测高程方便,应根据原有水准点,在沿线附近每 $100 \sim 150m$ 左右增设一个临时水准点,其精度要求由管线工程性质和有关规范确定。

第二节　管道中线测量方法

管道的起点、转向点、终点等通称为管道的主点。主点的位置及管道方向是设计时确定的。管道中线测量就是将已确定的管道中线位置测设于实地,并用木桩标定。

管道中线测量的任务是:测设管道的主点、中桩测设、管道转向角测量以及里程桩手册的绘制。

一、管道主点的测设

1. 主点测设数据的准备

测设之前,应准备好主点的测设数据,根据实际情况和工程的精度要求不同,数据准备可采用图解法和解析法。

(1)图解法。当管道规划设计图的比例较大,管道主点附近有较为可靠的地物点时,可直接从设计图上量取数据。

如图13-2所示,A、B 为原有管道的检修井,1,2,3 为设计管道的主点,欲用距离交会法在地面上测定主点的位置,可依比例尺在图上量出 S_1,S_2,S_3,S_4,S_5,即为主点的测设数据。图解法受图解精度的影响,一般用在对管道中线精度要求不太高的情况下。

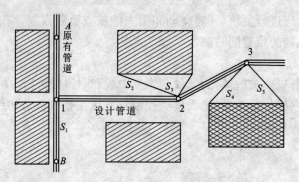

图 13-2　图解法计算主点测设数据

（2）解析法。当管道规划设计图上已给出管道主点坐标,而且主点附近有测量控制点,可以用解析法求出测设所需数据。如图 13-3 所示,$A,B,C,\cdots$ 为测量控制点;1,2,3,$\cdots$ 为管道规划的主点。根据控制点和主点的坐标,可以利用坐标反算公式计算出用极坐标法测设主点所需的距离和角度,如图中的 $\alpha_1,S_1,\alpha_2,S_2,\cdots$,以供测设时使用。在管道中线精度要求较高的情况下,均采用解析法确定测设数据。

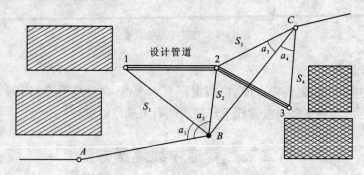

图 13-3　解析法计算主点测设数据

2. 主点的测设

管道主点测设是利用上述准备好的数据,采用直角坐标法、极坐标法、角度交会法和距离交会法等将管道主点在现场确定下来。具体测设时,各种方法可独立使用,也可相互配合。

主点测设完毕后,必须进行校核工作。校核的方法是:通过主点的坐标,计算出相邻主点间的距离,然后实地进行量测,看其是否满足工程的精度要求。

在管道建筑规模不大且无现成地形图可供参考时,也可由工程技术人员现场直接确定主点位置。

二、中桩测设

为了解管线的走向,测量管道沿线的地形起伏以及管线的长度,需从管道的起点开始,沿中线设置整桩和加桩,这项工作称为中桩测设。从起点开始,按规定每隔某一整数设置一桩,这种桩叫整桩。整桩间距可视地形的起伏情况和工程性质而定,当地势起伏较大,整桩间距为 20m、30m;当地势较为平坦,整桩间距可放宽到 50m,但最长不超过 50m。除整桩外,在整桩间如有地面坡度变化以及重要地物(铁路、公路、桥梁、旧有管道等)都应增设加桩。

整桩和加桩的桩号是它距离管道起点的里程,一般用红油漆写在木桩的侧面。例如某一加桩距管道起点的距离为3154.36m,则其桩号为3+154.36,即公里数+米数。不同管道起点的规定不尽相同,给水管道以水源为起点;排水管道以下游出水口为起点;煤气、热力等管道以来气方向为起点;电力、电讯管道以电源为起点。

中桩之间距离一般可采用钢尺丈量,为提高精度、避免错误应丈量两次,量距精度要求高于1/1000。

三、管道转向角测量

管道改变方向时,转变后的方向与原方向之间的夹角称为转向角(或称偏角),以 α 表示。转向角有左、右之分,如图 13-4 所示,偏转后的方向位于原来方向右侧时,称为右转向角;偏转后的方向位于原来方向左侧时,称为左转向角。欲测量图 13-4 中 2 点的管道转向角,可在 2 点安置经纬仪,先用盘左瞄准 1 点,纵转望远镜,即在原方向的延长线上读取水平度盘的盘右读数 a,然后转动望远镜照准 3 点,读取盘右读数 b,两次读数之差 $(b-a)$ 即为转折角 $\alpha_右$。为了消除误差,可用盘右先瞄准 1 点,同法再观测一次,两次的均值作为最后的结果。也可采用测定路线前进方向的右侧角 β 来计算与确定。

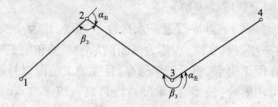

图 13-4　管道中的转折角

如果管道主点位置均用设计坐标时,转向角应以计算值为准。如果实际值与计算值相差超过限差时,应进行检查与纠正。

有些管道转向角要满足定型弯头的转向角要求,如给水管道使用铸铁弯头时,转向角有 $90°$、$45°$、$22.5°$、$11.25°$、$5.625°$ 等几种类型。与管道主点之间的距离较短时,设计管道的转向角与定型弯头的转向角之差不应超过 $1°\sim2°$。排水管道的支线与干线汇流处不应有阻水现象,故管道转向角应小于 $90°$。

四、绘制管线里程桩图

在中桩测设和转向角测量的同时,应将管线情况标绘在已有地形图上,如无现成地形图,应将管道两侧带状地区的情况绘制成草图,这种图称为里程桩图(或里程桩手册),里程桩手册是绘制纵断面图和管道设计的重要参考资料。

如图 13-5 所示,里程桩图一般绘制在毫米方格纸上,图中以 50m 为整桩距,0+000 为管道的起点。0+075 为管道的转折点,转

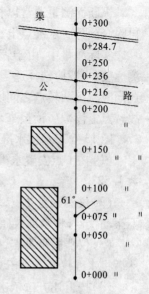

图 13-5　管线里程桩图

向后的管线仍按原直线方向绘制,只是在转向点上画一箭头表示管道的转折方向,并注明转向角角值的大小(图中转向角角值61°)。0 + 216 和 0 + 236 是管道与公路交叉时的加桩。0 + 284.7 是管道与渠道的交叉点。其他均为整桩。

带状地形图的宽度一般以中线为准,左、右各20m,如遇建筑物,则需测绘到两侧建筑物,并用统一图示表示。测绘的方法主要用皮尺以距离交会法或直角坐标法为主进行,也可用皮尺配合罗盘仪以极坐标法进行测绘。

第三节　管道纵横断面测量

一、纵断面图的测绘

纵断面图测量的主要任务是根据水准点的高程,测出中线上各桩的地面高程,然后根据这些高程和相应的桩号绘制纵断面图。纵断面图表示了管道中线方向的地面高低起伏和坡度陡缓情况,是设计管道纵坡的主要资料,也是设计管道埋深和计算土石方量的主要依据。

1. 水准点的布设

为了满足纵断面图测绘和施工的精度,在纵断面测量之前,应先沿管道方向布设足够的水准点。水准点的布设和测量精度要求如下:

(1)一般在管道沿线每隔1～2km设置一永久性水准点,作为全线高程的主要控制点,中间每隔300～500m设置一临时性水准点,作为纵断面水准测量和施工时引测高程的依据。

(2)水准点应布设在便于引点,便于长期保存,且在施工范围以外的稳定建(构)筑物上。

(3)水准点的高程可用附合(或闭合)水准路线自高一级水准点,按四等水准测量的精度和要求进行引测。

2. 纵断面水准测量

纵断面测量通常以相邻两水准点为一测段,从一个水准点出发,逐点测量各中桩的高程,再附合到另一水准点上,进行校核。

实际测量中,由于管道中线上的中桩较多且间距较小,在保证精度的前提下,为了提高观测速度,一般应选择适当的管道中桩作为转点,在每一测站上,除测出转点的前、后视读数外,还同时测出两转点之间所有其他中桩点,这些点统称为中间点。由于转点起传递高程的作用,故转点上读数应读至毫米,中间点读数只是为了计算本点的高程,读数至厘米即可。

图13-6表示从水准点 BM_1 到 0 + 200 水准测量的示意图,其施测方法为:

(1)在Ⅰ点安置水准仪,后视水准点 BM_1,读取后视读数1.784;前视0 + 000,读取前视读数1.523。

(2)仪器搬至Ⅱ点,后视0 + 000,读取后视读数1.471;前视0 + 100,读取前视读数1.102。不搬动仪器,将水准仪照准立于0 + 050上的水准尺,读取中间视读数1.32。

(3)仪器搬至Ⅲ点,后视0 + 100,读取后视读数2.663,前视0 + 200,读取前视读数2.850。然后将水准仪照准立于0 + 150 和 0 + 182 上的水准尺,分别读取中间视读数1.43 和1.56。

(4)按上述方法依次对后面各站进行观测,直至附合到另一水准点为止。

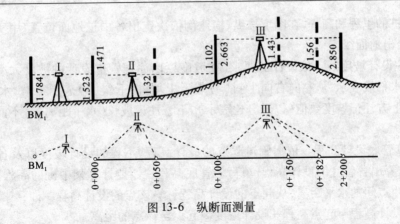

图 13-6　纵断面测量

观测完成后,应对水准路线闭合差进行检查,对于一般管道,其闭合差的限差为 $\pm 50\sqrt{L}$ mm;对于重力自流管道,其闭合差的限差为 $\pm 40\sqrt{L}$ mm。如闭合差在容许范围内,一般不需要进行高差闭合差调整,而直接计算各中桩点的高程,转点高程用高差法计算,中间点的高程采用仪器高差法求得。表 13-1 为图 13-6 的记录手册。

表 13-1　管道纵断面水准测量记录手册

测站	测点	水准尺读数(m)			视线高程(m)	高程(m)	备注
		后视	前视	中间视			
I	BM$_1$ 0 +000	1.784	1.523		130.526	128.742 129.003	水准点 BM$_1$ =128.742
II	0 +000 0 +050 0 +100	1.471	1.102	1.32	130.474	129.003 129.15 129.372	
III	0 +100 0 +150 0 +182 0 +200	2.663	2.850	1.43 1.56	132.035	129.372 130.60 130.48 129.185	
⋮	⋮	⋮	⋮	⋮	⋮	⋮	⋮

3. 纵断面图的绘制

纵断面图一般绘制在毫米方格纸上。绘制时,横坐标表示管道的里程,常用的里程比例尺有 1∶5000、1∶2000 和 1∶1000 几种;纵坐标则表示高程,为了明显表示地面起伏,一般可取高程比例尺比里程比例尺大 10 或 20 倍,例如里程比例尺用 1∶1000 时,高程比例尺则取 1∶100 或 1∶50。

纵断面图分为上、下两部分。图的上半部绘制原有地面线和管道设计线;下半部分则填写有关测量及管道设计的数据。如图 13-7 所示为管道的纵断面图。

管道纵断面图绘制步骤如下:

(1)打格制表。在方格纸上绘制与地形相适宜的纵、横坐标以及填写数据的表格。

(2)填写数据。在坐标系下方的表格内填写各桩的里程桩号、地面高程等资料。

(3)绘地面线。首先确定最低点高程在图上的位置,使绘出的地面线处在图上的适当位置。依各中桩的里程和高程,在图上按纵、横比例依次定出各中桩地面位置,用实线连接相邻点位,即可绘出地面线。

（4）标注设计坡度线。依设计的要求,在坡度栏内注记管道设计的坡度大小和方向。一般用斜线或水平线表示,从左向右向上斜(／)表示上坡,向下斜(＼)表示下坡,水平线(－)表示平坡。线上方注记坡度数值(以千分比表示),下方注记坡长(水平距离)。不同的坡段以竖线分开。

（5）计算管底设计高程。依据管道起点的设计高程、工程的设计坡度以及各中桩之间的水平距离,推算出各管底的设计高程,填写入管底高程栏。要计算某中桩的高程,可根据已设计的坡度和两点间的水平距离,从起点的设计高程计算该点的设计高程。即:

　　　某点的设计高程 = 起点高程 + 设计坡度 × 起点至该点的距离

（6）绘制管道设计线。根据起点的设计高程以及设计的坡度,在图的上半部依比例绘制管道设计线。

（7）计算管道埋深。地面实际高程减去管底设计高程即是管道的埋深,将其填入埋置深度栏。

（8）在图上注记有关资料。将一些必要的资料在图上注记。如该管道与旧管道的连接处,与公路、其他建(构)筑物的交叉处等。

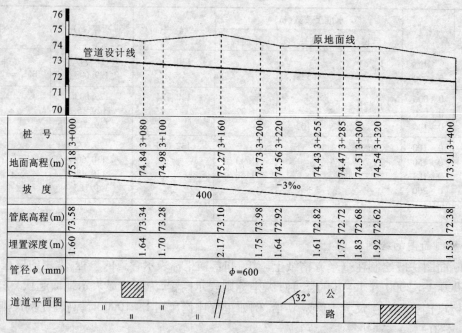

图 13-7　管道纵断面图的绘制

二、横断面图的测量

在中线各整桩和加桩处,垂直于中线的方向,测出两侧地形变化点至管道中线的距离和高差,依此绘制的断面图,称为横断面图。横断面反映的是垂直于管道中线方向的地面起伏情况,它是计算土石方和施工时确定开挖边界等的依据。

管道横断面测量的宽度,由管道的管径和填埋深度而定,一般在中线两侧各测20m。横断面方向的确定,可用经纬仪或专门用于测定横断面的方向架来测定。横断面测量中,距离和高差的测量方法有:标杆皮尺法,水准仪皮尺法,经纬仪视距法等。

横断面图一般绘制在毫米方格纸上。为了方便计算面积,横断面图的距离和高差采用相同比例尺,通常为1:100或1:200。绘图时,如图13-8所示,先在适当的位置标出中桩,注明桩号。然后,由中桩开始,按规定的比例分左、右两侧按测定的距离和高程,逐一展绘出各地形变化点,用直线把相邻点连接起来,即绘出管道的横断面图。

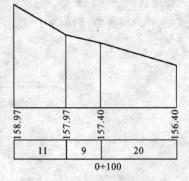

图13-8 横断面图的绘制

依据纵断面的管底埋深、纵坡设计以及横断面上的中线两侧地形起伏,可以计算出管道施工时的土石方量。

第四节 管道施工测量

一、地下管道施工测量

1. 中线检核与测设

地下管道施工测量之前,应先熟悉有关图纸、资料及设计示意图,了解现场情况并对必要的数据和已知的主点位置应认真核对,然后再进行施工测量工作。

管道勘测设计阶段时在地面已经标定了管道的中线位置,但随着时间的推移,原地面中线位置的主点可能移位或丢失,因此施工时必须对中线位置进行检核。如果实地主点标志破坏、丢失或设计发生变更则需要重新进行管道主点测设。

勘测时在实地标定的中线桩一般比较稀疏,施工时应根据需要适当加密中线桩。

2. 标定检查井位置

检查井是管道工程中的一个组成部分,需要独立施工,所以应实地逐一标定其位置。标定井位时一般用钢尺沿中线逐个进行测量标定,并用大木桩在地面加以标志。

3. 设置施工控制桩

在管道施工过程中,中线上各木桩将随施工进行而被挖掉,为了便于恢复管道中线和检查井的位置,应在施工前选择管道沟槽开挖范围以外、不受施工破坏、引测方便、易于保存的地方,设置施工中线控制桩和检查井控制桩。如图13-9所示,主点控制桩可在中线的延长线上,设置两个控制桩。检查井控制桩可在垂直于中线方向两侧各设置一个控制桩或建立与周围固定地物特征点之间的距离关系,使井位可以随时恢复。

4. 槽口放线

管道施工时,槽口的宽度与管道管径、埋深以及土质情况有关。如图13-10所示,沟槽口宽度首先决定槽底宽度 b,该值大小主要取决于管径、挖掘方式和敷设容许偏差等因素。保持边坡稳定应主要考虑土质情况。埋深则由设计图上取得。如图13-10(a),当地面横断面坡度

比较平缓时,开挖槽口宽度可按下列公式计算

$$B = b + 2mh \qquad (13-1)$$

式中,b 为槽底宽度;h 为中线上的挖土深度;$1/m$ 为管槽边坡的坡度。

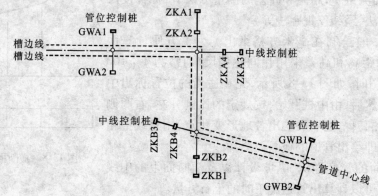

图 13-9　主点控制桩布设

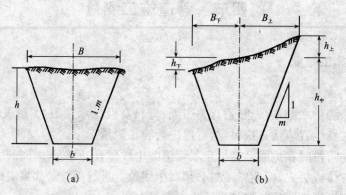

图 13-10　槽口放线

如图 13-10(b),当地面横断面坡度较大时,开挖槽口宽度为

$$\text{斜坡上侧} \quad B_{\text{上}} = b/2 + m \cdot (h_{\text{中}} + h_{\text{上}})$$
$$\text{斜坡下侧} \quad B_{\text{下}} = b/2 + m \cdot (h_{\text{中}} - h_{\text{下}}) \qquad (13-2)$$
$$B = B_{\text{上}} + B_{\text{下}}$$

沟槽口宽度 B 计算出来后,可以中线为准,向两侧各测设开挖边界,即为沟槽开挖边线。

5. 设置施工测量标志

管道施工时,为了配合工程进度要求,随时恢复管道中线及检查施工标高,一般在管线上需要设置施工测量标志,常用方法有以下几种。

(1)平行轴线桩法。当施工管道管径较小,埋深较浅时,在管线一侧设置一排平行于管道中线的轴线桩,如图 13-11 所示,其间距 a 与管道中心线 b 的大小与管径和埋深有关,以不受施工影响和方便测设为原则。轴线桩之间间距以 10 ~ 20m 为宜。

管道施工剖面如图 13-12 所示,施工时可用小钢尺随时测量间距 a,恢复和检查中线位置。

高程位置检查,浅埋管道,如图 13-12(a)所示,平行轴线桩同时可以作为高程测设的依

据。若属深埋管道,如图 13-12(b)所示,则可在沟槽一侧设置腰桩,测出腰桩高程作为高程测设的依据。

该方法也适用于机械施工。

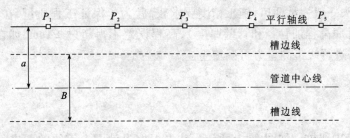

图 13-11　平行轴线桩布设

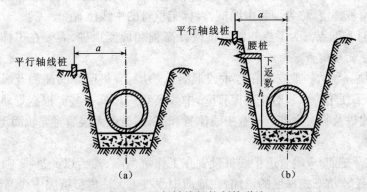

图 13-12　平行轴线桩控制管道施工

(2)坡度板、坡度钉法。当施工管道管径较大,管沟较深时,沿管线每隔 10～20m 设置跨槽坡度板,如图 13-13 所示,坡度板应埋设牢固,板顶面水平。根据中线控制桩,用经纬仪将中线投测到坡度板上,并钉上小钉,作为中线钉。在坡度板侧面注上该中线钉的里程桩号。相邻中线钉的连线,即为管道中线方向,在其上悬挂垂线,即可将中线位置投侧到槽底,用于控制沟槽开挖和管道安装。

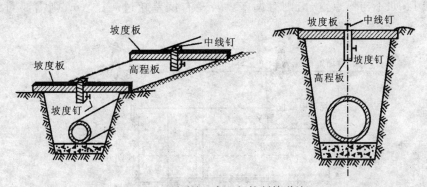

图 13-13　坡度板、高程板控制管道施工

为了控制管沟开挖深度,在坡度板上铅垂钉设高程板,然后根据附近水准点,测出各坡度

板顶端高程。坡度板顶端高程与管底高程之差,就是开挖深度。由于各处挖深不同,不便记忆,在坡度板上设置高程板,用于调节各处高程板,使之与挖深一致或为一整数,然后在高程板上钉设坡度钉,由坡度钉向下称为下返数。

排水管道接头一般为承插口,施工精度要求较高,为了保证工程质量,在管道接口前应复测管顶高程(即管底高程加管径和管壁厚度),高程误差不得超过 ±1cm,如在限差之内,方可接口。接口后,需进行竣工测量方可回填土。

二、顶管测量

1. 准备工作

(1)设置顶管中线桩。如图 13-14 所示,首先根据设计图上管线的要求,在工作坑的前后各设置一个木桩,称为轴线控制桩,然后确定开挖边界。开挖到设计高程后,将中线引到坑壁上,并用大钉或木桩标定,称为顶管中线桩,以标定顶管的中线位置。

(2)设置临时水准点。为了控制管道按设计高程和坡度顶进,需要在工作坑内设置两个临时水准点,以便相互检查。

(3)安装导轨。导轨一般安装在方木或混凝土垫层上,垫层面的高程及纵向坡度都应符合设计要求。为了便于排水和防止摩擦管壁,中线高程应稍低一些。根据导轨的宽度安装导轨,根据顶管中线桩及临时水准点检查中线位置和高程,检查无误后将导轨固定。

2. 中线测量

顶管工作坑开挖前,应将管道中线桩设置在工作坑两端,然后以此进行工作坑长、宽的测设并开挖。随着工作坑开挖深度的增加,在地面中线桩上无法进行坑底中线测设时,可使用全站仪或经纬仪进行中线投测,在两端坑壁上打桩,如图 13-14 所示,设立坑壁中线桩。

进行顶管导轨安装以及顶管施工导向时,用细绳连接两坑壁上的中线桩,并在细绳靠近两端各悬挂一个垂球,由此即将管道中线投测到坑底,用以控制导轨安装。顶管施工导向是在两垂球线同一侧再水平拉紧一条细线,紧靠垂球线并直指顶管工作面。这时在管道前端内,用水准器放置安平一个中线木尺。木尺长度等于或略小于管径,木尺上的分划是以尺的中央为零点向两端增加的,如果紧靠两垂球线的水平连线通过木尺零点,则表示顶管处在中线上,如不与零点重合,则有偏差。若左右偏差超过 ±1.5cm,则需要对管道进行中线校正。

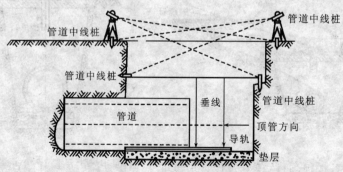

图 13-14　顶管施工测量

3. 高程测量

当工作坑开挖至设计标高后,为了方便控制管道按设计高程及坡度进行顶管施工,需要在坑底或坑壁上设置 2～3 个临时水准点(以便于相互检核)。

顶管时的高程和坡度测设是将水准仪安置于工作坑内,以临时水准点所立标尺为后视,在管道内待测点竖立一根小于管径的标尺做为前视,将测得的高程与设计高程进行比较,其偏差超过 ±1cm 时,需要对管子进行校正。当施工要求不高或工作坑内仪器工作不便,在条件允许时,也可采用塑料软管用静力水准的方法对顶进端高程与设置高程进行比较测高。

在顶管过程中,为保证施工质量,每顶进 0.5m 就需要对管子进行一次中线测量和高程测量,其限差为横向移位误差不大于 ±1.5cm;高程误差不大于 ±1.0cm。

顶管施工距离小于 50m 时,一端施工即可。当距离较长时,应两端相向施工,或每隔 100m 设置一个工作坑,采用分段对向顶管施工方法,贯通误差不得大于 ±3cm。

对于采用套管的顶管施工,施工精度可适当放宽。当顶管距离较长,管径较大,并采用机械化施工时,可采用激光指向仪进行导向。

三、竣工测量

管道竣工测量包括管道竣工平面图和管道竣工纵断面图的测绘。管道竣工纵断面图的测绘,在回填土之前进行,用水准测量方法测定管顶的高程和检查井内管底的高程,距离用钢尺丈量。竣工平面图主要测绘管道的起点、转点、中点、检查井及附属构筑物的平面位置和高程,测绘管道与附近重要地物(道路、永久性房屋、高压电线杆等)的位置关系。使用全站仪进行管道竣工测量将会成倍提高工作效率。

【本章习题】

1. 管道工程测量的任务是什么? 有哪些内容?

2. 管道工程测量的准备工作主要有哪些内容?

3. 测设坡度钉的目的是什么? 应如何测设?

4. 管道中心如何测设?

5. 管道纵断面、管道横断面应如何测量?

6. 顶管工作坑内水准点如何设置?

7. 如何用"串线法"控制顶管中线?

8. 已知管道起点 0+000 的管底设计高程为 141.72m,坡度为 10‰下坡。沟槽开挖前,沿线每 20m 设置一块坡度板。测得 0+000～0+100 各坡板板顶面高程依次为:144.310,144.100,143.852,143.734,143.392,143.283m。试定出统一的下反数并计算各坡度板的调整数。

9. 已知龙门板各板顶高程、板号及设计坡度如表 13-2 所示,按表中有关数据,选定下返数计算板顶调整数及坡度钉高程。

10. 管道竣工测量的目的是什么? 包括哪些测绘任务?

表 13-2

板号	距离（m）	坡度	管底高程（m）	板顶高程（m）	板管间高差（m）	预定下返数（m）	板顶高程调整数（m）	坡度钉高程（m）
1+120			410.232	412.814				
1+140		−3‰		412.757				
1+160				412.687				
1+180				412.620				
1+200				412.583				
1+220				412.500				
1+240				412.465				
1+260				412.403				

【本章实训】

实训十八　管道纵断面测量

一、实训目的

（1）掌握水准仪测量管道纵断面测量的方法。

（2）能够绘制管道纵断面图。

二、实训仪器和工具

水准仪 1 套。

三、实训步骤

（1）利用图根控制测量布设的两个控制点作为纵断面测量时的两个高程控制点。

（2）将水准仪安置于合适的位置，后视管道起点附近的一个高程控制点，求得视线高。视线高程＝后视点高程＋后视读数。

（3）从 0+000 点开始，前视各中桩点，读出各点中视读数，读到厘米即可。各中桩高程＝视线高程－中视读数。

（4）如需转站观测，则在路线上设一转点，读出转点前视读数，转点需读至毫米。转点高程＝视线高程－前视读数。

（5）将水准仪搬到下一个测站，后视转点，按同样的方法求得其余各中桩高程，最后需附合到另外一个水准点上进行高程检核并计算出各中桩点高程。

四、注意事项

（1）内业计算时要求高差闭合差应小于一般管道的容许值范围（$\pm 10\sqrt{n}$ mm，其中 n 为测站数）。

（2）如成果合格，将闭合差反号平均分配到各站高差上，得各站改正高差，然后再计算各前视点高程。

五、提交成果

将纵断面水准测量数据填入管道纵断面水准测量记录计算手册(表13-3)中。

表13-3　管道纵断面水准测量记录计算手册

观测日期：＿＿＿＿＿＿＿＿　　仪器：＿＿＿＿　班　组：＿＿＿＿　记录者：＿＿＿＿

观测时间：自＿＿＿＿至＿＿＿＿　天气：＿＿＿　观测者：＿＿＿＿　校核者：＿＿＿＿

测站	测点	水准尺读数(m)			高差(m)		改正后高差(m)		视线高程(m)	高程(m)
		后视	前视	中视	+	−	+	−		
I										
II										
III										
⋮										

(2)实训小结。

实训十九　管道横断面测量

一、实训目的

(1)掌握水准仪测量管道横断面测量的方法。

(2)能够绘制管道纵断面图。

二、实训仪器和工具

水准仪1套。

三、实训步骤

(1)水准仪安置于管道附近适当位置,后视管道起点附近的一个水准点,读出后视读数,求得视线高。

(2)从0＋000点开始,在垂直于中线两侧左右各15mm范围内地形起伏变化处立水准尺,该点距中桩的水平距离可用皮尺量出。读出各点中视读数,读到厘米即可,则各断面点的高程＝视线高−中视读数。

(3)一个测站上在视距允许的范围内可以依次测出几个中桩的横断面。

(4)如需转站观测,则在路线上设一转点,读出转点前视读数,转点需读至毫米。转点高程＝视线高程−前视读数。

(5)将水准仪搬到下一个测站,后视转点,按同样的方法测出其余各桩横断面。

四、注意事项

（1）横断面水准测量可与纵断面水准测量同时进行，关键是各中桩断面线要与中线方向保持垂直关系。

（2）测量记录时要分清左边距与右边距，如断面宽度较大，在外业作业时，左右边距各配一个立尺员能够提高作业速度。

五、提交成果

（1）提交管道横断面水准测量记录手册（表13-4）。

（2）实训小结。

表 13-4　管道横断面水准测量记录手册

观测日期：＿＿＿＿＿＿＿＿＿＿　　仪器：＿＿＿＿　班　组：＿＿＿＿　记录者：＿＿＿＿＿

观测时间：自＿＿＿＿至＿＿＿＿　　天气：＿＿＿＿　观测者：＿＿＿＿　校核者：＿＿＿＿＿

测站	桩号	水准尺读数（m）			仪器视线高程（m）	高程（m）	备注
		后视	前视	中间视			

第十四章　全站仪及其使用

全站型电子速测仪又称"电子全站仪"，简称"全站仪"。全站仪是一种兼有自动测距、测角、计算和数据自动记录及传输功能的自动化、数字化的三维坐标测量与定位系统。它由光电测距单元，电子测角及微处理器单元，以及电子记录单元组成，是一种广泛应用于控制测量、地形测量、地籍与房产测量、工业测量及近海定位等的电子测量仪器。

第一节　全站仪的构造及辅助设备

一、全站仪的组成

全站仪是由电子测距仪、电子经纬仪和电子记录装置三部分组成。全站仪的电子记录装置是由存储器、微处理器、输入和输出部分组成。由微处理器对获取的斜距、水平角、竖直角、视准轴误差、指标差、棱镜常数、气温、气压等信息进行处理，可以获得各种改正后的数据。在只读存储器中固化了一些常用的测量程序，如坐标测量、导线测量、放样测量、后方交会等，只要进入相应的测量程序模式，输入已知数据，便可依据程序进行测量过程，获取观测数据，并解算出相应的测量结果。通过输入、输出设备，可以与计算机交互通信，将测量数据直接传输给计算机，在软件的支持下，进行计算、编辑和绘图，如图 14-1 所示。

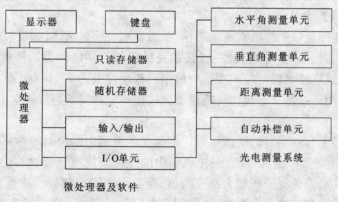

图 14-1　全站仪的组成

二、全站仪的构造

如图 14-2 所示是南方测绘仪器公司生产的 NTS-352 中文界面全站仪，其结构与经纬仪相似，区别主要是望远镜体积庞大，这是由于红外测距的照准头与望远镜合为一体的缘故。

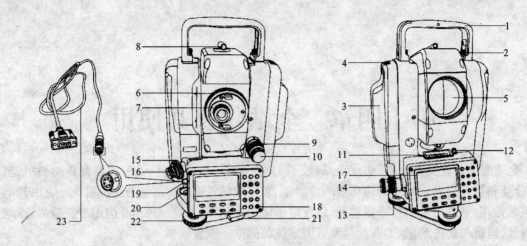

图 14-2　NTS-352 全站仪

1—提把;2—提把固定螺丝;3—电池;4—电池锁紧杆;5—物镜;6—物镜调焦环;
7—目镜调焦环;8—粗瞄器;9—垂直制动螺旋;10—垂直微动螺旋;
11—管水准器;12—管水准器校正螺丝;13—水平制动螺旋;14—水平微动螺旋;
15—光学对点器调焦环;16—光学对点器;17—显示屏;18—键盘;
19—数据通讯接口;20—圆水准器;21—基座锁定钮;22—脚螺旋;23—通讯电缆

三、全站仪的辅助设备

全站仪要完成测量工作,必须借助必要的辅助设备,常用的辅助设备有:三脚架、反射棱镜或反射片、垂球、温度计和气压计、数据通讯电缆、打印机连接电缆、阳光滤色镜以及电池及充电器等。

1. 三脚架

用于测站上架设仪器,其操作与经纬仪相同。

2. 反射棱镜或反射片

全站仪除角度测量以外的所有测量工作,都需要配备反射物体,如反射棱镜和反射片。

反射棱镜(简称棱镜)有单棱镜、三棱镜和九棱镜等不同的种类。棱镜数量不同,测程也不同,选用多块棱镜可使测程增加。棱镜组由用户根据作业需要自行配置。根据测量精度要求和用途,可以选用通过基座连接器将棱镜组连接在一起并安置到三脚架上,或直接安置在对中杆上。

反射棱镜一般都有一固定的棱镜常数。由于光在玻璃中的折射率为 1.5～1.6,而光在空气中的折射率近似等于 1,也就是说,光在玻璃中的传播要比空气慢,因此光在反射棱镜中传播所用的超量时间会使所测距离增大某一数值,通常称作棱镜常数。棱镜常数的大小与棱镜直角玻璃锥体的尺寸和玻璃的类型有关,实际上在厂家所附的说明书或在棱镜上已标出,供测距时使用。将它和全站仪进行配套使用时,必须在全站仪中对棱镜的棱镜常数进行设置。

反射片尺寸为 30mm×30mm,适用于距离 500m 以内测量,尺寸为 60mm×60mm,适用于距离 700m 以内测量。

目前有许多全站仪具备免棱镜测距功能,主要是利用激光测距。免棱镜测距采用的测距信号是激光测量较近的目标时,无需在目标点设置全反射的棱镜,经过物体的漫反射同全站仪的信号,已经足够强到仪器可以识别,并通过计算得出所测目标点的距离。免棱镜测距精度较低,该功能对测量天花板、壁角、塔楼、隧道断面等有用。

3. 垂球

在无风天气下,垂球可用于仪器的对中,使用同经纬仪。

4. 温度计和气压计

光存空气中的传播速度并非常数,而是随大气条件而变。由于仪器作业时的大气条件一般与仪器选定的基准大气条件不相同,会使测距产生误差,因此必须进行气象改正(或称大气改正)。大气条件主要是指大气的温度和气压,不同的温度和气压对应不同的大气改正值,在全站仪中设置了温度和气压后,全站仪能自行计算大气改正值,自动对观测结果实施大气改正。

气压测量一般使用空盒气压计,单位为百帕(hPa)。

温度测量一般使用通风干湿温度计,在测程较短或测距精度要求不高时,可使用普通温度计。

现在有些较高级的全站仪能自动感应温度和气压,并进行改正。

5. 数据通讯电缆

用于连接全站仪和计算机进行数据通讯。

6. 打印机连接电缆

用于连接仪器和打印机,叮直接打印输出仪器内数据。

7. 阳光滤色镜

对着太阳进行观测时,为了避免阳光造成对观测者视力的伤害、对仪器的损坏,可将滤色镜安装在望远镜的物镜上。

8. 电池及充电器

为仪器提供电源。

第二节　全站仪的精度等级与检定项目

一、全站仪的精度等级

根据 2004 年 3 月 23 日实施的《全站型电子速测仪检定规程》(JJG 100—2003)规定,按 1km 的测距标准偏差 m_D 计算,精度分为四级,见表 14-1。

表 14-1　准确度等级分类

仪器等级	I		II		III			IV
标称标准偏差	0.5″	1.0″	1.5″	2.0″	3.0″	5.0″	6.0″	10.0″
等级标准差范围	$m_\beta \leqslant 1.0″$		$1.0″ < m_\beta \leqslant 2.0″$		$2.0″ < m_\beta \leqslant 6.0″$			$6.0″ < m_\beta \leqslant 10.0″$

二、全站仪的检定

根据《全站型电子速测仪检定规程》(JJG 100—2003)规定,全站仪的检定周期为最长不超过 1 年,全站仪的检定项目分为三部分:光电测距系统的检定,按照《全站型电子速测仪检定规程》执行;全站仪的测角部分及电子经纬仪的准确度等级以仪器的标称标准偏差来划分,见

表 14-1，电子测角系统的检定项目见表 14-2。

表 14-2　电子测角系统的检定项目表

序号	检定项目	检定类别		
		首次检定	后续检定	使用中检定
1	外观及一般功能检查	+	+	+
2	基础性调整与校准	+	+	+
3	水准器轴与竖轴的垂直度	+	+	+
4	望远镜竖丝垂直度	+	+	−
5	照准部旋转的正确性	+	+／−	
6	望远镜视准轴对横轴的垂直度	+	+	+
7	照准误差 c、横轴误差 i、竖盘指标差 l	+	+	
8	倾斜补偿器的零位误差、补偿范围	+	+	+
9	补偿准确度	+	+	+
10	光学对中器视轴与竖轴重合度	+	+	+
11	望远镜调焦时视轴的变动误差	+	+／−	
12	一测回水平方向标准偏差	+	+	
13	一测回竖直角测角标准偏差	+	+／−	−

注：检定类别中"＋"号为应检项目；"－"号为不检项目；"＋／－"号可检可不检定项目，根据需要确定。

全站仪的数据采集，有存贮卡式记录器、电子记录手簿式记录器，以及便携式微机记录终端三种方式。后两种属于配套的外围设备，存贮卡是许多全站仪的一个附件，对存贮卡应检定的项目列于表 14-3。

表 14-3　存贮卡检定项目表

序号	检定项目	检定类别	
		首次检定	使用中检定
1	存贮卡的初始化	+	+／−
2	存贮卡容量检查	+	+
3	文件创建和删除	+	+
4	测量与数据记录	+	+
5	数据查阅	+	+
6	数据传输	+	+
7	设置与保护	+／−	+／−
8	解除与保护	+／−	+／−

注：检定类别中，"＋"号为应检项目；"＋／－"号为按存贮卡的产品类别性能及送检单位的需要，由检定单位确定是否检定的项目。

第三节 全站仪的使用

一、测量前准备工作

1. 仪器开箱和存放

（1）开箱。轻轻地放下箱子，让箱盖朝上，打开箱子的锁栓，开箱盖，取出仪器。

（2）存放。盖好望远镜镜盖，使照准部的垂直制动手轮和基座的圆水准器朝上将仪器平卧（望远镜物镜端朝下）放入箱中，轻轻旋紧垂直制动手轮，盖好箱盖并关上锁栓。

2. 安置仪器

仪器的安置包括对中和整平两项工作。操作步骤如下：

（1）将三脚架置于测站点，使高度合适，架头大致水平，其中心约在测站点的铅垂线上，然后踩实脚架。

（2）将仪器安装在三脚架上，调整光学对点器的目镜，使十字丝清晰，然后转动调焦环使测站点清晰。

（3）调整三个脚螺旋，使光学对点器的十字丝交点对准测站点。

（4）调整三脚架架腿的伸缩螺旋，在原地升降架腿，使圆水准气泡居中。

（5）利用管水准器严格整平仪器。

（6）观察光学对点器的十字丝交点是否仍对准测站点。如果没有偏离，安置仪器结束。当对中有少许偏离，松开一点三脚架的连接螺旋，用手轻移仪器，使精确对中，然后拧紧连接螺旋。在轻移仪器时，不要让仪器存架头上有转动，以尽可能减少气泡的偏移。再检查整平情况，如此反复，直到严格整平和精确对中同时满足。

3. 电池的安装

全站仪均自带充电电池，同时也可通过外部电源接口接入外接电源。它的作用是为全站仪工作提供电源。

在使用仪器前首先检查电池充电情况，如电力不足，要用仪器自带的充电器进行充电。充电时间超过规定会缩短电池的使用寿命，应尽量避免。

电池安装时，将电池盒底部凸起部分插入仪器盖板的槽中，按压电池盒顶部按钮，使其卡入仪器中，固定归位。

4. 开机和没置度盘指标

确认仪器整平，检查已安装上的电池，即可打开电源开关（POWER 键）。电源开启后，显示窗随即显示仪器型号、编号和软件版本。

松开水平制动螺旋，将照准部旋转一周，显示水平角，同样将望远镜竖直旋转一周，显示竖直角。至此水平和竖直度盘两项指标设置完毕。

二、全站仪测量模式

全站仪测量模式有两种，即标准测量模式和特殊测量模式。标准测量模式包括角度测量、距离测量和坐标测量；特殊测量模式包括放样测量、偏心测量、悬高测量、对边测量等。依仪器的不同,其测量模式又各有差别。

1. 标准测量模式

(1)角度测量。进行零方向安置,设置和测定水平角,同时还可进行竖直角的测量。

(2)距离测量。进行仪器常数的设置,气象改正的设置;高精度测距、跟踪测量以及快速的距离测量;可同时完成水平角、平距和高差的测量;可显示测量距离与设计放样距离之差,进行施工放样。

(3)坐标测量。已知测站点坐标和后视方位角,通过仪器测量出镜站点的三维坐标。

2. 特殊测量模式

(1)放样测量。用于实地上测设出所要求的点位。在放样过程中,通过对照准点的角度、距离或坐标测量,仪器将显示出预先输入的放样值与实测值之差指导放样。

$$显示值 = 实测值 - 放样值$$

(2)偏心测量。用于待测点无法直接设置棱镜的点位或不通视点的距离和角度的测量。可以将棱镜没置在距待测点不远的偏心点上,通过对偏心点距离和角度的观测求出至待测点的距离、角度,许可换算出坐标。

(3)悬高测量。用于对不能设置棱镜的目标(如高压输电线、桥架等)高度的测量。

(4)对边测量。是在不搬动仪器的情况下,直接测量多个目标点与某一起始点间的斜距、平距和高差。

三、南方 NTS-352 全站仪的使用

这里仪以南方 NTS-352 全站仪为例介绍角度、距离、坐标及放样测量的基本方法。

NTS-352 全站仪的面板有一个显示屏和 23 个键,各键功能列于表 14-4。仪器有角度测量、距离测量、坐标测量、星键和菜单共 5 种模式。各种模式下的功能选择都是通过 F1~F4 四个软键来实现的。软键存某个模式下的各菜单中的功能在屏幕底部的对应位置以中文字符显示。表 14-5 为全站仪显示符号。

表 14-4　全站仪键盘符号

按　键	名　称	功　能
ANG	角度测量键	进入角度测量模式(▲上移键)
◢	距离测量键	进入距离测量模式(▼下移键)
◿	坐标测量键	进入坐标测量模式(◄左移键)
MENU	菜单键	进入菜单模式(►右移键)
ESC	退出键	返回上一级状态或返回测量模式
POWER	电源开关键	电源开关
F1~F4	软键(功能键)	对应于显示的软键信息
0~9	数字键	输入数字和字母、小数点、负号
★	星键	进入星键模式

表 14-5　全站仪显示符号

显示符号	内容	显示符号	内容
V%	垂直角(坡度显示)	E	东向坐标
HR	水平角(右角)	Z	高程
HL	水平角(左角)	*	EDM(电子测距)正在进行
HD	水平距离	m	以米为单位
VD	高差	ft	以英尺为单位
SD	倾斜	fi	以英尺和英寸为单位
N	北向坐标		

1. 角度测量

出厂设置是仪器开机即自动进入角度测量模式,当仪器存其他模式状态时,按(ha)键进入角度测量模式。角度测墙模式下共有 P1、P2、P3 三页菜单,如图 14-3 和表 14-6 所示。

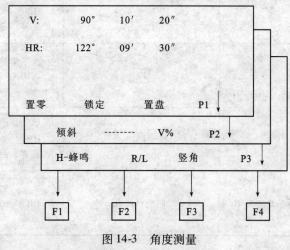

图 14-3　角度测量

表 14-6　角度测量菜单功能

页数	软键	显示符号	功　　能
第 1 页(P1)	F1	置零	水平角置为 0°0′0″
	F2	锁定	水平角读数锁定
	F3	置盘	通过键盘输入数字设置水平角
	F4	P1↓	显示第 2 页软键功能
第 2 页(P2)	F1	倾斜	设置倾斜改正开或关,若选择开则显示倾斜改正
	F2	…	…
	F3	V%	垂直角与百分比坡度的切换
	F4	P2↓	显示第 3 页软键功能

页数	软键	显示符号	功　　能
第 3 页(P3)	F1	H-蜂鸣	仪器转动至水平角 0°90°180°270°是否蜂鸣的设置
	F2	R/L	水平角右/左计数方向的转换
	F3	竖角	垂直角显示格式(高度角/天顶距)的切换
	F4	P3↓	显示第 1 页软键功能

(1)水平角和垂直角测量。确认在角度测量模式下,将望远镜照准目标,仪器显示天顶距(V)及水平右角(HR),操作见表 14-7。

(2)水平角测量模式(右角/左角)切换。确认处于角度测量模式,操作见表 14-8。

表 14-7　水平角和垂直角测量

操作过程	操作	显示
① 照准第一个目标 A	照准 A	V：　82°09′30″ HR：90°09′30″ 置零　锁定　置盘　P1↓
② 设置目标 A 的水平角为 00°00′00″,按 F1(置零)键和 F3(是)键	F1	水平角置零 ＞OK? ---　　---　　[是]　　[否]
	F3	V：　82°09′30″ HR：00°00′00″ 置零　锁定　置盘　P1↓
③ 照准第二个目标 B,显示目标 B 的 V/H	照准目标 B	V：　82°09′30″ HR：62°35′20″ 置零　锁定　置盘　P1↓

表 14-8　水平角(右角/左角)切换

操作过程	操作	显示
① 按 F4 两次转到第 3 页	F4 两次	V：　82°09′30″ HR：90°09′30″ 置零　锁定　置盘　P1↓ 倾斜　—　　V%　　P2↓ H-蜂鸣　R/L　竖角　P3↓
② 按 F2(R/L)键,右角模式(HR)切换到左角模式(HL)	照准目标 B	V：　82°09′30″ HL：269°50′30″ H-蜂鸣　R/L　竖角　P3↓

注:以左角(HL)模式进行观测。

（3）水平度盘的设置

1）通过锁定角度值进行设置。确认处于角度测量模式，操作见表14-9。

表14-9 水平角和垂直角测量

操作过程	操作	显示
① 用水平微动螺旋转到所需的水平角	显示角度	V: 122°09′30″ HR: 90°09′30″ 置零 锁定 置盘 P1↓
② 按 F2 （锁定）键	F2	水平角锁定 HR: 90°09′30″ 确认吗? — — ［是］ ［否］
③ 照准目标	照准	
④ 按 F3 （是）键完成水平角设置 * ），显示窗变为正常的角度测量模式	F3	V: 122°09′30″ HR: 90°09′30″ 置零 锁定 置盘 P1↓

注：若要返回上一个模式，可按 F4 （否）键。

2）通过键盘输入进行设置。确认处于角度测量模式，操作见表14-10。

表14-10 键盘输入

操作过程	操作	显示
① 照准目标	照准	V: 122°09′30″ HR: 90°09′30″ 置零 锁定 置盘 P1↓
② 按 F3 （置盘）键	F3	水平角设置 HR: 输入 — — ［回车］
③ 通过键盘输入所要求的水平角，如:150°10′20″	F1 150. 1020 F4	V: 122°09′30″ HR: 150°10′20″ 置零 锁定 置盘 P1↓

注：随后即可从所要求的水平角进行正常的测量。

（4）垂直角与斜率（%）的转换。确认处于角度测量模式，操作见表14-11。

表 14-11 垂直角与斜率(%)的转换

操作过程	操作	显示
① 按 F4 (↓)键转到第 2 页	F4	V： 122°09′30″ HR： 90°09′30″ 置零 锁定 置盘 P1↓ 倾斜 — V% P2↓
② 按 F3 (V%)键	F3	V%： −0.30% HR： 90°09′30 倾斜 — V% P2↓

2. 距离测量

(1)距离测量的显示模式。距离测量的显示模式有两种:高差(VD)/平距(HD)测量模式和斜距(SD)测量显示模式。

开机后,在测量模式下,反复按距离测量键 ◢,可在斜距测量模式和平距测量模式下进行切换。

(2)测距条件的设置。测量时,温度、气压以及测量目标条件均影响着测距的精度,首先应对它们进行设置,再进行距离测量。

1)温度、气压的设置。在距离测量模式下,其设置方法见表 14-12。

表 14-12 温度、气压的设置

步骤	操作过程	操作	显示
第 1 步	按键 ◢	进入距离测量模式	HR： 170°39′20″ HD： 235.343m VD： 36.551m 测量 模式 S/A P1↓
第 2 步	按键 F3	进入设置 由距离测量或坐标测量模式预先测得测站周围的温度和气压	设置音响模式 PSM： 0.0 PPM： 2.0 信号:[丨丨丨丨丨] 棱镜 PPM T-P —
第 3 步	按键 F3	按键 F3 ,执行 T-P	温度和气压设置 温度： −> 15.0℃ 气压:1013.2 hpa 输入 — — 回车
第 4 步	按键 F1 ,输入温度; 按键 F4 ,输入气压程	按键 F1 执行[输入]输入温度与气压, 按 F4 执行[回车]确认输入	温度和气压设置 温度： −> 25.0℃ 气压:1017.5 hpa 输入 — — 回车

预先测得测站周围的温度和气压。例:温度 +25℃ ,气压 1017.5hPa。

PSM 为棱镜常数,PPM 为大气改正值。当全站仪输入温度和气压后可自动算出大气改正值,大气改正值也可以根据公式计算后直接设置。1PPM 即每千米变化 1mm。

2）测量目标条件及棱镜常数的设置。

测量目标条件包括：目标为反射棱镜、反射片和免棱镜（利用自然物体的表面）。南方全站仪的棱镜常数的出厂设置为 -30mm，若使用棱镜常数不是 -30 的配套棱镜，则必须设置相应的棱镜常数，设置方法见表 14-13。

表 14-13　棱镜常数的设置

步骤	操作过程	操作	显示
第1步	按键 F3	由距离测量或坐标测量模式按 F3（S/A）键	设置音响模式 PSM： -30.0　PPM： 2.0 信号：[| | | | |] 棱镜　PPM　T-P　—
第2步	按键 F1	按 F1（棱镜）键	棱镜常数设置 棱镜　-30.0mm 输入　—　—　回车
第3步	按键 F1，输入数据； 按键 F4 确认	按键 F1 执行[输入]输入棱镜常数，按 F4 执行[回车]确认，显示屏返回到设置模式	设置音响模式 PSM： 0.0　PPM： 2.0 信号：[| | | | |] 棱镜　PPM　T-P

（3）距离测量。

1）连续测距。确认处于测角模式，操作见表 14-14。

表 14-14　距离测量

操作过程	操作	显示
① 照准棱镜中心	照准	V： 90°10′20″ HR： 170°30′20″ 置零　锁定　置盘　P1↓
② 按 ◢ 键，距离测量开始	◢	HR： 170°30′20″ HD ∗ [r]　　＜ ＜m VD：　　　　　m 测量　模式　S/A　P1↓
		HR： 170°30′20″ HD ∗　235.343m VD：　36.551m 测量　模式　S/A　P1↓

在②中，显示在右边窗口第二行 HD 旁边括号中的字母表示测量模式。r：连续（重复）测量模式；n：N 次测量模式；s：单次测量模式。再次按 ◢，显示变为水平角（HR）、垂直角（V）和斜距（SD）。

2）测距方式的选择（N 次测量／单次测量）。当仪器开机时，在基本设置中可将测量模式

设置为 N 次测量模式或者连续测量模式。

当设置了观测次数（0～99）时，仪器会按设置的次数进行距离测量并显示平均值。若输入测量次数为1，则进行单次测量，不显示平均距离。

3）测距模式的选择（精测模式/跟踪模式/粗测模式）。

① 精测模式（F）：这是一种正常距离测量模式。

精确测量时，仪器按所设次数进行连续测距，测量次数可在仪器巾设置，最后的显示值为所测距离平均值，测距时间为单次3.0s，最小显示距离为1mm。选择精测模式，屏幕右下角字母显示"F"（fine）。

② 跟踪模式：该模式的观测时间短于精测模式，主要用于放样测量，在跟踪运动目标和工程放样中非常有用。测距时间为1s，最小显示距离为10mm。选择跟踪模式，屏幕右下角字母显示"T"（trace）。

测距模式的选择操作见表14-15（按照下面这个设置在关机后不保留，如果在基本设置进行初始设置，则关机后仍被保留）。

表 14-15　测距模式的选择

操作过程	操作	显示
① 在距离测量模式下按 F2 键所设置模式的首字符（F/T）	F2	HR： 170°30′20″ HD： 235.343m VD： 36.551m 测量　模式　S/A　P1↓
② 按 F1 （精测）键精测，F2 （跟踪）键跟踪测量	F1 — F2	HR： 170°30′20″ HD： 235.343m VD： 36.551m 精测　跟踪　—　F HR： 170°30′20″ HD ＊ 235.343m VD： 36.551m 测量　模式　S/A　P1↓

3. 坐标测量

选择坐标测量模式，在输入测站点坐标、仪器高、棱镜高和后视方位角（或后视点坐标）后，用坐标测量功能可以直接测算目标点的三维坐标，即 $N(x)$、$E(y)$ 和 $Z(h)$ 坐标，如图14-4所示。

目标点三维坐标计算公式：

$$N1 = N0 + S \times \sin Z \times \cos A_z$$

$$E1 = E0 + S \times \sin Z \times \cos A_z$$

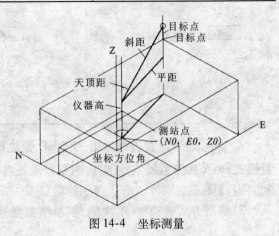

图 14-4　坐标测量

$$Z1 = Z0 + S \times \cos Z \times i_h - f_h$$

式中　$N0$——测站点 N 坐标；

　　　S——斜距；

　　　i_h——仪器高；

　　　$E0$——测站点 E 坐标；

　　　Z——天顶距；

　　　f_h——目标高；

　　　$Z0$——测站点 Z 坐标；

　　　A_z——坐标方位角。

（1）进行距离测量的有关设置。由于坐标测量也是测量角度和距离，通过机内软件计算得来，因此坐标测量前，应首先进行距离测量的有关设置。

（2）设置测站点坐标。测站点坐标（NEZ）可以预先设置在仪器内，以便计算未知点坐标。也可以直接输入测站点坐标（见表 14-16），仪器开机后，在测量模式下，按坐标测量键，进入坐标测量模式。

表 14-16　输入测站点坐标

操作过程	操作	显示
① 在坐标测量模式下，按 F4 键（↓）转到第 2 页功能	F4	N：　286.245m E：　235.343m Z：　36.551m 测量　模式　S/A　P1↓
② 按键 F3 （测站）键	F3	N->　0.000m E：　0.000m Z：　0.000m 输入　——　回车
③ 输入 N 坐标	F1 输入数据 F4	N：　39.676m E->　0.000m Z：　0.000m 输入　——　回车
④ 按同样方法输入 E 和 Z 坐标，输入数据后，显示屏返回到坐标测量显示		N：　39.676m E：　118.975m Z：　20.372m 测量　模式　S/A　P1↓

（3）设置仪器高和棱镜高。仪器高是指仪器的横轴（全站仪上标有标记）至测站点垂直高度，棱镜高（或称目标高）是指棱镜中心至测点的垂直高度，两者均需用钢尺量得。

1）仪器高的输入。确认在坐标测量模式下，转到第 2 页功能，输入仪器高。

2）棱镜高的输入。此项功能主要用于获取 Z 坐标值，输入方法与输入仪器高基本相同。

（4）后视点坐标（或后视方位角）的输入。输入后视点的平面坐标是使仪器求得测站点至后视点的方位角，如果该方位角已知，则可直接输入方位角，而不必输入平面坐标，如图14-5所示。

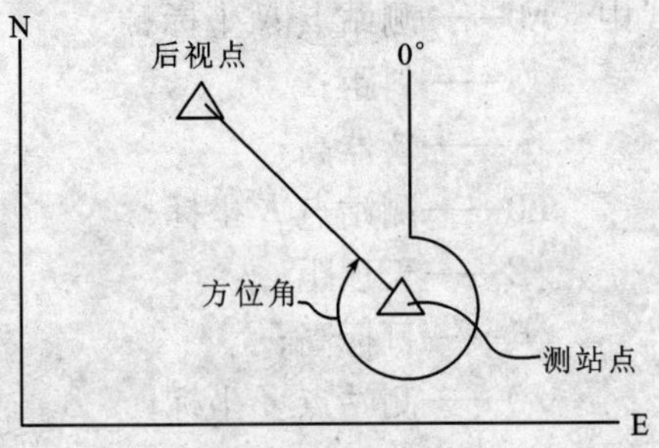

操作时照准后视点，在测角模式下，配置度盘读数为后视方位角值，然后转动照准部，照准镜站点上所立棱镜，按下测量键即可求得镜站点的三维坐标。

也可输入后视点的平面坐标，仪器将自动计算出方位角，操作见表14-17。

图14-5　后视点方位角

（5）坐标测量。在完成了测站点坐标、仪器高、棱镜高和后视点的坐标输入后，照准后视点，再返回到坐标测量模式，照准目标点棱镜，按 F1 （测量）键，开始测量目标点坐标。

表 14-17　后视坐标的输入

操作过程	操作	显示
① 由放样菜单1/2按 F2 键（后视），即显示原有数据	F2	后视： 点号： 输入　调用　NE/AZ　回车
② 按键 F3 （EE/AZ）键	F3	N － >　　0.000m E：　　0.000m 输入　—　点号　回车
③ 按键 F1 （输入）键，输入坐标值按 F4 （回车）键	F1 输入数据 F4	后视 H（B）= 120°30′20″ >照准?　［是］　［否］
④ 照准后视点	照准后视点	
⑤ 按 F3 （是）键，显示屏返回放样菜单1/2	照准后视点 F3	放样　　1/2 F1：输入测站点 F2：输入后视点 F3：输入放样点　P1↓

4. 坐标放样测量

放样测量是根据点的设计坐标，或与控制点的边、角关系，在实地将其标定出来所进行的测量工作。一般全站仪均有极坐标放样和坐标放样的功能。

（1）极坐标放样测量。根据相对于某参考方向转过的角度和至测站点的距离测设出所需要的点位，如图14-6所示。

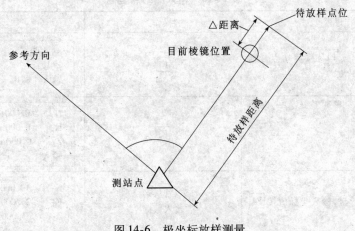

图 14-6　极坐标放样测量

其放样步骤为:

1)将全站仪安置于测站点,精确照准参考方向,并将水平度盘读数设置为 0°00′00″。

2)进入放样模式,依次输入距离和小平角的放样数值。

3)进行水平角放样:在水平角放样模式下,转动照准部,当转过的角度值与放样角度值的差值显示为零时,此时仪器的视线方向即角度放样值的方向。

4)进行距离放样:在望远镜的视线方向上安置棱镜,并移动棱镜被望远镜照准,在距离放样模式下,按照屏幕显示的距离放样引导,朝向或背离仪器方向移动棱镜,直至距离实测值与放样值的差值为零时,定出待放样的点位。

(2)坐标放样测量。坐标放样测量用于在实地上测定出其坐标值为已知的点。存输入待放样点的坐标后,仪器计算出所需水平角值和平距值并存储于内部存储器中,借助于角度放样和距离放样功能,便可测定放样点的位置,如图 14-7 所示。

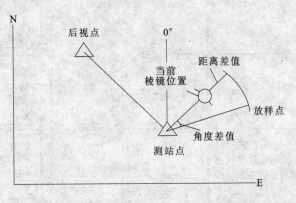

图 14-7　坐标放样测量

1)设置测站点。按 MENU 键,进入主菜单测量模式,选择放样菜单,直接输入测站点坐标,操作见表 14-18。

表 14-18　输入测站点坐标

操作过程	操作	显示
① 由放样菜单 1/2 按 F1 键（测站点号输入）键，即显示原有数据	F1	测站点： 点号： 输入　调用　坐标　回车
② 按键 F3（坐标）键	F3	N:　　0.000m E:　　0.000m Z:　　0.000m 输入　—　点号　回车
③ 按键 F1（输入）键，输入坐标值按 F4（回车）键	F1 输入数据 F4	N:　　10.000m E:　　25.000m Z:　　63.000m 输入　—　点号　回车

　　2）设置后视点。直接输入后视点坐标，操作见表 14-17。

　　3）实施放样。输入放样点坐标、棱镜高、仪器高，参照按水平角和距离进行放样的步骤，将放样点的平面位置定出。再进行高程放样，将棱镜置于放样点上，测量放样点的坐标 Z，根据其与已知 Z1 的差值，上、下移动棱镜，直至差值显示为零，放样点的位置即确定。操作见表 14-19。

表 14-19　实施放样

操作过程	操作	显示
① 由放样菜单 1/2 按 F3 键（放样）键，即显示原有数据	F3	放样　　　1/2 F1:输入测站点 F2:输入后视点 F3:输入放样点　　P↓ 测站点： 点号：_____ 输入　调用　坐标　回车
② 按键 F1（输入）键，输入点号，按 F4（回车）键	F1 输入点号 F4	镜高 输入 镜高:　　0.000m 输入　—　—　回车
③ 按同样方法输入镜高，当放样点设定后，仪器就进行放样元素的计算 HR:放样点水平角计算值；HD:仪器到放样点的水平距离计算值	F1 输入镜高 F4	计算 HR:120°09′20″ HD:　　76.543m 角度　距离　—　—
④ 照准棱镜，按 F1 角度键 点号:　放样点 HR:实际测量的水平角 dHR:实测水平角 - 计算水平角 当 dHR = 0°00′00″时，即表明放样方向正确	照准 F1	点号:　　DL-100 HR:　　20°09′20″ dHR:　　22°19′30″ 距离　—　坐标　—

操作过程	操作	显示
⑤ 按 F1 距离键 HD:实测的水平距离 dHD=实测距离-计算距离	F1	HD * [r] <<m dHD: m dZ: m 模式 角度 坐标 继续 HD: 245.777m dHD: -3.233m dZ: -0.043m 模式 角度 坐标 继续
⑥ 按 F1 (模式)键进行精测	F1	HD * [r] <<m dHD: m dZ: m 模式 角度 坐标 继续 HD: 245.789m dHD: -3.221m dZ: -0.043m 模式 角度 坐标 继续
⑦ 当显示值 dHR、dHD、dZ 均为 0 时,则放 样点的测设完成		
⑧ 按 F3 (坐标)键,即显示坐标测量值	F3	N: 12.322m E: 34.286m Z: -0.043m 模式 角度 — 继续
⑨ 按 F4 (继续)键,进入下一个点的测设	F4	放样点: 点号: 输入 调用 坐标 回车

第四节　全站仪使用的注意事项

一、全站仪的保管

(1)仪器的保管应由专人负责,每天现场使用完毕带回办公室;不得放在现场工具箱内。

(2)仪器箱内应保持干燥,要防潮防水并及时更换干燥剂。仪器须放置专门架上或固定位置。

(3)仪器长期不用时,应一月左右定期通风防霉并通电驱潮,以保持仪器良好的工作状态。

（4）仪器放置要整齐，不得倒置。

二、使用时应注意事项

（1）开工前应检查仪器箱背带及提手是否牢固。

（2）开箱后提取仪器前，要看准仪器在箱内放置的方式和位置，装卸仪器时，必须握住提手，将仪器从仪器箱取出或装入仪器箱时，请握住仪器提手和底座，不可握住显示单元的下部。切不可拿仪器的镜筒，否则会影响内部固定部件，从而降低仪器的精度。应握住仪器的基座部分，或双手握住望远镜支架的下部。仪器用毕，先盖上物镜罩，并擦去表面的灰尘。装箱时各部位要放置妥帖，合上箱盖时应无障碍。

（3）在太阳光照射下观测仪器，应给仪器打伞，并带上遮阳罩，以免影响观测精度。在杂乱环境下测量，仪器要有专人守护。当仪器架设在光滑的表面时，要用细绳（或细铅丝）将三脚架三个脚联起来，以防滑倒。

（4）当架设仪器在三脚架上时，尽可能用木制三脚架，因为使用金属三脚架可能会产生振动，从而影响测量精度。

（5）当测站之间距离较远，搬站时应将仪器卸下，装箱后背着走。行走前要检查仪器箱是否锁好，检查安全带是否系好。当测站之间距离较近，搬站时可将仪器连同三脚架一起靠在肩上，但仪器要尽量保持直立放置。

（6）搬站之前，应检查仪器与脚架的连接是否牢固，搬运时，应把制动螺旋略微关住，使仪器在搬站过程中不致晃动。

（7）仪器任何部分发生故障，不勉强使用，应立即检修，否则会加剧仪器的损坏程度。

（8）元件应保持清洁，如沾染灰沙必须用毛刷或柔软的擦镜纸擦掉。禁止用手指抚摸仪器的任何光学元件表面。清洁仪器透镜表面时，请先用干净的毛刷扫去灰尘，再用干净的无线棉布沾酒精由透镜中心向外一圈圈地轻轻擦拭。除去仪器箱上的灰尘时切不可作用任何稀释剂或汽油，而应用干净的布块沾中性洗涤剂擦洗。

（9）湿环境中工作，作业结束，要用软布擦干仪器表面的水分及灰尘后装箱。回到办公室后立即开箱取出仪器放于干燥处，彻底晾干后再装箱内。

（10）冬天室内、室外温差较大时，仪器搬出室外或搬入室内，应隔一段时间后才能开箱。

三、电池的使用

全站仪的电池是全站仪最重要的部件之一，现在全站仪所配备的电池一般为 Ni-MH（镍氢电池）和 Ni-Cd（镍镉电池），电池的好坏、电量的多少决定了外业时间的长短。

（1）建议在电源打开期间不要将电池取出，因为此时存储数据可能会丢失，因此在电源关闭后再装入或取出电池。

（2）可充电池可以反复充电使用，但是如果在电池还存有剩余电量的状态下充电，则会缩短电池的工作时间，此时，电池的电压可通过刷新予以复原，从而改善作业时间，充足电的电池放电时间约需 8h。

（3）不要连续进行充电或放电，否则会损坏电池和充电器，如有必要进行充电或放电，则应在停止充电约 30min 后再使用充电器。不要在电池刚充电后就进行充电或放电，有时这样会造成电池损坏。

（4）超过规定的充电时间会缩短电池的使用寿命,应尽量避免电池剩余容量显示级别与当前的测量模式有关,在角度测量的模式下,电池剩余容量够用,并不能够保证电池在距离测量模式下也能用,因为距离测量模式耗电高于角度测量模式,当从角度模式转换为距离模式时,由于电池容量不足,不时会中止测距。

【本章习题】

1. 全站仪主要有哪几部分组成?
2. 全站仪有哪些主要功能?
3. 什么是棱镜常数? 什么是气象改正?
4. 简述全站仪坐标放样测量的操作步骤。
5. 使用全站仪时应注意哪些事项?

【本章实训】

实训二十　全站仪的认识与使用

一、实训目的
（1）了解全站仪的构造。
（2）熟悉全站仪的操作界面及作用。
（3）掌握全站仪的基本使用。

二、实训仪器和工具
全站仪 1 台,棱镜 1 块,伞 1 把。

三、实训步骤
1. 全站仪的认识

全站仪由照准部、基座、水平度盘等部分组成,采用编码度盘或光栅度盘,读数方式为电子显示。有功能操作键及电源,还配有数据通信接口。

2. 全站仪的使用（以南方 NTS-352 全站仪为例进行介绍）

（1）测量前的准备工作。

1）电池的安装（注意:测量前电池需充足电）

2）仪器的安置。

① 在实验场地上选择一点,作为测站,另外两点作为观测点。

② 将全站仪安置于点,对中、整平。

③ 在两点分别安置棱镜。

3）竖直度盘和水平度盘指标的设置。

① 竖直度盘指标设置。

松开竖直度盘制动钮,将望远镜纵转一周(望远镜处于盘左,当物镜穿过水平面时),竖直度盘指标即已设置。随即听见一声鸣响,并显示出竖直角。

② 水平度盘指标设置。

松开水平制动螺旋,旋转照准部360°,水平度盘指标即自动设置。随即一声鸣响,同时显示水平角。至此,竖直度盘和水平度盘指标已设置完毕。注意:每当打开仪器电源时,必须重新设置和的指标。

4)调焦与照准目标。

操作步骤与一般经纬仪相同,注意消除视差。

(2)角度测量。

(3)距离测量。

(4)坐标测量。

四、注意事项

(1)运输仪器时,应采用原装的包装箱运输、搬动。

(2)近距离将仪器和脚架一起搬动时,应保持仪器竖直向上。

(3)拔出插头之前应先关机。在测量过程中,若拔出插头,则可能丢失数据。

(4)换电池前必须关机。

(5)仪器只能存放在干燥的室内。充电时,周围温度应在 10~30℃ 之间。

(6)全站仪是精密贵重的测量仪器,要防日晒、防雨淋、防碰撞震动。严禁仪器直接照准太阳。

五、提交成果

(1)提交全站仪测量记录表(表 14-20)。

表 14-20　全站仪测量记录表

组别:　　仪器号码:　　　　　　　　年　　月　　日

测站	测回	仪器高(m)	棱镜高(m)	竖盘位置	水平角观测		竖直角观测		距离高差观测			坐标测量		
					水平度盘读数	方向值或角值	竖直度盘读数	竖直角	斜距(m)	平距(m)	高程(m)	x(m)	y(m)	h(m)

(2)实训小结。

第十五章 全球定位系统简介

第一节 卫星定位技术概述

GPS(Global Positioning System)是一种以人造卫星为基础的空间站无线电定位、全天候导航和授时系统。其用户数不受限制,是美军20世纪70年代开始研制的新一代卫星导航和定位系统。目的是提供其他任何导航系统所达不到的全球范围的连续导航服务。

一、GPS定位系统的特点

GPS定位系统的应用特点:高精度、全天候、高效率、多功能、操作简便、应用厂泛等。

1. 定位精度高

应用实践已经证明,GPS相对定位精度在50km以内可达10^{-6},100～500km可达10^{-7},1000km可达10^{-9}。在300～1500m工程精密定位中,1小时以上观测的解平面位置误差小于1mm,与ME-5000电磁波测距仪测定的边长比较,其边长较差最大为0.5mm,较差中误差为0.3mm。

2. 观测时间短

随着GPS系统的不断完善和软件的不断更新,目前,20km以内相对静态定位,仅需15～20分钟;快速静态相对定位测量时,当每个流动站与参考站相距在15km以内时,流动站观测时间只需1～2分钟,就可以实时定位。

3. 测站间无需通视

GPS测量不要求测站之间相互通视,只需测站上空开阔即可,因此可节省大量的造标费用。由于无需点间通视,点的位置可根据需要选择,密度可疏可密,使选点工作变得非常灵活,也可省去传统大地网中的传算点、过渡点的测量工作。

4. 可提供三维坐标

传统大地测量通常是将平面与高程采用不同方法分别施测,而GPS可同时精确测定测站点的三维坐标(平面位置和高程)。目前通过局部大地水准面精化,GPS水准可满足四等水准测量的精度。

5. 操作简便

随着GPS接收机的不断改进,自动化程度越来越高,有的已达"傻瓜化"的程度,接收机的体积越来越小,重量越来越轻,极大地减轻了测量工作的劳动强度,使野外测量工作变得轻松。

6. 全天候作业

目前,GPS观测可以在一天24小时内的任何时间进行,不受阴天黑夜、起雾刮风、雨雪等气候变化的影响。

7. 功能多、应用广

GPS 定位系统不仅可用于测量、导航、变形监测，还可用于测速、测时。其中，测速的精度可达 0.1m/s，测时的精度可达几十毫微秒。其应用领域非常广泛并不断扩大，有着极其广阔的应用前景。

二、GPS 定位系统的组成

GPS 主要由空间卫星部分、地面监控部分和用户设备部分组成，如图 15-1 所示。

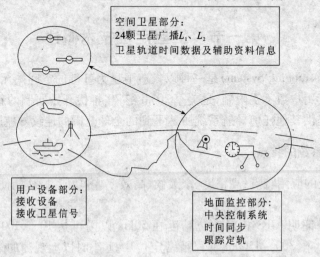

图 15-1　GPS 的组成部分

1. 空间卫星部分

空间卫星部分由 24 颗 GPS 卫星组成 GPS 卫星星座，其中有 21 颗工作卫星，3 颗备用卫星，其作用是向用户接收机发射天线信号。GPS 卫星（24 颗）已全部发射完成，24 颗卫星均匀分布在 6 个倾角为 55°的轨道平面内，各轨道之间相距 60°，卫星高度为 20200km（地面高度），结合其空间分布和运行速度，使地面观测者在地球上任何地方的接收机，都能至少同时观测到 4 颗卫星（接收电波），最多可达 11 颗。GPS 卫星的主体呈圆柱形，直径约为 1.5m，两侧设有两块双叶太阳能板，能自动对日定向，以保证卫星正常工作的用电。每颗卫星装有 4 台高精度原子钟，为 GPS 的测量提供高精度的时间标准。空间卫星情况如图 15-2 所示。

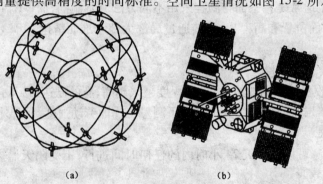

(a)　　　　　　　　　(b)

　　　　　　图 15-2　GPS 卫星星座

2. 地面监控部分

地面监控部分由主控站、信息注入站和监测站组成。

主控站一个,设在美国的科罗拉多空间中心。其主要功能是协调和管理所有地面监控系统的工作,主要任务是:①根据本站和其他监测站的所有观测资料推算编制各卫星的星历、卫星钟差和大气层的修正系数等,并把这些数据传送到注入站。②提供全球定位系统的时间基准。各监测站和 GPS 卫星的原子钟均应与主控站的原子钟同步或测出其间的钟差,并把这些钟差信息编入导航电文送到注入站。③调整偏离轨道的卫星,使之沿预设的轨道运行。④启用备用卫星以代替失效的工作卫星。

注入站现有 3 个,分别设在印度洋的迭哥伽西亚、南大西洋的阿松森岛和南太平洋的卡瓦加兰。注入站有天线、发射机和微处理机。其主要任务是在主控站的控制下,将主控站推算和编制的卫星星历、钟差、导航电文和其他控制指令注入到相应卫星的存储系统,并监测注入信息的正确性。

监测站共有 5 个,除上述 4 个地面站具有监测站功能外,还在夏威夷设有一个监测站。监测站的主要任务是连续观测和接收所有 GPS 卫星发出的信号并监测卫星的工作状况,将采集到的数据连同当地气象观测资料和时间信息经初步处理后传送到主控站。

图 15-3 是 GPS 地面控制站分布示意图,整个系统除主控站外,不需人工操作,各站间用现代化的通信系统联系起来,实现高度的自动化和标准化。

图 15-3　GPS 地面监控站

3. 用户设备部分

用户设备部分包括 GPS 接收机硬件、数据处理软件和微处理机及其终端设备等。GPS 接收机的主要功能是捕获卫星信号,跟踪并锁定卫星信号,对接收的卫星信号进行处理,测量出 GPS 信号从卫星到接收机天线间的传播时间,译出 GPS 卫星发射的导航电文,实时计算接收机天线的三维坐标、速度和时间。GPS 接收机从结构来讲,主要由五个单元组成:天线和前置放大器;信号处理单元,它是接收机的核心;控制和显示单元;存储单元;电源单元。GPS 接收机的种类很多,按用途不同可分为测地型、导航型和授时型三种;按工作原理可分为有码接收机和无码接收机,前者动态、静态定位都可以,而后者只能用于静态定位;按使用载波频率的多少可分为用一个载波频率(L_1)的单频接收机和两个载波频率(L_1,L_2)的双频接收机,单频接收机便宜,而双频接收机能消除某些大气延迟的影响,对于边长大于10km的精密测量,最好采用双频接收机,而一般的控制测量,单频接收机就行了,以双频接收机为今后精密定位的主要用机;按型号分种类就更多了,目前已有100多个厂家生产不同型号的接收机。不管哪种接收机,其主要结构都相似,都包括接收机天线、接收机主机和电源三个部分。

三、GPS卫星信号的组成

1. 载波信号

为提高测量精度,GPS卫星使用两种不同频率的载波,L_1载波,波长$\lambda_1 = 19.03\text{cm}$,频率$f_1 = 1575.42\text{MHZ}$;$L_2$载波,波长$\lambda_2 = 24.42\text{cm}$,频率$f_2 = 1227.60\text{MHz}$。

2. 测距码

GPS卫星信号中有两种测距码,即C/A码和P码。

C/A码:C/A码是英文粗码/捕获码(Coarse/Acquisition code)的缩写。它被调制在L_1载波上。C/A码的结构公开,不同的卫星有不同的C/A码。C/A码是普通用户用以测定测站到卫星间距离的一种主要的信号。

P码:P码的测距精度高于C/A码,又被称为精码,它被调制在L_1和L_2载波上。因美国的AS(反电子欺骗)技术,一般用户无法利用P码来进行导航定位。

3. 数据码(D码)

数据码即导航电文。数据码是卫星提供给用户的有关卫星的位置,卫星钟的性能、发射机的状态、准确的GPS时间以及如何从C/A码捕获P码的数据和信息。用户利用观测值以及这些信息和数据就能进行导航和定位。

第二节　卫星定位原理

GPS卫星定位原理是依据距离交会定位原理确定点位的。利用三个以上的地面控制点可交会确定出空中的卫星位置,反之,利用三个及以上卫星的已知空间位置同样也可以交会出地面未知点的位置。GPS卫星不间断地发送自身的星历参数和时间信息,用户接收到这些信息后,经过计算求出接收机的三维位置、三维方向以及运动速度和时间信息。

一、绝对定位和相对定位

GPS定位的方法,根据用户接收机天线在测量中所处的状态分类,分为静态定位和动态定位。若按定位的结果进行分类,则可分为绝对定位和相对定位。

所谓绝对定位,是在WGS—84坐标系中,独立确定观测站相对地球质心绝对位置的方法。相对定位同样在WGS—84坐标系中,是确定观测站与某一地面参考点之间的相对位置,或两观测站之间相对位置的方法。

所谓静态定位,即在定位过程中,接收机天线(待定点)的位置相对于周围地面点而言,处于静止状态。而动态定位正好与之相反,即在定位过程中,接收机天线处于运动状态,也就是说定位结果是连续变化的,如用于飞机、轮船导航定位的方法就属于动态定位。

各种定位方法可以有不同的组合,如静态绝对定位、静态相对定位、动态绝对定位、动态相对定位等。

利用 GPS 进行定位的基本原理,是以 GPS 卫星和用户接收机天线之间距离(或距离差)的观测量为基础,并根据已知的卫星瞬间坐标来确定用户接收机所对应的点位,即待定点的三维坐标(x,y,z)。由此可见,GPS 定位的关键是测定用户接收机天线至 GPs 卫星之间的距离。

二、伪距定位和相对定位

1. 伪距定位

GPS 卫星能够按照星载时钟发射一种结构为"伪随机噪声码"的信号,称为测距码信号(粗码 C/A 码或精码 P 码)。该信号从卫星发射经时间 Δt 后,到达接收机天线;用上述信号传播时间 Δt 乘以电磁波在真空中的速度 C,就是卫星至接收机的空间几何距离 ρ。

$$\rho = \Delta t \cdot C \tag{15-1}$$

实际上,由于传播时间 Δt 中包含有卫星时钟与接收机时钟不同步的误差,测距码在大气中传播的延迟误差等等,由此求得的距离值并非真正的站星几何距离,习惯上称之为"伪距",用 ρ 表示,与之相对应的定位方法称为伪距法定位。

为了测定上述测距码的时间延迟,即 GPS 卫星信号的传播时间,需要在用户接收机内复制测距码信号,并通过接收机内的可调延时器进行相移,使得复制的码信号与接收到的相应码信号达到最大相关,即使之相应的码元对齐。为此,所调整的相移量便是卫星发射的测距码信号到达接收机天线的传播时间,即时间延迟。

假设在某一标准时刻 T_a 卫星发出一个信号,该瞬间卫星钟的时刻为 t_a,该信号在标准时刻 T_b 到达接收机,此时相应接收机时钟的读数为 t_b,于是伪距测量测得的时间延迟,即为 t_b 与 t_a 之差。

$$\hat{\rho} = \tau \cdot C = (t_b - t_a) \cdot C \tag{15-2}$$

由于卫星钟和接收机时钟与标准时间存在着误差,设信号发射和接收时刻的卫星和接收机钟差改正数分别为 V_a 和 V_b,则:

$$\hat{\rho} = \tau \cdot C = (T_b - T_a) \cdot C + (V_b - V_a) \cdot C \tag{15-3}$$

$T_b - T_a$ 即为测距码从卫星到接收机的实际传播时间 ΔT。由上述分析可知,在 ΔT 中已对钟差进行了改正,但由 $\Delta T \cdot C$ 所计算出的距离中,仍包含有测距码在大气中传播的延迟误差,必须加以改正。设定位测量时,大气中电离层折射改正数为 $\delta\rho_I$,对流层折射改正数为 $\delta\rho_T$,则所求 GPS 卫星至接收机的真正空间几何距离 ρ 应为

$$\rho = \hat{\rho} + \delta\rho_I + \delta\rho_T - C \cdot V_a + C \cdot V_b \tag{15-4}$$

伪距测量的精度与测量信号(测距码)的波长、接收机复制码的对齐精度有关。目前,接收机的复制码精度一般取 1/100,而公开的 C/A 码码元宽度(即波长)为 293.1m,故上述伪距测量的精度最高仅能达到 3m($293.1 \times 1/100 \approx 3$m),难以满足高精度测量定位工作的要求。

2. 伪距法绝对定位

GPS 绝对定位又称单点定位,其优点是只需用一台接收机即可独立确定待求点的绝对坐

标,且观测方便,速度快,数据处理也较简单。主要缺点是精度较低,目前仅能达到米级的定位精度。

3. 载波相位测量

载波相位测量顾名思义,是利用 GPS 卫星发射的载波为测距信号。由于载波的波长比测距码波长要短得多,因此对载波进行相位测量,就可能得到较高的测量定位精度。

假设卫星 S 在 t_0 时刻发出一载波信号,其相位为 $\varphi(S)$,此时若接收机产生一个频率和初相位与卫星载波信号完全一致的基准信号,在 t_0 瞬间的相位为 $\varphi(R)$。假设这两个相位之间相差 N 个整周信号和不足一周的相位 $F_r(\varphi)$,由此可求得 t_0 时刻接收机天线到卫星的距离为:

$$\rho = \lambda \left[\varphi(R) - \varphi(S) \right] = \lambda \left[N_0 + F_r(\varphi) \right] \tag{15-5}$$

载波信号是一个单纯的余弦波。在载波相位测量中,接收机无法判定所量测信号的整周数,但可精确测定其零数 $F_r(\varphi)$,并且当接收机对空中飞行的卫星作连续观测时,接收机借助于内含多普勒频移计数器,可累计得到载波信号的整周变化数 $\mathrm{Int}(\varphi)$。因此,$\varphi = \mathrm{Int}(\varphi) + F_r(\varphi)$ 才是载波相位测量的真正观测值。而 N_0 称为整周模糊度,它是一个未知数,但只要观测是连续的,则各次观测的完整测量值中应含有相同的,也就是说,完整的载波相位观测值应为:

$$\varphi = N_0 + \hat{\varphi} = N_0 + \mathrm{Int}(\varphi) + F_r(\varphi) \tag{15-6}$$

在 t_0 时刻首次观测值中 $\mathrm{Int}(\varphi) = 0$,不足整周的零数为 $F_r^\circ(\varphi)$,N_0 是未知数,在 t_i 时刻 N_0 值不变,接收机实际观测值 φ 由信号整周变化数 $\mathit{Int}^i(\varphi)$ 和其零数 $F_r^i(\varphi)$ 组成。

与伪距测量一样,考虑到卫星和接收机的钟差改正数 V_a、V_b 以及电离层折射改正 $\delta\rho_I$ 和对流层折射改正 $\delta\rho_T$ 的影响,可得到载波相位测量的基本观测方程为:

$$\hat{\varphi} = \frac{f}{c} (\rho - \delta\rho_I - \delta\rho_T) - fV_a + fV_b - N_0 \tag{15-7}$$

若在等号两边同乘上载波波长,并简单移项后,则有:

$$\rho = \hat{\rho} + \delta\rho_I + \delta\rho_T - C \cdot V_a + C \cdot V_b + \lambda \cdot N_0 \tag{15-8}$$

以上两式比较可看出,载波相位测量观测方程中,除增加了整周未知数 N_0 外,与伪距测量的观测方程在形式上完全相同。

整周未知数的确定是载波相位测量中特有的问题,也是进一步提高 GPS 定位精度、提高作业速度的关键所在。目前,确定整周未知数的方法主要有三种:伪距法、N_0 作为未知数参与平差法和三差法。

4. 相对定位

相对定位是目前 GPS 测量中精度最高的一种定位方法,它广泛用于高精度测量工作中。GPS 测量结果中不可避免地存在着种种误差,但这些误差对观测量的影响具有一定的相关性,所以利用这些观测量的不同线性组合进行相对定位,便可能有效地消除或减弱上述误差的影响,提高 GPS 定位的精度,同时消除相关的多余参数,也大大方便了 GPS 的整体平差工作。实践表明,以载波相位测量为基础,在中等长度的基线上对卫星连续观测 1~3 小时,其静态相对

定位的精度可达 $10^{-6} \sim 10^{-7}$。

静态相对定位的最基本情况是用两台 GPS 接收机分别安置在基线的两端,固定不动;同步观测相同的 GPS 卫星,以确定基线端点在 WGS—84 坐标系中的相对位置或基线向量,由于在测量过程中,通过重复观测取得了充分的多余观测数据,从而改善了 GPS 定位的精度。

考虑到 GPS 定位时的误差来源,当前普遍采用观测量的线性组合,称为差分法,其具体形式有三种,即单差法、双差法和三差法。

第三节 GPS 控制测量技术设计与实施

一、GPS 控制网技术设计

GPS 网的技术设计是一项基础性的工作,这项工作应根据网的用途和用户的需求来进行,其主要内容包括精度指标的确定和网的图形设计等。

1. GPS 测量的精度指标

GPS 测量精度指标的确定取决于网的用途,设计时应根据用户的需求和现实的设备条件,根据表 15-1 和表 15-2 选择合适的 GPS 网精度等级。

表 15-1　国家基本 GPS 控制网精度指标

级别	主要用途	固定误差 $a(m)$	比例误差 b
A	国家高精度网的建立及地壳形变测量	≤5	≤0.1
B	国家基本控制测量	≤8	≤1

表 15-2　城市及工程 GPS 控制网精度指标

等级	平均距离(km)	固定误差 $a(m)$	比例误差系数 b	最弱边相对中误差
二等	9	≤10	≤2	1/120000
三等	5	≤10	≤5	1/80000
四等	2	≤10	≤10	1/45000
一级	1	≤10	≤10	1/20000
二级	<1	≤15	≤20	1/10000

GPS 网的精度指标通常用相邻点之间的距离误差 mD 来表示:

$$mD = a + 6 \times 10^{-6}D \qquad (15\text{-}9)$$

式中　a——GPS 接收机标称精度的固定误差(mm);

　　　B——GPS 接收机标称精度的比例误差系数;

　　　D——GPS 网中相邻点间的距离(km)。

2. GPS 网形设计

GPS 网形设计是根据用户的需求,确定具体的布网观测方案,目的是高质量、低成本地完成测量任务。

在 GPS 网形设计时,通常需要考虑测站选址、卫星选择、仪器设备装置以及后勤交通保障等因素。当网点位置、接收机数量确定之后,网的设计主要是确定观测时间、网形结构及各点设站观测的次数等。另外,GPS 布网方案不是唯一的,可根据实际情况进行灵活选择。

3. GPS 网常用的布网形式

GPS 网常用的布网形式有:跟踪站式、会战式、同步图形扩展式等。

(1)跟踪站式。将数台 GPS 接收机长期固定在不同的测站上,进行常年不间断的连续观测,这种方式类似于跟踪站,因此称为跟踪站式。采用这种形式布设 GPS 网,由于接收机在各个测站上进行了不间断的连续观测,观测时间长、数据量大,多余观测数多,精度高,而且多采用精密星历进行基线解算,因此采用此种形式布设的 GPS 网具有很高的精度和框架基准特性。为保证连续观测,一般需要建立专门的永久性测站,以安置仪器设备,因此这种布网形式的观测成本很高。这种布网形式一般用于建立 GPS 跟踪站(AA 级网),对于普通用途的 GPS网,一般不采用这种形式。

(2)会战式。会战式布设 GPS 网,一般是指一次组织多台 GPS 接收机,集中在一段不太长的时间内共同作业。GPS 网点分批完成。首先所有接收机分别在同一批点上进行多天、长时段的同步观测,在完成一批点的测量后,再迁移到另外一批点上进行相同方式的观测,直至所有的点观测完毕,这就是会战式的布网。会战式所布设的 GPS 网,因为各基线均进行过较长时间、多时段的观测,精度较高,特别是具有特高的尺度精度,这种布网方式一般用于布设 A、B级网。

(3)同步图形扩展式。同步图形扩展式是指 GPS 网以同步图形的形式连接扩展,并构成具有一定数量独立环的布设形式。首先多台接收机在不同测站上进行同步观测,在完成一个时段的同步观测后,又迁移到其他的测站上进行同步观测,每次同步观测都可以形成一个同步图形,在测量过程中,不同的同步图形间一般有若干个公共点相连。同步图形扩展式的布网形式具有扩展速度快,图形强度高,且作业方法简单的优点。同步图形扩展式是布设 GPS 网时最常用的一种布网形式。

采用同步图形扩展式布设 GPS 网时,根据同步图形的连接形式不同,又可分为:点连式、边连式、网连式、混连式等。

二、选点与建立标志

由于 GPS 测量具有测站间无需通视的特点,且 GPS 网的图形结构比较灵活,因此选点工作比较简便,且省去了建立高大标志的费用。但是,GPS 测量又有其自身的特点,点位选择应顾及测量任务和特点,考虑到以下要求:

(1)点位周围高度角 15°以上天空应无障碍物。

(2)点位应选在交通方便、易于安置接收设备、视野开阔的位置,避免 GPS 信号被吸收或遮挡。

(3)点位附近不应有大面积积水域或强烈干扰卫星信号接收的物体,应远离大功率无线电发射源(如电视台、微波站等),远离高压输电线,以减弱多路径效应的影响。

(4)选择一定数量的平面点和水准点作为 GPS 点,以便进行坐标变换,这些点应均匀分布在测区中央和边缘。

点位选定后,按照要求埋设标石,并绘制点之记、测站环视图和 GPS 网选点图,作为提交的选点技术资料。

三、外业观测工作

GPS 外业测量实施阶段包括外业观测与内业数据处理,这里主要讨论外业观测,内业数据处理由 GPS 仪带的专用软件进行计算。

1. GPS 观测的基本技术规定

GPS 测量与常规测量一样,在外业观测过程中必须满足一些基本技术要求,各级 GPS 网测量需遵守表 15-3 的有关规定。

表 15-3   GPS 测量基本技术要求规定

项目 \ 级别			AA	A	B	C	D	E
卫星截止高度角			10°	10°	15°	15°	15°	15°
同时观测有效卫星数			≥4	≥4	≥4	≥4	≥4	≥4
有效观测卫星总数			≥20	≥20	≥9	≥6	≥4	≥4
观测时段数			≥10	≥6	≥4	≥2	≥1.6	≥1.6
时间长度（min）	静态		≥720	≥540	≥240	≥60	≥45	≥40
	快速静态	双频+P码				≥10	≥3	≥2
		双频全波				≥15	≥10	≥10
		单频				≥30	≥20	≥15
采样间隔(s)	静态		30	30	30	10~30	10~30	10~30
	快速静态					5~15	5~15	5~15
时段中任一卫星有效观测时间（min）	静态		≥15	≥15	≥15	≥15	≥15	≥15
	快速静态	双频+P码				≥1	≥1	≥1
		双频全波				≥3	≥3	≥3
		单频				≥5	≥5	≥5

对于建立测量控制网而言,为了保证得到高精度的成果,一般采用静态相对定位或快速静态相对定位。

2. GPS 观测的过程

GPS 观测的过程包括天线安置、观测作业、观测记录、观测成果的外业检核等四个过程。外业检核由随机软件进行基线解算,进行同步环、异步环等的外业数据检核,发现不合格的数据,根据情况及时重测或补测。

(1)天线安置。天线的正确安置是获取点位精确成果的前提。天线安置需满足下列要求。

1)对于控制测量,天线一般应尽可能利用三脚架直接安置在标志中心的垂直方向上,对中误差不大于 3mm,特殊情况下可进行偏心测量,必须精密测定归心元素。对于 B 级以上网不允许在高标上安置天线。

2)需要在觇标的基板上安置天线时,应先卸去觇标顶部,将标志中心投影到基板上,然后以投影点安置天线,投影点示误三角形的最长边或示误四边形的长对角线不得大于 5mm。

3）当控制点建有寻常标时，应在安置天线前放倒觇标或采取其他措施（当边长小于 10km 时，可在其下安置天线，但应适当延长观测时间）。

4）为消除相位中心偏差对测量结果的影响，安置天线时用罗盘定向使天线指北线严格指向北方，定向误差根据定位的精度不同而异，一般不超过 3°～5°。

5）天线集成体上的圆水准气泡必须居中，没有圆水准气泡的天线可调整天线基座脚螺旋，使在天线互为 120°方向上量取的天线高互差小于 3min。

6）架设天线不宜过低，一般应距地面 1.5m 以上。天线架设好后，在圆盘天线间隔 120°方向上分别量取的天线高，三次量取结果互差小于 3mm，取其平均值记入测量手册，并在各时段前后分别量取一次。

（2）观测作业。通过观测作业，采集 GPS 卫星信号，以获取定位所需的数据。对于具体的操作方法因接收机的型号不同而异，GPS 接收机都随机带有操作手册，具体操作按操作手册执行。作业时应满足以下作业要求。

1）观测组必须严格遵守调度命令，按规定的时间进行作业。

2）检查接收机电源电缆和天线等各项连接无误后，方可开机。

3）开机后经检验有关指示灯与仪表显示正常后，方可进行自测试并输入测站、采样间隔等控制信息。

4）接收机启动前与作业过程中，应随时逐项填写测量手册中的记录项目，GPS 测量手册记录格式、内容可参考 GPS 规范。

5）接收机开始记录数据后，观测员可通过专用功能键和选择菜单，查看测站信息、接收卫星数、卫星号、卫星健康状况、信噪比、相位测量残差、实时定位的结果及其变化、存储介质记录和电源情况，如发现异常，应作记录，并及时报告调度者。

6）每时段观测开始时与结束前各记录一次观测卫星号、天气状况、实时定位经纬度和大地高、PDOP 值等。需观测记录气象元素的高等级 GPS 网点，每时段气象观测应不少于 2 次，一次在时段开始时，一次在时段结束时。

7）每时段观测前后应各量取天线高一次，两次量高之差不应大于 3mm，取平均值作为最后天线高。

8）观测员要细心操作，观测期间防止接收设备振动，更不得移动，要防止人员和其他物体碰动天线或阻挡信号。

9）观测期间，不得在天线附近 50m 以内使用电台，不得在天线附近 10m 以内使用对讲机。

10）天气太冷时，接收机应适当保暖；天气太热时，接收机应避免阳光直接照晒，确保接收机正常工作。

在一时段观测过程中不允许进行以下操作：接收机关闭又重新启动、进行自测试、改变卫星高度角、改变数据采样间隔、改变天线位置、按动关闭文件和删除文件等功能键。在 GPS 快速静态定位测量中的同一观测单元期间，参考站观测不能中断，参考站和流动站采样间隔要相同，不能变更。

（3）观测记录。外业观测过程中，所有的观测数据和资料都应妥善记录。GPS 测量的观测记录与常规测量有所不同，它包括两部分：由接收机完成的观测记录与由人工完成的记录手册。

观测记录主要由接收机自动完成,即将 GPS 卫星信号与外业设置的测站控制信息及接收机工作状态等记录在存储介质上。

在接收机启动前与作业过程中,应随时逐项填写测量手册中的记录项目,GPS 测量手册记录格式、内容可参考 GPS 规范。

第四节 GPS 控制测量数据处理

GPS 测量数据处理要从原始的观测值出发,到获得最终的测量定位成果,其数据处理过程大致分为:数据传输、数据预处理、基线向量解算、基线向量解算结果分析、无约束平差、约束平差等几个阶段。这些处理工作均可由后处理软件自动完成,只需启动程序后,选择相应的菜单命令。

一、数据传输

大多数的 GPS 接收机,采集的数据都记录在接收机的内存模块上。数据传输使用专用电缆(随机附件)将接收机与计算机连接,并在后处理软件的菜单中选择传输数据选项后,便可将观测数据传输全计算机。数据在传输的同时进行数据分流,生成四个数据文件:载波相位和伪距观测值文件、星历参数文件、电离层参数和 UTC 参数文件、测站信息文件(有的机型无此文件)。

二、数据预处理

GPS 数据预处理的目的是:对数据进行平滑滤波检验,剔除粗差;统一数据文件格式并将各类数据文件加工成标准化文件;探测周跳并修复观测值;对观测值进行各种模型改正。

1. GPS 卫星轨道方程的标准化

数据处理中要多次进行卫星位置的计算,而 GPS 广播星历每一小时有一组独立的星历参数,使得计算工作十分繁杂。因此,需要将卫星轨道方程标准化,以简便计算,节省内存空间。GPS 卫星轨道方程标准化一般采用以时间为变量的多项式拟合处理。拟合时引进了规格化时间,故计算实际轨道时也应使用规格化时间。

2. 卫星钟差的标准化

来自广播星历的卫星钟差(即卫星钟面时间与 GPS 系统的标准时间之差 v_{ta})是多个数值,需要通过多项式拟合求得唯一的、平滑的钟差改正多项式。用于确定真正的信号发射时刻并计算该时刻的卫星在轨位置;同时也用于将各站对各卫星的时间基准统一起来,以估算它们之间的相对钟差。当多项式拟合的精度优于 ±0.2ns 时,可精确探测周跳,估算整周未知数。

3. 观测值文件的标准化

在进行基线向量解算之前,观测值文件必须规格化、标准化。具体包括以下几方面。

(1)记录格式标准化:各种接收机输出的数据文件应在记录类型、记录长度和存取方式方面采用相同的记录格式。

(2)记录项目标准化:每一种记录应包含相同数据项。如果某些数据缺项,则应以特定数据如"0"或空格填上。

（3）采样密度标准化：各接收机的数据采样间隔可能不同，如有的 15s，有的 20s 记录一次。标准化后应将数据采样间隔统一成一个标准长度。标准长度应大于或等于外业采样间隔的最长的标准值。

（4）数据单位的标准化：数据文件中，同一数据项的量纲和单位应是统一的，例如，载波相位观测值统一以"周"为单位。

三、基线向量解算及结果分析

1. 基线向量解算

GPS 相对定位的目的是确定测站点之间的相对位置关系。这种相对位置关系通常用空间直角坐标差 $(\Delta x, \Delta y, \Delta z)$ 或大地坐标差 $(\Delta B, \Delta L, \Delta H)$ 表示。我们称这种点位间的相对位置量为基线向量，点位间的长度为基线长度。

测站之间基线向量的解算，一般均取载波相位观测值的（二次）差分模型作为观测量，以测站间的基线向量为未知数，建立误差方程式，组成法方程求解基线向量，并评定其精度。平差计算的全过程均由后处理软件自动完成。

2. 基线向量解算结果分析

基线处理完成后，应对其结果作如下分析：

（1）观测值残差分析。平差处理时假定观测值仅存在偶然误差，当存在系统误差或粗差时，处理结果将有偏差。理论上，载波相位观测精度为 1% 周，即对于 L_1 波段信号观测误差只有 2mm。因而，当偶然误差达 1cm 时，应认为观测质量存在严重问题。当系统误差达分米级时，应认为处理软件中的模型不适用。当残差分布中出现跳或尖峰时，表明周跳未处理成功。

平差后单位权中误差一般为 0.05 周以下，否则，表明观测值中存在某些问题。可能有多路径干扰、外界电磁干扰或接收机时钟不稳定等影响的低精度观测值存在；观测值改正模型不适宜，周跳修复不完全；也可能是整周未知数解算不成功是观测值存在系统误差；单位权中误差较大也可能是起算数据存在问题，如基线固定端点坐标误差或作为基准数据的卫星星历误差的影响。

（2）基线长度的精度。处理后的基线长度中误差应在标称精度值内。双频机的标称精度为 $5 \pm 1 \times 10^{-6} D(\text{mm})$，单频机为 $10 \pm 2 \times 10^{-6} D(\text{mm})$。对于 20km 以内的短基线，单频数据的差分处理可有效地消除电离层的影响，确保定位精度。当基线增长时，双频机的消除出效果将明显地优于单频机。

（3）基线向量环闭合差的计算检核。基线向量组成的同步环和异步环，其闭合差值应小于相应等级的限差值。

3. 基线向量网平差

GPS 基线向量网的平差分为三种类型：无约束平差、约束平差和联合平差，且有三维平差与二维平差之分。

（1）无约束平差。GPS 基线向量网的无约束平差属于经典的自由网平差。平差的主要目的是检验网本身的内部符合精度以及基线向量之间有无明显的系统误差和粗差，同时为用 GPS 大地高与公共点的正高（或正常高）联合确定 GPS 网点的正高（或正常高）提供平差处理后的大地高程数据。

GPS 基线向量网的无约束平差常用的是三维无约束平差法。尺度与定向基准已由基线向量提供,属于 WGS—84 坐标系,且与网的平差方法无关;而网的位置基准则与平差方法密切相关,需要引入的位置基准不应引起观测值的变形和改正。引入位置基准的常用方法有两种:一是网中有高级的 GPS 点时,将高级 GPS 点的 WGS—84 坐标值作为无约束平差的位置基准;二是无高级点时,取网中任一点(最好是观测条件好、连续观测时间长)的伪距定位坐标作为无约束平差的位置基准。

(2)约束平差。三维约束平差,就是以国家坐标系或地方坐标系某些点的固定坐标、固定边长及固定方位作为网的基准和平差约束条件,并在平差计算中完成 GPS 网与地面网的坐标转换。

二维约束平差是以国家或地方坐标系的一个已知点和一个已知基线的方向作为起算数据,平差时将 GPS 基线向量观测值及其方差阵转换到国家或地方坐标系的二维平面(或球面)上,然后在国家或地方坐标系中进行二维约束平差。这种方法避免了三维基线网转换成二维基线向量时,地面网的大地高不准确引起的尺度误差和变形,保证 GPS 网转换后整体及相对几何关系的不变性。

(3)联合平差。当地面网除了已知数据(已知点坐标、已知边长和已知方位角)以外,还有常规观测值(如方向、边长等),则将 GPS 基线向量观测值与地面已知数据和常规观测值一起进行平差叫做联合平差。联合平差可以两网的原始观测量为根据,也可以两网单独平差的结果为根据。平差中引入坐标系的转换参数,同时完成坐标转换。

第五节 GPS 实时动态定位——RTK 技术

一、基本原理

实时动态定位技术,即 GPS RTK 测量技术(英文是 Real Time Kinematic),其基本原理是在基站上安置一台 GPS 接收机,对所有可见卫星进行连续观测,并将其观测数据通过发射台实时地发送给流动观测站。在流动观测站上,GPS 接收机在接收卫星信号的同时通过接收电台接收基准站传送的数据,然后由 GPS 控制器根据相对定位的原理,实时地计算出流动站的厘米级三维坐标。

网络 RTK 在一个较大的区域内能稀疏地、较均匀地布设多个参考站,构成一个参考站网,借鉴广域差分 GPS 和具有多个参考站的局域差分 GPS 中的基本原理和方法,通过借助于 GPS 参考站系统的网络型解算模型进行 RTK 作业,通过观测值、模型及模拟与距离相关的系统误差源,消除或削弱各种误差的影响,从而获取均匀的、高精度的、可靠性的定位结果,这就是网络 RTK 的基本原理。

网络 RTK 是由基准站网、数据处理中心和数据通信线路组成的。基准站上应配备双频全波长 GPS 接收机,该接收机最好能同时提供精确的双频伪距观测值。参考站的站坐标应精确已知,其坐标可采用长时间 GPS 静态相对定位等方法来确定。此外,这些站还应配备数据通信设备及气象仪器等。参考站应按规定的采样率进行连续观测,并通过数据通信链实时将观测资料传送给数据处理中心。数据处理中心根据流动站送来的近似坐标(可根据伪距法单点定位求得）判断出该站位于由哪三个参考站所组成的三角形内,然后根据这三个参考站的观测资料求出流动站处所受到的系统误差,并播发给流动用户来进行修正以获得精确的结果,必要时可将上述过程迭代一次。参考站与数据处理中心间的数据通信可采用数字数据网 DON 或无线通信等方法进行,流动站和数据处理中心间的双向数据通信则可通过移动电话 GSM、GPRS、CDMA 等方式进行。

目前,网络 RTK 技术有 MAX(主辅站)技术、VRS(虚拟参考站)技术和 CBI(综合误差内差)技术等。一个主参考站和若干个辅站组成一个网络单元。

二、实时动态定位技术在地形图测绘中的应用

由于 RTK 定位技术进行实时定位可以达到厘米级的精度,因此,除了高精度的控制测量仍采用 GPS 静态相对定位技术之外,RTK 定位技术可应用于地形图测绘中的图根测量和碎部测量。

利用 RTK 定位技术测图时,地形数据采集由各流动站进行,测量人员手持流动站在测区内行走,系统自动采集地形特征点数据,执行这些任务的具体步骤有赖于选用的电子手册 RTK 应用软件。一般应首先用 GPS 控制器把包括椭球参数、投影参数、数据链的波特率等信息设置到 GPS 接收机上,把 GPS 天线置于已知基站控制点上,安装数据链天线,启动基准站使基站开始工作。进行地面数据采集的各流动站,需在某一起始点上观测数秒或以上时间进行初始化工作。之后,流动站仅需一人持对中杆背着仪器在待测的碎部点上等待数秒钟时间,即可获得碎部点的三维坐标。在点位精度合乎要求的情况下,用便携机或电子手册记录同时输入特征码。流动接收机将一个区域的地形点位测量完毕后,由专业测图软件编辑输出所要求的地形图。这种测图方式不要求点间严格通视,仅需一人操作便可完成测图工作,大大提高了工作效率。

【本章习题】

1. 什么是 GPS 定位系统? 它主要由哪几部分组成?
2. 简述 GPS 定位的基本原理。
3. GPS 定位系统有哪些布网形式?
4. 什么是 RTK 技术? RTK 技术的基本原理是什么?
5. 简述应用 RTK 定位技术进行地形图测绘的过程。

参考文献

[1]国家标准.《工程测量规范》(GB 50026—2007)[S].北京:中国计划出版社,2008.

[2]国家标准.《房产测量规范 第1单元:房产测量规定》(GB/T 17986.1—2000)[S].北京:中国标准出版社,2000.

[3]国家标准.《房产测量规范 第2单元:房产图图式》(GB/T 17986.2—2000)[S].北京:中国标准出版社,2000.

[4]李朝奎,李爱国主编.工程测量学[M].长沙:中南大学出版社,2009.

[5]李向民主编.建筑工程测量[M].北京:机械工业出版社,2011.

[6]杨凤华主编.建筑工程测量[M].北京:北京理工大学出版社,2010.

[7]李长成,陈立春主编.工程测量[M].北京:北京理工大学出版社,2010.

[8]孙恒,张保成主编.工程测量实训指导[M].武汉:武汉理工大学出版社,2010.

[9]何习平,张鑫主编.工程测量[M].郑州:黄河水利出版社,2009.

[10]李天文,龙永清,李庚泽主编.工程测量学[M].北京:科学出版社,2011.

[11]郑金兴编.园林测量[M].北京:高等教育出版社,2005.

[12]李莲主编.工程测量实训[M].北京:中国建筑工业出版社,2007.